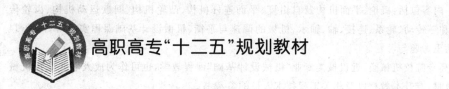

高职高专"十二五"规划教材

机械设计基础

主　编　罗玉福　翟旭军
副主编　戴有华　崔　勇　罗　恺
　　　　于吉鲲　吴鸣宇

U0260206

北京航空航天大学出版社

内 容 简 介

全书共分 14 章。内容包括：概论、平面机构及自由度、平面连杆机构、凸轮机构、间歇运动机构、齿轮传动、蜗杆传动、带传动和链传动、轮系、连接、轴、轴承、机械的调速与平衡、机械设计基础课程实验等，除第 14 章外，各章配有适量的思考题与习题。

本书适用于高职高专院校机械类、近机械类专业"机械设计基础"课程教学，也可作为成人职业院校机械类专业的教材、自考教材、专升本教材以及相关工程技术人员的参考书。

与本书配套的《机械设计基础实训教程》（北航版），备有较详尽的设计数据资料及机械设计基础课程设计指导内容，可作为课程设计实训的指导用书。

本书配有教学课件供任课教师参考，有需要者，请发邮件至 goodtextbook@126.com 或致电（010）82317037 申请索取。

图书在版编目（CIP）数据

机械设计基础 / 罗玉福，翟旭军主编. -- 北京：
北京航空航天大学出版社，2015.5
ISBN 978-7-5124-1756-4

Ⅰ.①机… Ⅱ.①罗… ②翟… Ⅲ.①机械设计—高
等学校—教材 Ⅳ.①TH122

中国版本图书馆 CIP 数据核字（2015）第 073080 号

机械设计基础

主　编　罗玉福　翟旭军

副主编　戴有华　崔　勇　罗　恺

于吉鲲　吴鸣宇

责任编辑　张冀青

*

北京航空航天大学出版社出版发行

北京市海淀区学院路 37 号（邮编 100191）　http://www.buaapress.com.cn
发行部电话：(010)82317024　传真：(010)82328026
读者信箱：goodtextbook@126.com　邮购电话：(010)82316936
北京兴华昌盛印刷有限公司印装　各地书店经销

*

开本：787×1 092　1/16　印张：16.5　字数：422 千字
2015 年 6 月第 1 版　2015 年 6 月第 1 次印刷　印数：3 000 册
ISBN 978-7-5124-1756-4　定价：33.00 元

前　言

本教材是根据高职高专教育机械类及近机械类专业人才培养目标的要求,吸取各校教学改革的成果,结合编者多年的教学实践经验编写的。在编写中力求体现出如下特色:

1. 在满足教学基本要求的前提下,以必需、够用为度,努力做到精选内容、难易适度,简明、实用。

2. 对传统教学内容进行浓缩,适度反映现代机械设计科技成果。注重强化学生创新意识与能力的培养,努力体现出职业教育的应用性。

3. 突出以应用为主旨,采取直接切入主题的方法,对有些公式的来源和推导进行淡化处理,重点讲清基本概念及基本方法。全书图文并茂,有助于提高学生的学习兴趣,降低学习难度,能更好地适应教学需求。

4. 为了便于学生复习,使学生切实掌握每章节的基本知识、基本理论和基本技能,除第 14 章外,每章的末尾都精心设计了思考题与习题。

5. 为适应整个教学过程的需要,方便教学,将课程实验内容编入了本教材。

6. 注意教材内容与后续专业课的有效衔接,避免不必要的重复与过于专业化。

7. 采用最新国家标准、规范、数据及资料。

本教材适合高职高专机械、机电、汽车等相关专业的学生使用,也可作为成人院校机械类专业的教材、自考教材、专升本教材以及相关工程技术人员的参考书。

由于各学校、各专业的情况不同,教学安排不同,在使用本教材进行教学时,教师可依据实际情况选择教材内容并调整顺序。

本教材由大连海洋大学应用技术学院罗玉福、江苏农牧科技职业学院翟旭军任主编,江苏农林职业技术学院戴有华、江苏农牧科技职业学院崔勇、沈阳装备制造工程学校罗恺、大连海洋大学应用技术学院于吉鲲、吴鸣宇任副主编。具体编写分工如下:翟旭军和崔勇编写第1、2、3、10章;戴有华编写第4、8、11章;罗恺编写第5、6、7章;于吉鲲编写第9章;罗玉福编写第12、13章;吴鸣宇编写第14章。

由于编者水平有限,教材中难免存在一些错误和不足,敬请读者批评指正。

编　者

2015 年 3 月

目　　录

第1章 概 论

在现代生产和日常生活中,广泛使用着各种各样的机器,如洗衣机、发电机、电动机、汽车和起重机等。机器的作用是替代或减轻人们的劳动、实现能量转换或完成有用的机械功。当前,机械工业已成为一个国家发展水平的重要标志之一。

为了承担设计、制造、使用和管理机械的任务,机械工程技术人员必须熟悉相关的机械基本知识,掌握机械设计、制造、使用和维修的基本技术。"机械设计基础"课程就是一门培养机械类学生机械设计能力的重要技术基础课程。

1.1 本课程研究的对象、内容及任务

1.1.1 本课程研究的对象

本课程研究的对象是机械。机械是机器和机构的统称。

从研究机器的工作原理、分析运动特点和设计新机器的角度看,机器可视为若干机构的组合。

如图1-1所示的单缸内燃机,它由机架（汽缸体1）、曲轴4、连杆3、活塞2、进气门10、排气门11、进气门顶杆8、排气门顶杆9、凸轮轴7和齿轮5、6组成。当燃气推动活塞做往复移动时,通过连杆使曲轴做连续转动,从而将燃料燃烧的热能转换为曲轴转动的机械能。齿轮、凸轮和气门顶杆的作用是按一定的运动规律按时开闭气门,以吸入燃气和排出废气。这种内燃机可视为下列三种机构的组合:①曲柄滑块机构,由活塞2、连杆3、曲轴4和机架1组成,作用

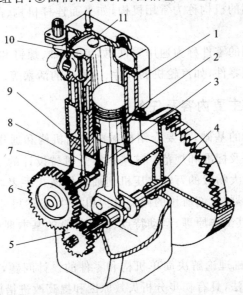

1—汽缸体;2—活塞;3—连杆;4—曲轴;5、6—齿轮;7—凸轮轴;
8—进气门顶杆;9—排气门顶杆;10—进气门;11—排气门

图1-1 单缸内燃机

是将活塞的往复移动转换为曲柄的连续转动;②齿轮机构,由齿轮 5、6 和机架 1 组成,作用是改变转速的大小和转动的方向;③凸轮机构,由凸轮轴 7,气门顶杆 8、9 和机架 1 组成,作用是将凸轮的连续转动转变为推杆的往复移动。

由上述机构分析可知,机构在机器中的作用是传递运动和力,实现运动形式或速度的变化。机构必须满足两点要求:①它是若干构件的组合;②这些构件均具有确定的相对运动。

所谓构件,是指机构的基本运动单元。它可以是单一的零件,也可以是几个零件连接而成的运动单元。如图 1-1 中的内燃机连杆,就是由图 1-2 所示的连杆体 1、连杆盖 5、螺栓 2、螺母 3、开口销 4、轴瓦 6 和轴套 7 等多个零件构成的一个构件;又如图 1-3 中的齿轮-凸轮轴,则是由凸轮轴 1、齿轮 2、键 3、轴端挡圈 4 和螺钉 5 等零件构成的。显然,零件是制造的基本单元。

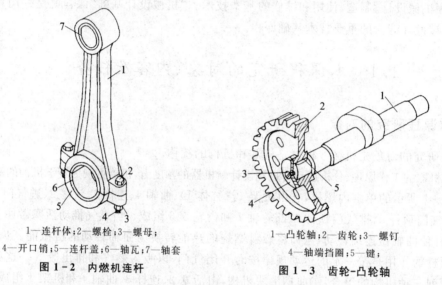

1—连杆体;2—螺栓;3—螺母;
4—开口销;5—连杆盖;6—轴瓦;7—轴套
图 1-2 内燃机连杆

1—凸轮轴;2—齿轮;3—螺钉
4—轴端挡圈;5—键;
图 1-3 齿轮-凸轮轴

各种机械中经常使用的机构称为常用机构,如平面连杆机构、凸轮机构、齿轮机构和间歇运动机构等。

各种机械中普遍使用的零件称为通用零件,如齿轮、轴、螺钉和弹簧等。只在某一类型机械中使用的零件称为专用零件,如汽轮机的叶片、内燃机的活塞等。

1.1.2 本课程研究的主要内容及任务

本课程作为机械设计的基础,主要介绍机械中常用机构和通用零件的工作原理、运动特性、结构特点、使用维护以及标准和规范。这些内容是机械设计的基本内容,在各种机械设计中是普遍适用的。从庞然大物般的万吨水压机到袖珍机械式手表,从航天器中的高精度仪表到精度要求较低的简单机器,它们所用的同类机构和零件,虽然尺寸大小、具体结构形状、工作条件等都有很大差异,但其工作原理、运动特点、设计计算的基本理论和方法是类同的。

本课程的主要任务:

(1)培养学生运用基础理论解决简单机构和零件的设计问题,掌握通用机械零件的工作原理、特点、选用及计算方法,具有初步分析失效原因和提高改进措施的能力。

(2)培养学生树立正确的设计思想,具有设计简单机械零部件和简单机械的能力。

(3)学会使用手册、标准、规范等设计资料。

1.2　机械零件常用材料与结构工艺性

1.2.1　机械零件常用材料

机械零件常用材料分为金属材料、非金属材料及复合材料。其中,金属材料具有许多优良的性能,是机械制造中最常用的一类材料。金属材料按其化学组成可分为黑色金属和有色金属。黑色金属是以铁、铬、锰等为基本组成元素的金属,例如常用的碳素结构钢、合金钢、铸铁等;除黑色金属之外的金属都称为有色金属。

机械零件常用材料分类和应用举例见表 1-1。

表 1-1　机械零件常用材料分类和应用举例

材料分类			应用举例或说明
钢	碳素钢	低碳钢(碳的质量分数≤0.25%)	铆钉、螺钉、连杆、渗碳零件等
		中碳钢(碳的质量分数为 0.25%~0.60%)	齿轮、轴、蜗杆、丝杠、连接件等
		高碳钢(碳的质量分数≥0.60%)	弹簧、工具、模具等
	合金钢	低合金钢(合金元素总质量分数≤5%)	较重要的钢结构和构件、渗碳零件、压力容器等
		中合金钢(合金元素总质量分数为 5%~10%)	飞机构件、热镦锻模具、冲头等
		高合金钢(合金元素总质量分数>10%)	航空工业蜂窝结构、液体火箭壳体、核动力装置、弹簧等
铸钢	一般铸钢	普通碳素铸钢	机座、箱壳、阀体、曲轴、大齿轮、棘轮等
		低合金铸钢	容器、水轮机叶片、水压机工作缸、齿轮、曲轴等
	特殊用途铸钢		用于耐蚀、耐热、无磁、电工零件,水轮机叶片、模具等
铸铁	灰铸铁(HT)	低牌号(HT100,HT150)	对力学性能无一定要求的零件,如盖、底座、手轮、机床床身等
		高牌号(HT200~HT400)	承受中等静载的零件,如机身、底座、泵壳、齿轮、联轴器、飞轮、带轮等
	可锻铸铁(KT)	铁素体型	承受低、中、高动载荷和静载荷的零件,如差速器壳、犁刀、扳手、支座、弯头等
		珠光体型	要求强度和耐磨性较高的零件,如曲轴、凸轮轴、齿轮、活塞环、轴套、犁刀等
	球墨铸铁(QT)	铁素体型 珠光体型	与可锻铸铁基本相同
	特殊性能铸铁		用于耐热、耐蚀、耐磨等场合
铜合金	铸造铜合金	铸造黄铜	用于轴瓦、衬套、阀体、船舶零件、耐蚀零件、管接头等
		铸造青铜	用于轴瓦、蜗轮、丝杠螺母、叶轮、管配件等
	变形铜合金	黄铜	用于管、销、铆钉、螺母、垫圈、小弹簧、电气零件、耐蚀零件、减摩零件等
		青铜	用于弹簧、轴瓦、蜗轮、螺母、耐磨零件等

续表 1－1

材料分类		应用举例或说明
轴承合金（马氏合金）	锡基轴承合金	用于轴承衬，其摩擦系数低，减摩性、抗烧伤性、磨合性、耐蚀性、韧度、导热性均良好
	铅基轴承合金	强度、韧度和耐蚀性稍差，但价格较低
塑料	热塑性塑料(如聚乙烯、有机玻璃、尼龙等)、热固性塑料(如酚醛塑料、氨基塑料等)	用于一般结构零件，减摩、耐磨零件，传动件，耐腐蚀件，绝缘件，密封件，透明件等
橡胶	通用橡胶 特种橡胶	用于密封件，减振、防振件，传动带，运输带和软管，绝缘材料，轮胎，胶辊，化工衬里等

1.2.2　材料的选择原则

合理选择材料是机械设计中的重要环节。选择材料首先必须保证零件在使用过程中具有良好的工作能力，然后还要考虑其加工工艺性和经济性。分述如下：

（1）材料应满足使用性能要求。使用性能是保证零件完成规定功能的必要条件。使用性能指零件在使用条件下，材料应具有的力学性能、物理性能及化学性能。对机械零件而言，最重要的是力学性能。

（2）材料应具有良好的加工工艺性。将零件坯件材料加工成形有许多方法，主要有热加工和切削加工两大类。材料工艺性能的好坏对零件或工具的加工生产有直接影响。良好的工艺性能，不仅可以保证其加工质量，而且可以提高生产效率，降低成本。

（3）材料应具有良好的经济性：

① 材料价格。材料价格在产品总成本中占较大比重，一般占产品价格的 30%～70%。如果能用价格较低的材料满足工艺及使用要求，就不选择价格高的材料。

② 提高材料的利用率。如用精铸、模锻、冷拉毛坯，可以减少切削加工对材料的浪费。

③ 零件的加工和维修费用等要尽量低。

1.2.3　机械零件的结构工艺性

机械零件的结构工艺性是指在零件设计时要从选材、毛坯制造、机械加工、装配以及保养维修等各环节考虑的工艺问题。

1. 铸造零件的结构工艺性

（1）为了防止浇铸不足，对于不同铸造方法，铸件壁厚有一允许的最小值。

（2）零件箱壁交叉部分要有过渡圆角，以避免尖角处产生裂纹。

（3）铸件应有明显的分型面。

（4）铸件应有必要的斜度以便于取出模型。

（5）为避免采用活块，可将凸台加长。

（6）铸铁抗拉强度差而抗压强度高，在设计零件形状时应尽可能把拉应力（或弯曲应力）化作压应力。

2. 热处理零件的结构工艺性

为避免热处理零件产生裂纹或变形，在设计零件时应注意：

（1）避免出现锐边尖角，应将其倒钝或改成圆角，圆角半径要大些。

（2）零件形状要求简单、对称。

（3）轴类零件的长径比不可太大。

（4）提高零件的结构刚性，必要时增加加强肋。

（5）当形状复杂或不同部位有不同性能要求时，可采用组合结构（如机床铸铁床身上镶装钢导轨）。

3. 切削加工零件的结构工艺性

（1）加工表面的几何形状应尽量简单，尽可能布局在同一平面上或同一轴线上，尽可能统一尺寸，以便于加工。

（2）有相互位置精度要求的各表面最好能在一次安装中加工。

（3）加工时应能准确定位、可靠夹紧，以便于加工、测量。

（4）应尽量减少加工面的数目。

（5）形状应便于刀具进刀、退刀，如果是螺纹，则应该有退刀槽。

（6）被加工表面形状应有助于提高刀具的刚性和延长刀具寿命。

4. 零件装配的结构工艺性

（1）正确的装配基面。如图1-4(a)所示，汽缸盖与缸体用螺纹连接，由于螺纹间有间隙，对中性不好，活塞杆易产生偏移。如图1-4(b)所示，将螺纹连接改为圆柱表面配合，工作情况良好。

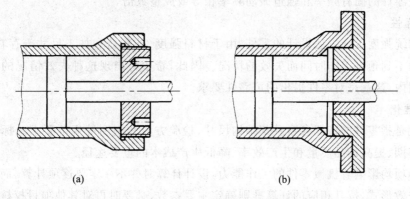

(a)   (b)

图1-4 不应以螺纹面对中

（2）方便装配。

（3）方便拆卸。

1.3 机械零件设计的基本准则及一般设计步骤

1.3.1 机械零件设计的基本准则

机械零件由于某种原因丧失正常的工作能力，称为失效。

常见的失效形式有两类：一类是永久丧失工作能力的破坏性失效，如断裂、塑性变形、过度磨损、胶合等，常见于齿轮等刚性件中；另一类是当影响因素消失时还可恢复工作能力的暂时性失效,如超过规定的弹性变形、打滑(带传动),由于接近系统共振频率等原因引起的强烈振动等。

归纳起来,产生这些失效的主要原因是由于强度、刚度、耐磨性、振动稳定性等不满足工作要求。为此,根据失效原因制定了设计准则,并以此作为防止失效和进行设计计算的依据。

1. 强 度

强度不足是零件在工作中断裂或产生过量残余变形的直接原因。一般来说,除了预定过载时应当断裂的安装装置中的零件外,其余所有机械零件都应满足强度条件。

2. 刚 度

刚度是零件在载荷作用下抵抗弹性变形的能力。如果零件的刚度不足,产生过大的弹性变形,则会影响机器的正常工作(如机床主轴刚度不足,会影响零件的加工精度)。

3. 耐磨性

耐磨性是指在载荷作用下相对运动的两零件表面抵抗磨损的能力。零件过度磨损会使形状和尺寸改变,配合间隙增大,精度降低,产生冲击振动从而失效。设计时应使零件在预期使用寿命内的磨损量不超过允许范围。

4. 振动稳定性

当机器中某零件的固有频率 f 和周期性强迫振动频率 f_P 相等或成整数倍时,零件振幅就会急剧增大而产生共振,从而使零件工作性能失常,甚至引起破坏。所谓振动稳定性,就是设计时避免使零件的固有频率和强迫振动频率相等或成整数倍。

5. 可靠性

按照传统强度设计方法设计的零件,由于材料强度、外载荷和加工尺寸等存在离散性,有可能出现达不到预定工作时间而失效的情况。因此,希望将出现这种失效情况的概率限制在一定的范围内,这就是对零件提出的可靠性要求。

6. 标准化

标准化是指零件的特征参数及其结构尺寸、检验方法和制图等规范要求。标准化是缩短产品设计周期、提高产品质量和生产效率、降低生产成本的重要途径。

上述各项均影响着机械零件的工作能力,设计计算时并不一定要逐项计算,而是要根据零件的主要失效形式,按其相应的计算准则确定主要参数,必要时再对其他项目校核。

1.3.2 机械零件设计的一般步骤

(1)根据零件的使用要求(功率、转速等)选择零件的类型及结构形式。

(2)根据机器的工作条件分析零件的工作情况,确定作用在零件上的载荷。

(3)根据零件的工作条件(包括对零件的特殊要求,如耐高温、耐腐蚀等),综合考虑材料的性能、供应情况和经济性等因素,合理选择零件的材料。

(4)分析零件的主要失效形式,按照相应的设计准则,确定零件的基本尺寸。

(5)根据工艺性及标准化的要求,设计零件的结构及其尺寸。

(6)绘制零件工作图,拟定技术要求。

在实际工作中,也可以采用与上述相逆的方法进行设计,即先参照已有实物或图样,用经验数据或类比法初步设计出零件的结构尺寸,然后再按有关准则进行校核。

思考题与习题

1-1 机构和机器有什么区别？举生活中一两个实例说明机构与机器各自的特点及其联系。

1-2 机械零件常见的失效形式有哪些？为什么说强度满足条件的零件，其刚度不一定满足条件；而刚度满足条件的零件，一般均满足强度条件？

1-3 机械设计的基本步骤有哪些？

1-4 材料选择时一般应考虑的因素有哪几方面？

第2章 平面机构及自由度

2.1 机构的组成

机构是具有确定相对运动的多构件组合体,如图2-1中的凸轮机构、齿轮机构等。组成机构的两大要素是构件和运动副(构件之间的可动连接)。

2.1.1 构件的自由度

构件的自由度,是指构件所具有的独立运动数目。如图2-1所示,一个自由构件在平面内有三个独立的运动:沿x轴的移动、沿y轴的移动和在平面内的转动。构件的这种独立运动称为自由度。做平面运动的自由构件具有三个自由度。对构件独立运动的限制称为约束。

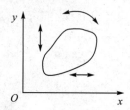

图2-1 构件的自由度

2.1.2 运动副

机构是由两个以上具有确定相对运动的构件组合而成的,机构中的每个构件彼此不是孤立的,而是通过一定的相互制约和接触构成保持确定相对运动的"可动连接"。这种两构件直接接触又能保持一定形式的相对运动的连接称为运动副。

组成运动副的两构件以点、线或面的形式接触。根据两构件的接触情况,运动副可分为低副和高副两类。

1. 低 副

两构件以面接触组成的运动副称为低副。根据两构件相对运动形式的不同,低副又可分为转动副和移动副。

(1) 转动副。若组成运动副的两个构件只能在一个平面内做相对转动,则称为转动副,也称铰链,如图2-2(a)所示。转动副使构件失去两个移动的自由度,保留一个转动副的自由度,所以,转动副的约束数目为两个。

(2) 移动副。若组成运动副的两个构件只能沿导路相对移动,则称为移动副,如图2-2(b)所示。移动副使构件失去一个移动和一个转动的自由度,所以,移动副的约束数目也为两个。

2. 高 副

两构件通过点、线接触所构成的运动副称为高副。如图2-3(a)所示的齿轮副和图2-3(b)所示的凸轮副,无论是齿轮副还是凸轮副,形成运动副的两个构件在接触点(或线)的共法线方向上的相对运动受到限制,而共切线方向的运动及运动平面里的转动得到保留,所以齿轮副和凸轮副的约束数目均为一个。

高副由于以点或线相接触,其接触部分的压强较高,故易磨损。

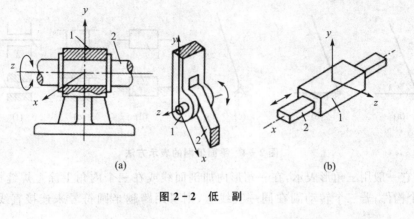

图 2-2 低 副

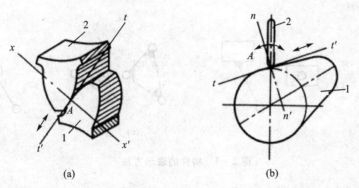

图 2-3 高 副

2.2 平面机构的运动简图

对机构和机器进行运动分析时,并不需要了解其真实外形和具体结构,只需简明地表达机构的组成和传动原理即可。根据机构的运动尺寸,按照一定的比例尺,定出各运动副的位置,再用简单的线条或几何图形表示构件,用规定的符号表示运动副,把机构的运动情况反映出来的图形称为机构运动简图。不按严格的比例来绘制的简图,通常称为机构运动示意图。

2.2.1 运动副和构件的表示方法

1.转动副

两构件1和2组成转动副的表示方法如图2-4(a)、(b)、(c)所示。圆圈用来表示转动副,其圆心代表相对转动轴线。若组成转动副的两个构件都是活动件,则用图2-4(a)表示;若其中一个为机架,则在代表机架的构件上加上斜线,如图2-4(b)、(c)所示。

2.移动副

两构件1和2组成移动副的表示方法如图2-4(d)、(e)、(f)所示。移动副的导路必须与相对移动方向一致。

3.构 件

构件可用直线、三角形或方框等图形表示。图2-5(a)表示参与组成两个转动副的构件;图2-5(b)表示参与组成一个转动副和一个移动副的构件;图2-5(c)表示参与组成三个转动

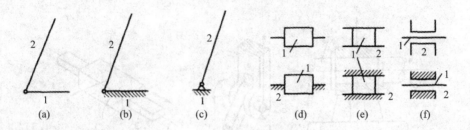

图 2-4　平面低副的表示方法

副的构件,它一般用三角形表示,在三角形内加剖面线或在三个内角上涂上焊缝标记,表明三角形为一个构件;若三个转动副在同一直线上,则可用跨越半圆符号来连接直线,如图 2-5(d)所示。

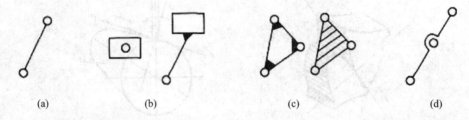

图 2-5　构件的表示方法

2.2.2　平面机构运动简图的绘制

绘制平面机构运动简图时,首先,要观察和分析机构的组成和运动情况,确定机构的三类构件:固定件、原动件和从动件;其次,弄清机构由多少个构件组成,以及各构件间的运动副的类型;最后,用简单线条和符号表示构件和运动副,并按一定比例画出各运动副的位置。步骤如下:

(1) 分析机构运动,找出机架、原动件和从动件。

(2) 从原动件开始,按照运动的传递顺序,分析各构件之间的相对运动的性质;确定活动构件的数目、运动副的类型和数目。

(3) 选择适当的视图平面和适当的机构运动瞬时位置。

(4) 选择比例尺,$\mu_L = \dfrac{\text{构件实际长度}}{\text{构件图样长度}}$(单位:m/mm 或 mm/mm),定出各运动副之间的相对位置,用规定符号绘制机构运动简图。

例 2-1　试绘制图 2-6 所示的自动卸货机构的运动简图。

解:(1) 分析机构运动情况,确定构件和运动副的数目和种类。图 2-6 所示自动卸货机构是利用油压推动活塞杆 3,撑起车斗 2,使其绕支点 B 旋转,货物便自动卸下。机构工作时,液压缸缸体 4 能绕支点 C 摆动。该机构中车体 1 为机架,活塞杆 3 为原动件,车斗 2 与液压缸缸体 4 为从动件,共有 4 个构件。活塞杆 3 与液压缸缸体 4 的连接是移动副;活塞杆 3 与车斗 2、车斗 2 与车体 1 及液压缸缸体 4 与车体 1 的连接分别是 A、B、C 处的转动副。这样,共有 1 个移动副,3 个转动副。

（2）选择比例尺，μ_L＝1:1，单位 mm/mm；选择车斗 2 的运动平面为视图平面；选择图 2-6 所示的机构位置。

（3）绘制机构运动简图，见图 2-7。应该注意的是，车体机架 1 上要用机架符号（斜线），主动件（活塞杆 3）上要标箭头。

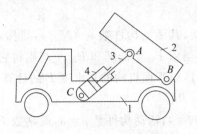

1—车体机架；2—车斗；3—活塞杆；4—液压缸缸体

图 2-6　自动卸货机构

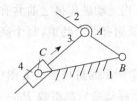

1—车体机架；2—车斗；3—活塞杆；4—液压缸缸体

图 2-7　例 2-1 机构运动简图

例 2-2　试绘制图 2-8 所示的牛头刨床主体机构的运动简图。

解：（1）分析机构运动情况，确定构件与运动副的数目和种类。主动齿轮 2 通过齿轮副带动从动齿轮 3，摆杆 5 与滑块 4 和 6 之间均构成移动副，滑块 6 与机架 1 之间为转动副，滑块 4 与从动齿轮 3 用转动副相连，摆动 5 与滑枕 7 构成转动副，滑枕 7 与机架 1 为移动副。主动齿轮 2 与机架 1 之间为转动副。综上所述，一共有 7 个构件，5 个转动副，3 个移动副，1 个齿轮副。

（2）选择合适的比例尺 μ_L，选与齿轮运动平面的平行面为投影面，以图 2-8 的机构位置为绘图位置。

（3）绘制机构运动简图，如图 2-9 所示。

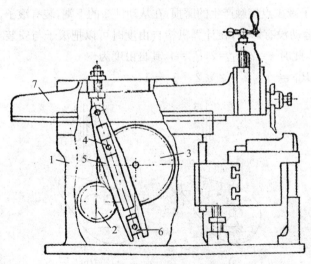

1—机架；2—主动齿轮；3—从动齿轮；
4、6—滑块；5—摆杆；7—滑枕

图 2-8　牛头刨床

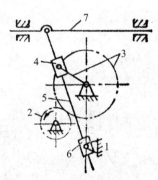

1—机架；2—主动齿轮；3—从动齿轮；
4、6—滑块；5—摆杆；7—滑枕

图 2-9　例 2-2 机构运动简图

2.3 平面机构的自由度

2.3.1 平面机构自由度计算

设一个平面机构由 N 个构件组成,若不包括机架,其活动构件数 $n=N-1$,显然,这 n 个活动构件在未用运动副连接之前共有 $3n$ 个自由度。当用 P_L 个低副和 P_H 个高副将它们连接后,由于每个低副有 2 个约束,每个高副有 1 个约束,所以平面机构的自由度 F 的计算公式为

$$F = 3n - 2P_L - P_H \tag{2-1}$$

在图 2-7 所示的机构运动简图中,其构件总数 $N=4$,活动构件数 $n=3$,低副数 $P_L=4$(3 个转动副,1 个移动副);高副数 $P_H=0$,该机构的自由度为

$$F = 3n - 2P_L - P_H = 3 \times 3 - 2 \times 4 - 0 = 1$$

若机构中主动件的数目多于机构自由度数目,将导致机构中最薄弱构件的损坏;若机构中原动件的数目小于机构自由度数目,则机构的运动不确定,首先沿阻力最小的方向运动。因此,当机构中原动件数等于机构自由度数时,机构中各构件就会具有确定的相对运动。

2.3.2 计算平面机构自由度时应注意的问题

1. 复合铰链

两个以上的构件同时在一处用转动副相连接就构成复合铰链。图 2-10 所示是三个构件汇交成的复合铰链,K 个构件汇交而成的复合铰链应具有 $K-1$ 个转动副。

2. 局部自由度

与输出运动无关的、局部的独立运动称为局部自由度(或多余自由度),在计算机构自由度时应予以排除。如图 2-11(a)所示凸轮机构,为了减少点接触产生的磨损,在从动件 3 的下端,装有滚子 2,滚子绕 C 轴转动的自由度对从动件 3 的运动没有影响,在计算机构自由度时可以把滚子与安装滚子的构件 3 视为一件,如图 2-11(b)所示,此时 $n=2$,$P_L=2$,$P_H=1$,其自由度为

$$F = 3n - 2P_L - P_H = 3 \times 2 - 2 \times 2 - 1 = 1$$

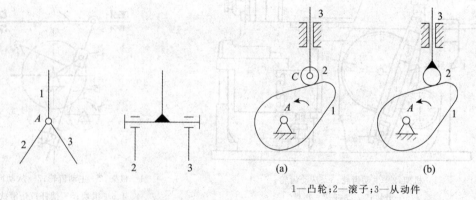

1—凸轮;2—滚子;3—从动件

图 2-10 复合铰链   图 2-11 凸轮机构

3. 虚约束

在机构中与其他运动副作用重复,而对构件间的相对运动不起独立限制作用的约束称为

虚约束。在计算机构自由度时,应先除去虚约束。常见虚约束情况如下:

(1) 两构件构成多个移动副,且其导路互相平行,这时只有一个移动副起约束作用,其余移动副都是重复约束。如图 2-12 所示,A、B、C 三处移动副只需考虑其中一处。

(2) 两构件构成多个转动副,且其轴线互相重合,这时只有一个转动副起约束作用,其余转动副都是虚约束。如图 2-13 所示,A、B 两处转动副只需考虑其中一处。

(3) 机构中具有对运动不起作用的对称部分。如图 2-14 所示轮系中,中心轮 1 经过两个对称布置的小齿轮 2 和 2′ 驱动内齿轮 3 转动,其中一个小齿轮对传递运动不起独立作用,使机构增加了一个虚约束。

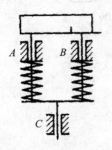

图 2-12　导路平行引入的虚约束

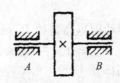

图 2-13　轴线重合引入的虚约束

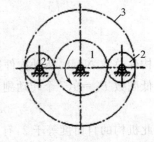

1—中心轮;2、2′—小齿轮;3—内齿轮

图 2-14　对称结构引入的虚约束

(4) 轨迹重合的虚约束:机构中连接构件上点的轨迹与连接点的轨迹重合会形成虚约束。图 2-15(a)中连接构件 EF 上的 E 点轨迹与机构连杆 2 上 E 点的轨迹重合。说明引入转动副 E、F 及构件 EF 后,并没有起到实际约束连杆上 E 点轨迹的作用,效果与图 2-15(b)的机构相同。

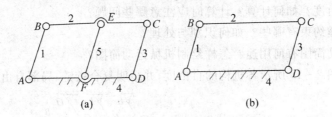

(a)　　　　　　　　　　(b)

图 2-15　平行四杆机构

(5) 如果两构件在多处接触而构成平面高副,而各接触点处的公法线彼此重合,则只能算一个平面高副,其余为虚约束。

例 2-3　计算图 2-16 所示钢板剪切机运动简图的自由度。

解:构件总数 $N=5$,活动构件数 $n=4$。

低副数 $P_L=7$(B 处为复合铰链,含两个转动副);高副数 $P_H=0$。

$$F = 3n - 2P_L - P_H = 3 \times 5 - 2 \times 7 - 0 = 1$$

此机构的自由度等于 1。

例 2-4　计算图 2-17(a)所示大筛机构的自由度。

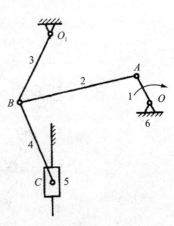

图 2-16　钢板剪切机的运动简图

解：机构中的滚子有一个局部自由度，顶杆与机架在 E 和 E' 组成两个导路平行的移动副，其中之一为虚约束，C 处是复合铰链。将滚子与顶杆焊成一体，并去掉移动副 E'，考虑到 C 点转动副数目为两个，如图 2-17(b) 所示。

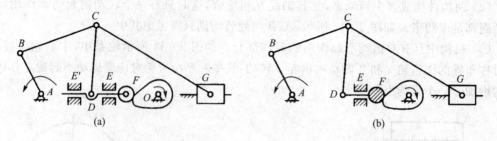

图 2-17　大筛机构

构件总数 $N=8$，活动构件数 $n=7$。

低副数 $P_L=9$（7 个转动副和 2 个移动副），高副数 $P_H=1$。

$$F = 3n - 2P_L - P_H = 3 \times 7 - 2 \times 9 - 1 = 2$$

此机构的自由度等于 2，有两个原动件。

思考题与习题

2-1 什么是机构？什么是机器？二者有何区别？

2-2 运动副分为哪几类？它在机构中起何作用？

2-3 何谓自由度？如何计算？计算时应注意哪些问题？

2-4 常见的虚约束有哪些？如何识别与处理？

2-5 机械运动简图有何用途？怎样绘制机械运动简图？

2-6 计算如图 2-18 所示各机构的自由度，并指明复合铰链、局部自由度和虚约束。

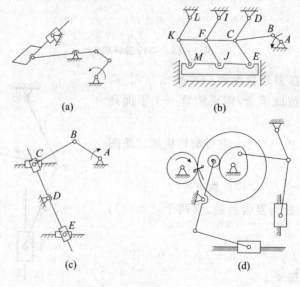

图 2-18　题 2-6 图

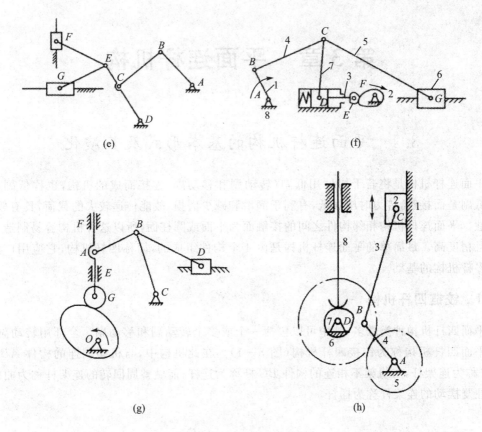

(e)　　　　　　　　　　　　(f)

(g)　　　　　　　　　　　　(h)

图 2-18　题 2-6 图(续)

2-7 试绘制图 2-19 所示缝纫机引线机构的运动简图,并计算机构的自由度。

2-8 试绘制图 2-20 所示冲床刀架机构的运动简图,并计算机构的自由度。

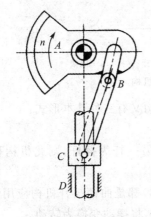

图 2-19　题 2-7 图

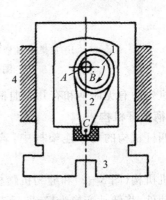

图 2-20　题 2-8 图

第3章 平面连杆机构

3.1 平面连杆机构的基本形式及其演化

平面连杆机构是将若干构件用低副(转动副和移动副)连接而成的机构,也称低副机构。由于低副是面接触,传力时压强低,有利于润滑和减少磨损,故能传递较大的载荷,具有较高的可靠性。平面连杆机构相邻构件之间的接触面为平面或圆柱面,所以这种机构容易制造,加工方便且精度高。最简单的平面连杆机构是由 4 个构件组成的,简称四杆机构,它应用广泛,是组成多杆机构的基础。

3.1.1 铰链四杆机构

平面四杆机构种类繁多,其中可以包括一个或多个转动副和移动副。全部用转动副相连接的平面四杆机构称为铰接四杆机构(图 3-1)。在此机构中,与机架相连的构件 *AB* 杆和 *CD* 杆称为连架杆,与机架不相连的构件 *BC* 杆称为连杆;能做整周回转的连架杆称为曲柄,只能做往复摆动的连架杆称为摇杆。

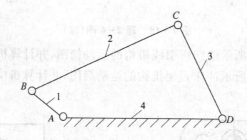

1—连架杆(曲柄);2—连杆;3—连架杆(摇杆);4—机架

图 3-1 铰接四杆机构

根据机构中有无曲柄和有几个曲柄,铰接四杆机构又有三种基本形式:

1. 曲柄摇杆机构

铰接四杆机构的两个连架杆中,若一杆为曲柄,另一杆为摇杆,则此机构称为曲柄摇杆机构。

搅拌机机构(图 3-2)和缝纫机踏板机构(图 3-3)都是曲柄摇杆机构应用的实例。前者曲柄为主动件,将转动变换为摆动;后者摇杆为主动件,将摆动变换为转动。

2. 双曲柄机构

若铰接四杆机构中的两连架杆均为曲柄,则此机构称为双曲柄机构,如图 3-4 所示。

两曲柄长度不相等时为普通双曲柄机构。这种机构的运动特点是:当主动曲柄做匀速转动时,从动曲柄做周期性的变速运动,以满足机器的工作要求。图 3-5 所示惯性筛机构中,当曲柄 *AB* 匀速转动时,另一曲柄 *CD* 做变速转动,使筛子具有所需要的加速度,利用加速度产生的惯性力使颗粒材料在筛箅上运动,以达到筛分的目的。

两曲柄长度相等,且机架与连杆的长度也相等,称为平行双曲柄机构。当机架与连杆平行时,也称为正平行四边形机构。图 3-6 中的机车车轮联动机构就是一个正平行四边形机构,主动曲柄 AB 与从动曲柄 CD 做同速同向转动,连杆 BC 则做平移运动。

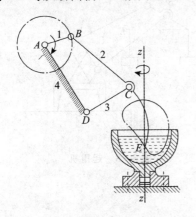

1—曲柄;2—连杆;3—摆杆;4—机架

图 3-2 搅拌机机构

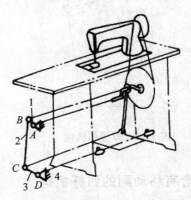

1—曲柄;2—连杆;3—踏板;4—机架

图 3-3 缝纫机踏板机构

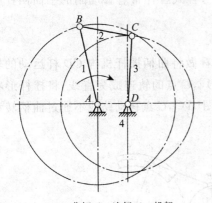

1、3—曲柄;2—连杆;4—机架

图 3-4 双曲柄机构

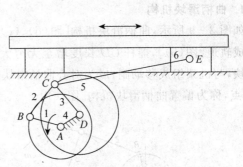

1、3—曲柄;2、5—连杆;4—机架;6—滑块

图 3-5 惯性筛机构

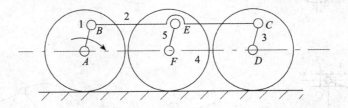

图 3-6 机车车轮联动机构

3. 双摇杆机构

若铰接四杆机构中的两连架杆均为摇杆,则此四杆机构称为双摇杆机构,如图 3-7 所示。双摇杆机构在实际中的应用主要是通过适当的设计,将主动摇杆的摆角放大或缩小,使从动摇杆得到所需的摆角;或者利用连杆上某点的运动轨迹实现所需的运动规律。

图 3-8 所示的起重机为双摇杆机构应用的例子。当主动摇杆 AB 摆动时,从动摇杆 CD

也随着摆动,从而使连杆延长线上的重物悬挂点 E 做水平移动。

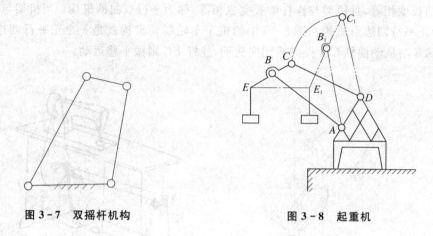

图 3-7　双摇杆机构　　　　　　图 3-8　起重机

3.1.2　含有移动副的四杆机构

铰接四杆机构通过改变构件的形状及运动尺寸,改变运动副尺寸,取不同构件为机架等方式可以得到其他形式的四杆机构。在实际机械应用中,各式各样带有移动副的平面四杆机构都可以看成是由铰接四杆机构演化而成的。

1. 曲柄滑块机构

如图 3-9 所示,曲柄滑块机构[图(d)、(e)]可以看做将曲柄摇杆机构 CD 杆运动的轨迹演变成轨道[图(b)],摇杆 CD 长度增至无穷大[图(c)],C 点的轨迹成为直线,将摇杆形状改为滑块,与机架组成移动副,成为对心曲柄滑块机构[图(d)],C 点移动路线不通过曲柄转动中心 A 点,称为偏置曲柄滑块机构[图(e)]。

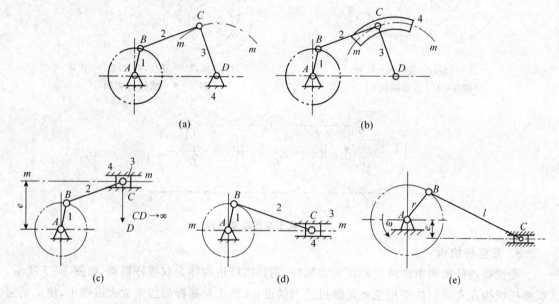

1—曲柄;2—连杆;3—滑块;4—机架

图 3-9　曲柄滑块机构

内燃机发动机的主体机构和锯床机构均是曲柄滑块机构应用的例子。

2. 偏心轮机构

在图 3-9(d)所示的四杆机构中,当需曲柄很短或要求滑块行程较小时,通常把曲柄做成盘状(改变构件的形状),因圆盘几何中心和转动中心不重合,称为偏心轮。这样即得到如图 3-10 所示的偏心轮机构。圆盘的几何中心 B 与转动中心 A 之间的距离 e 称为偏心距。很显然,偏心轮也可认为是通过扩大转动副 B 而形成的。偏心轮机构广泛应用于传力较大的冲压机床、颚式破碎机等机械中。

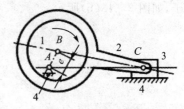

1—偏心轮;2—连杆;3—滑块;4—机架

图 3-10　偏心轮机构

3. 导杆机构

在图 3-9(d)所示的对心曲柄滑块机构中,若将机架换为 AB,滑块 C 沿导杆 AC 移动,即得导杆机构。当 $l_1 < l_2$ 时[图 3-11(a)],机架是最短杆,连架杆 2 与导杆 4 均能做整周回转,称为转动导杆机构;当 $l_1 > l_2$ 时[图 3-11(b)],连架杆 2 最短,导杆 4 只能来回摆动,称为摆动导杆机构。牛头刨床中应用了摆动导杆机构[图 3-11(c)]。

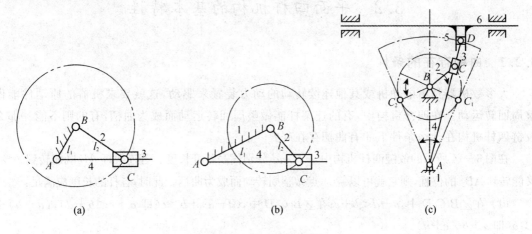

(a)　　　　　　　　　　(b)　　　　　　　　　　(c)

图 3-11　导杆机构

4. 摇块机构和定块机构

在图 3-9(d)所示的对心曲柄滑块机构中,若取构件 BC 作为机架,则构件 AB 便为绕固定轴 B 转动的曲柄,而滑块 C 成为绕固定轴 C 做往复摆动的摇块,如图 3-12 所示。该机构称为曲柄摇块机构。图 2-6 所示的汽车自动卸货机构就是摇块机构应用的例子。

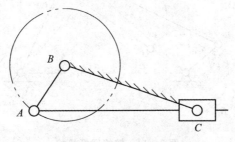

图 3-12　曲柄摇块机构

在图 3-9(d)所示的对心曲柄滑块机构中,若取滑块为机架,则导杆在滑块中移动。该机构称为移动导杆机构,或者称定块机构,如图 3-13(a)所示。手动压水机就是这种机构应用的例子,如图 3-13(b)所示。

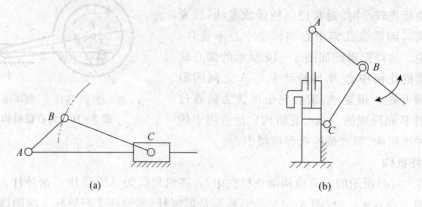

图 3-13 定块机构

3.2 平面四杆机构的基本特性

3.2.1 曲柄存在的条件

大多数机器是由电动机或其他连续转动的动力装置来驱动,这就要求机器的原动件能做整周回转运动。在四杆机构中,有的连架杆能做整周回转运动而成为曲柄,有的则不能。那么铰链四杆机构在什么条件下才有曲柄存在呢?

在图 3-14 所示的铰链四杆机构中,a、b、c、d 分别代表各杆长度。若连架杆 AB 既能转到 AB_1,又能转到 AB_2 的位置,则它就可以绕 A 点做整周转动而成为曲柄。此时,各杆的长度应满足:

(1) 在 $\angle B_1 C_1 D$ 中,$a+d<b+c$;在 $\angle B_2 C_2 D$ 中,$(d-a)+b>c$(即 $a+c<b+d$),$(d-a)+c>b$(即 $a+b<c+d$)。

(2) 化简后得:$a<b$,$a<c$,$a<d$。考虑极限情况,当四杆共线时,不等式中取等号,即 $a\leqslant b$,$a\leqslant c$,$a\leqslant d$。

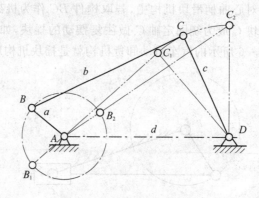

图 3-14 铰接四杆机构

由上述分析得出铰接四杆机构须同时满足以下两个条件,才存在曲柄:

(1) 长度和条件　最短杆与最长杆的长度之和小于或等于其余两杆长度之和。

(2) 最短杆条件　连架杆与机架中必有一杆是最短杆。

上述两个条件中,长度和条件是铰链四杆机构可能存在曲柄的基本条件,不满足此条件,机构中就不可能有曲柄,则机构为双摇杆机构。

在满足长度和条件的前提下,若机架为最短杆,则机构中存在两个曲柄,机构为双曲柄机构;若连架杆之一为最短杆,则机构中存在一个曲柄,机构为曲柄摇杆机构;若连杆为最短杆,则机构中没有曲柄,机构为双摇杆机构。

3.2.2　急回特性

在工程实际中,往往要求做往复运动的从动件,在工作行程时的速度慢些,而空回行程时的速度快些,以缩短非生产时间,从而提高生产率。这种特性就是所谓的急回特性。

在具有急回特性的机构中,原动件做等速回转时,从动件在空回行程中的平均速度(或角速度)与工作行程中的平均速度(或角速度)之比称为行程速比系数,用 K 表示。

现以图 3 − 15 所示的曲柄摇杆机构为例来分析。当主动件曲柄 AB 与连杆 BC 两次共线时,从动件摇杆分别处于 C_1D 和 C_2D 两个极限位置,其夹角 ψ 称为摇杆摆角,它是从动件摆动范围,又称为行程。曲柄的两个对应位置 AB_1 和 AB_2 所夹的锐角 θ 称为极位夹角。

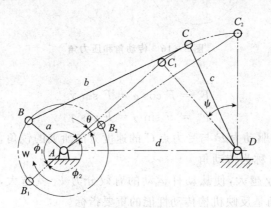

图 3 − 15　曲柄摇杆机构

当曲柄以等角速度沿顺时针方向由 AB_1 转到 AB_2 时,其转角 $\phi_1=180°+\theta$,摇杆随着向右摆过 ψ 角,此行程称为工作行程,用时 $t_1=(180°+\theta)/\omega$,曲柄继续转动;由 AB_2 再转到 AB_1 时,其转角 $\phi_2=180°-\theta$,摇杆向左摆过 ψ 角,此行程称为空回行程,用时 $t_2=(180°-\theta)/\omega$。则行程速比系数 K 为

$$K=\frac{摇杆空回行程的平均角速度}{摇杆工作行程的平均角速度}=\frac{\psi/t_2}{\psi/t_1}=\frac{t_1}{t_2}=\frac{(180°+\theta)/\omega}{(180°-\theta)/\omega}=\frac{180°+\theta}{180°-\theta}$$

由上式可见,极位夹角 θ 越大,K 就越大,表示急回程度越大;当 $\theta=0°$ 时,$K=1$,表示机构无急回作用。因此,行程速比系数 K 可表示机构的急回程度,K 越大,生产率越高。

在设计具有急回特性的机构时,通常先给定 K 值,然后按式(3−1)求出极位夹角,即

$$\theta=180°\times\frac{K-1}{K+1} \tag{3-1}$$

需要指出,急回运动具有方向性。一般机械利用慢进快退的特性,以缩短非生产时间;但在破碎矿石、焦炭等的破碎机中,则应利用快进慢退(曲柄以等角速度沿反方向转动即可)的特性,使矿石、焦炭有充足的时间下落,以避免它们因多次破碎而过分碎小。

3.2.3 压力角和传动角

在生产实践中,不仅要求连杆机构能实现预定的运动规律,还要求具有良好的传力性能,而体现传力性能的参数就是压力角或者传动角。在图 3-16 所示的曲柄摇杆机构中,若忽略构件的重力和运动副的摩擦力,则连杆是二力杆,主动曲柄通过连杆传给从动杆的力 F 沿 BC 方向。F 可分解成两个分力 F_t 和 F_n,其中 F_n 只能使铰链 C、D 中产生径向压力,进而产生摩擦力,称为有害分力;而 F_t 才是推动从动杆 CD 转动的有效分力。

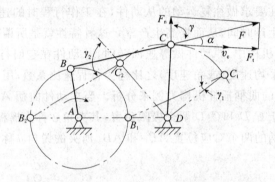

图 3-16　传动角和压力角

由图 3-16 可知:

$$\left.\begin{array}{l} F_t = F \cos \alpha = F \sin \gamma \\ F_n = F \sin \alpha = F \cos \gamma \end{array}\right\} \tag{3-2}$$

式中:α 为从动杆所受的驱动力 F 与受力点 C 的速度方向所夹的锐角,称为机构在该位置的压力角;压力角 α 的余角 γ 称为传动角。

显然,α 越小,或者 γ 越大,使从动杆运动的有效分力 F_t 就越大,对机构传动就越有利。所以说,压力角和传动角是反映机构传动性能的重要指标。

在此机构中,由于 γ 便于观察和测量(与连杆和摇杆的夹角 δ 为对顶角),所以 γ 是变化的。工程上常以 γ 角来衡量该机构的传动性能。

为了保证机构传动性能良好,设计时对一般机械通常取 $\gamma_{min} \geqslant 40°$,对于大功率机械取 $\gamma_{min} \geqslant 50°$。由于在机构运动时,其传动角是变化的,因此,必须确定 γ_{min} 的机构位置并检验其值是否满足要求。四杆机构最小传动角 γ_{min} 的位置可按下述方法确定:曲柄摇杆机构中最小传动角的位置可能为曲柄与机架共线的两个位置(图 3-16),若 δ 为锐角,则 $\gamma_{min} = \delta$;若 δ 为钝角,则 $\gamma_{min} = 180° - \delta$。

3.2.4 死点位置

机构运动中会出现传动角等于 0°(即 $\gamma = 0°$,或压力角 $\alpha = 90°$)的情况,这时,无论在原动件上施加多大的力都不能使机构运动,这种位置称为死点位置。

发生死点的条件是机构中往复运动构件主动,曲柄从动;发生死点的位置为连杆与曲柄的共线位置。如图 3-17 所示，曲柄摇杆机构中摇杆为主动件，曲柄为从动件。当机构处于图中双点画线所示的两个位置之一时，由于摇杆处于极限位置，连杆与曲柄共线，摇杆将连杆传递到曲柄上的作用力，刚好通过曲柄回转中心，$\gamma = 0°$，有效力等于零，无法使曲柄转动，机构处于死点位置。死点位置时，从动件无法运动，由此位置启动时，从动件运动方向不确定。

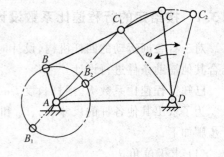

图 3-17　死点位置

为了消除死点位置对机构传动的不利影响，工程上通常采用以下两种办法：

（1）在曲柄轴上安装飞轮，利用飞轮转动的惯性，使机构冲过死点位置，如缝纫机上的飞轮（即大带轮）和发动机曲轴上安装的飞轮。

（2）利用多组机构错位的办法，使机构顺利通过死点。如多缸内燃机发动机上，其各组活塞连杆机构由于点火时间不同，死点位置相互错开，就是用错位法的例子。

工程上也有利用死点位置满足特殊要求的装置，如图 3-18 所示的飞机起落架、图 3-19 所示的夹具机构以及折叠式家具（如折叠椅等），就是利用死点位置获得可靠的工作状态。

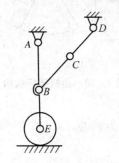

图 3-18　飞机起落架

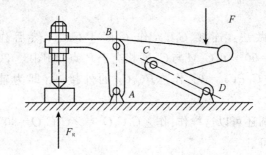

图 3-19　夹具机构

3.3　平面四杆机构的设计

平面四杆机构设计的主要任务：根据机构的工作要求和设计条件，选定机构的形式，确定出机构各构件的尺寸参数。

生产实践中的要求是多种多样的，给定的条件也各不相同，基本上可归纳为两类：

（1）给定构件的运动规律；

（2）给定点的运动轨迹。

在具体设计中，所给定的条件又可分为运动条件、几何条件和动力条件（如考虑传力性能的最小传动角条件）。

设计四杆机构的方法有解析法、图解法和实验法。图解法和实验法直观、简明，但精度较低，可满足一般设计要求；解析法精度较高，适用于计算机计算。

本节仅介绍图解法设计四杆机构的两种类型。

3.3.1 按给定的行程速比系数设计平面四杆机构

对于有急回运动的四杆机构,设计时应满足行程速比系数 K 的要求。在这种情况下,再结合其他辅助条件进行设计。

已知行程速比系数 K、摇杆长度 l_{CD} 及其摆角 ψ,设计四杆机构。

为了求出其他各杆的尺寸 l_{AB}、l_{CD} 和 l_{AD},设计的关键是要定出曲柄的回转中心 A。其设计步骤如下:

(1) 求极位角 θ:

$$\theta = 180° \times \frac{K-1}{K+1}$$

(2) 选长度比例尺 μ_L。任选固定铰链 D 的位置,由摇杆长度 l_{CD} 及摆角 ψ 作出摇杆的两个极限位置 C_1D 和 C_2D。

(3) 作辅助圆。由图 3-20 可知,$\angle C_1 A C_2 = \theta$,现在已求出 θ 并作出了 C_1 和 C_2 点,如何找 A 点呢?可利用"同弧上圆周角等于圆心角一半"的几何定理作一个辅助圆。使该圆上 $\overset{\frown}{C_1 C_2}$ 所对圆心角为 2θ,则 A 点必在该圆上。

具体做法:连接 $C_1 C_2$,作 $C_1 M \perp C_1 C_2$;然后作 $\angle C_1 C_2 N = 90° - \theta$,$C_1 M$ 与 $C_2 N$ 相交于 P 点,如图 3-20 所示,则 $\angle C_1 P C_2 = \theta$。作 $\triangle PC_1 C_2$ 的外接圆(即为辅助圆)。

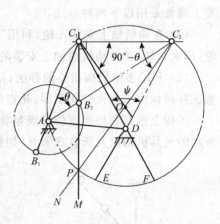

图 3-20 曲柄摇杆机构

辅助圆还可以这样作:作 $\angle C_1 C_2 O = \angle C_2 C_1 O = 90° - \theta$,以 O 为圆心,OC_1 或者 OC_2 为半径作圆即可。

(4) 确定 A 点。

① 若再无其他条件,在该圆上任取一点 $A(C_1 C_2$ 和 EF 除外),作为曲柄的回转中心,因此有无穷多解。连 AC_1、AC_2,则 $\angle C_1 A C_2 = \angle C_1 P C_2 = \theta$。

② 若要求机架水平,过 D 点作一水平线,与辅助圆的交点 A 即为曲柄转动中心。

③ 若要求最小传动角 $\gamma_{min} = 40°$,则 A 点须用试凑法确定。

(5) 确定各杆长度。因 AC_1、AC_2 分别为曲柄与连杆重叠、拉直共线的位置,即:$l_{AB} + l_{BC} = AC_2$,$l_{BC} - l_{AB} = AC_1$,则曲柄和连杆长度分别为

$$l_{AB} = \mu_L \times (AC_2 - AC_1)/2$$

$$l_{BC} = \mu_L \times (AC_2 + AC_1)/2$$

机架长度为

$$l_{AD} = \mu_L \times AD$$

3.3.2 按给定的连杆位置设计平面四杆机构

在实际生产中,常常根据给定连架杆的两个位置或三个位置来设计四杆机构。设计时,要满足连杆给定位置的要求。

如图 3-21 所示,已知连杆长度 l_{BC} 及连杆的三个给定位置 B_1C_1、B_2C_2 和 B_3C_3,设计此四杆机构。

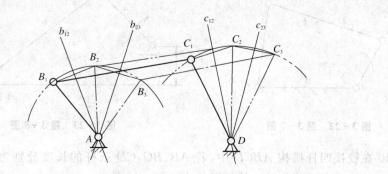

图 3-21　四杆机构

设计的关键是确定固定铰链 A 和 D 的位置,而连杆上的 B 点无论是点 B_1、B_2 还是点 B_3,都是在以 A 为圆心、AB 为半径的圆弧上。同理,通过 C_1、C_2、C_3 三点,可确定 D 点。设计步骤如下:

(1) 取适当的比例尺 μ_L,按已知条件画出连杆的三个位置 B_1C_1、B_2C_2 和 B_3C_3。

(2) 连接 B_1 和 B_2、B_2 和 B_3、C_1 和 C_2、C_2 和 C_3,分别作出它们的中垂线 b_{12}、b_{23}、c_{12}、c_{23},则 b_{12} 与 b_{23} 的交点即为固定铰链 A,c_{12} 与 c_{23} 的交点即为固定铰链 D。

(3) 连接 AB_1C_1D,即为所设计的四杆机构。

(4) 确定各未知构件的长度:

$$l_{AB} = AB_1 \times \mu_L \quad l_{CD} = C_1D \times \mu_L \quad l_{AD} = AD \times \mu_L$$

由上述过程可知,当给定连杆 BC 三个位置时,只有唯一一个解。

思考题与习题

3-1 平面四杆机构的基本形式是什么? 它有哪些演化形式?

3-2 什么是曲柄? 平面四杆机构曲柄存在的条件是什么?

3-3 什么是行程速比系数、极位夹角、急回特性? 三者之间关系如何?

3-4 什么是死点位置? 机构在什么条件下会出现死点?

3-5 工程中是如何克服和利用死点位置的? 举例说明。

3-6 平面四杆机构的设计方法有哪几种? 它们的特点是什么?

3-7 如图 3-22 所示,已知铰接四杆机构各构件的长度 $a=120$ mm,$b=300$ mm,$c=200$ mm,$d=250$ mm。试问:当取杆 4 为机架时,是否存在曲柄? 若分别取杆 1、2、3 为机架时,该机构为何种类型? 若 $a=130$ mm,其余尺寸不变,结果又将怎样?

3-8 图 3-23 所示为一偏置曲柄滑块机构。若已知 $a=20$ mm,$b=40$ mm,$e=10$ mm。试用作图法求出此机构的极位夹角 θ、行程速比系数 K 及行程 S,并标出图示位置的传动角。

3-9 设曲柄摇杆机构 $ABCD$ 中,杆 AB、BC、CD、AD 的长度分别为 $a=80$ mm,$b=160$ mm, $c=280$ mm,$d=250$ mm,AD 为机架。试求:

(1) 行程速比系数 K;

（2）检验最小传动角 $\gamma_{\min}$，许用传动角 $[\gamma]=40°$。

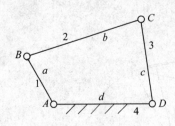

图 3-22　题 3-7 图

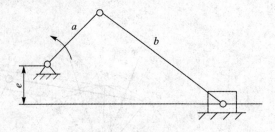

图 3-23　题 3-8 图

3-10 在铰接四杆机构 $ABCD$ 中，若 AB、BC、CD 三杆的长度分别为 $a=120$ mm，$b=280$ mm，$c=360$ mm，机架 AD 的长度 d 为变量。试求：

（1）当此机构为曲柄摇杆机构时，d 的取值范围；

（2）当此机构为双摇杆机构时，d 的取值范围；

（3）当此机构为双曲柄机构时，d 的取值范围。

3-11 如图 3-24 所示，设计一个小功率机械的曲柄摇杆机构，已知行程速比系数 $K=1.25$，摇杆长度 $l_{CD}=395$ mm，摆角 $\varphi=36°$，机架 AD 位于水平位置。

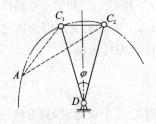

图 3-24　题 3-11 图

第4章 凸轮机构

4.1 凸轮机构的应用及类型

如图 4-1 所示,凸轮机构由凸轮1、从动件2、机架3三个基本构件及锁合装置组成,是一种高副机构。其中,凸轮是一个具有曲线轮廓或凹槽的构件,通常做连续等速转动,从动件则在凸轮轮廓的控制下按预定的运动规律做往复移动或摆动。

4.1.1 凸轮机构的应用和特点

凸轮机构通过凸轮轮廓曲线推动从动件实现预定的运动规律,在各种机械装置中,特别是在自动控制装置中,凸轮机构应用广泛。

图 4-2 所示为内燃机配气机构。当凸轮1匀速转动时,它的轮廓驱使气阀2(从动件)做往复移动,使其按预定的运动规律开启或关闭阀门。

图 4-3 是利用靠模法车削手柄的移动凸轮机构,凸轮1作为靠模被固定在床身上,滚轮2在弹簧作用下与凸轮轮廓紧密接触,当拖板3横向移动时,和从动件相连的刀具尖端便走出与凸轮轮廓相同的轨迹,因而切出工件的复杂外形。

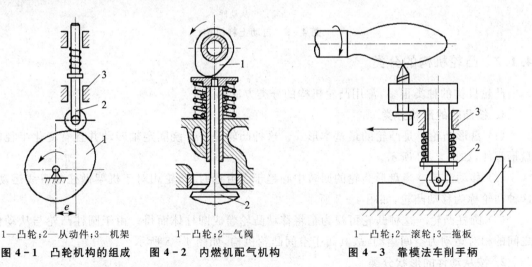

1—凸轮;2—从动件;3—机架　　1—凸轮;2—气阀　　　　1—凸轮;2—滚轮;3—拖板

图 4-1　凸轮机构的组成　图 4-2　内燃机配气机构　图 4-3　靠模法车削手柄

图 4-4 所示为一绕线机中的凸轮机构。其中,构件3为绕线轴,主动件凸轮1做等速转动,并用其曲线轮廓驱动从动件布线杆2往复摆动,使线均匀地缠绕在绕线轴上。

图 4-5 为自动上料机构。当带有凹槽的凸轮1转动时,通过槽中的滚子,使从动件2做往复移动。凸轮每回转一周,从动件即从储料器中推出一个毛坯,并将它送到加工位置。

凸轮机构的优点:只需设计适当的凸轮轮廓,便可使从动件得到所需的运动规律,并且结构简单、设计方便。它的缺点:凸轮轮廓与从动件之间为点接触或线接触,接触应力大,容易磨损,所以通常用于传力不大的控制机构中。

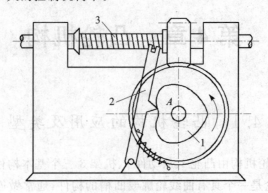

1—凸轮;2—布线杆;3—绕线轴

图 4-4 绕线机中的凸轮机构

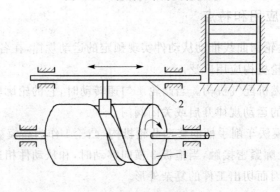

1—凸轮;2—从动件

图 4-5 自动上料机构

4.1.2 凸轮机构的分类

凸轮机构的种类很多,常用凸轮机构的分类方法如下:

1. 按凸轮的形状分类

(1)盘形凸轮 是凸轮的最基本形式。这种凸轮是一个绕固定轴转动并且有变化半径的盘形零件,如图 4-2 所示。

(2)移动凸轮 当盘形凸轮的回转中心趋于无穷远时,凸轮相对于机架做往复直线运动,这种凸轮称为移动凸轮,如图 4-3 所示。

(3)圆柱凸轮 这种凸轮可视为是将移动凸轮卷成圆柱体而得。由于圆柱凸轮与从动件之间的相对运动为空间运动,故其属于空间凸轮机构,如图 4-5 所示。

2. 按从动件的形状分类

(1)尖顶从动件 以尖顶与凸轮轮廓接触的从动件称为尖顶从动件,如图 4-6(a)、(b)所示。这种从动件结构最简单,尖顶能与任意复杂的凸轮轮廓保持接触,以实现从动件的任意运动规律。但因尖顶易磨损,仅适用于作用力很小的低速凸轮机构。

(2)滚子从动件 以铰接的滚子与凸轮轮廓接触的从动件称为滚子从动件,如图 4-6(c)、(d)所示。从动件的一端装有可自由转动的滚子,滚子与凸轮之间为滚动摩擦,磨损小,可以承受较大的载荷,因此应用最普遍。

（3）平底从动件　以平底与凸轮轮廓接触的从动件称为平底从动件，如图 4-6(e)、(f)所示。从动件的一端为一平面，直接与凸轮轮廓相接触。若不考虑摩擦，凸轮对从动件的作用力始终垂直于端平面，传动效率较高，且接触面间容易形成油膜，利于润滑，故常用于高速凸轮机构。它的缺点是不能用于凸轮轮廓有凹曲线的凸轮机构中。

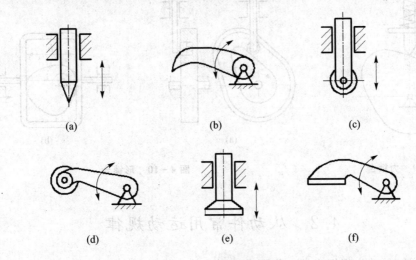

(a)　　　　　　(b)　　　　　　(c)

(d)　　　　　　(e)　　　　　　(f)

图 4-6　从动件的类型

3. 按从动件的运动形式分类

（1）直动从动件　从动件相对机架做往复直线运动。若从动件 2 的导路线通过凸轮 1 转动中心则称为对心直动从动件，如图 4-7(a)所示；若从动件 2 的导路线偏移凸轮 1 转动中心一定距离 e（e 为偏心距），则称为偏置直动从动件，如图 4-7(b)所示。

（2）摆动从动件　从动件相对于机架做往复摆动，如图 4-8 所示。

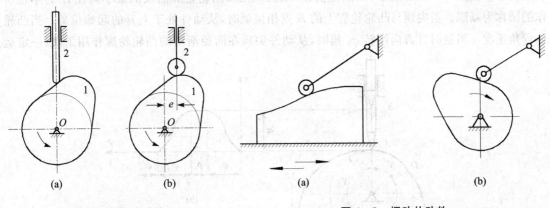

(a)　　　　　　　　(b)　　　　　　　(a)　　　　　　　　(b)

图 4-7　直动从动件　　　　　　**图 4-8　摆动从动件**

4. 按锁合方式分类

锁合方式是指凸轮机构在工作过程中使从动件与凸轮始终保持高副接触的方法。

（1）力锁合　借助重力、弹簧力或其他外力来保证锁合，称为力锁合，如图 4-9 所示。

（2）形锁合　利用凸轮和从动件的特殊几何结构来保证锁合，称为形锁合。图 4-10(a)所示的凸轮机构，是利用滚子与凸轮的凹槽两侧面的配合来实现形锁合的。图 4-10(b)所示的凸轮机构,是等宽凸轮机构为形锁合的实例,该凸轮各个位置的径向尺寸 b 不变,且与从动件方框内的宽度 b 始终相等。

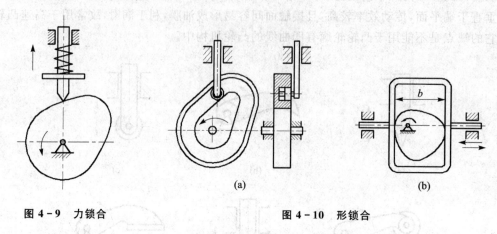

图 4-9　力锁合　　　　　　　　　　　图 4-10　形锁合

4.2　从动件常用运动规律

在设计凸轮时,首先根据机器工作要求选择凸轮机构的类型,然后确定机构的结构尺寸,合理选择从动件的运动规律,进而根据从动件的运动规律设计凸轮轮廓曲线。因此,确定从动件的运动规律是凸轮设计的前提。

4.2.1　凸轮机构的工作过程及相关名词术语

以对心直动尖顶从动件盘形凸轮机构为例,说明从动件的运动规律与凸轮轮廓曲线之间的相互关系。如图 4-11(a)所示,以凸轮轴心 O 为圆心、以凸轮轮廓曲线的最小向径 r_0 为半径所作的圆称为基圆。当尖顶与凸轮轮廓上的 A 点相接触时,从动件处于上升的起始位置。当凸轮以等角速度 ω 沿逆时针方向回转 φ_0 角时,从动件尖顶在向径渐增的凸轮轮廓作用下,以一定运

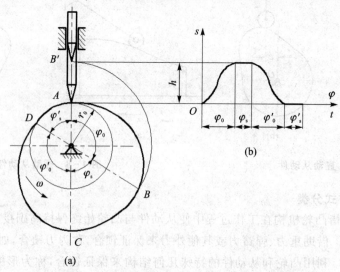

图 4-11　对心直动尖顶从动件盘形凸轮机构运动过程

动规律由离回转中心 O 最近位置 A 到达最远位置 B'，这个过程称为推程。推程时，从动件沿导路方向上升的距离 h 称为从动件的升程，而与推程对应的凸轮转角 φ_0 称为推程运动角。当凸轮继续回转 φ_s 角时，以 O 点为圆心的圆弧 BC 与尖顶相接触，从动件在最远位置静止，与之对应的转角 φ_s 称为远休止角。凸轮继续回转 φ'_0 角时，从动件在弹簧力或重力作用下，以一定运动规律回到起始位置，这个过程称为回程，与回程相对应的凸轮转角 φ'_0 称为回程运动角。当凸轮继续回转 φ'_s 角时，从动件在最近位置静止，与之对应的转角 φ'_s 称为近休止角。当凸轮继续回转时，从动件重复上述运动过程。如果以直角坐标系的纵坐标代表从动件的位移 s，横坐标代表凸轮转角 φ（由于通常凸轮做等速转动，故横坐标也代表时间 t），则可以画出从动件位移 s 与凸轮转角 φ 之间的关系曲线，如图 4-11(b)所示。它简称为从动件的位移曲线。所谓从动件的运动规律，是指从动件在运动过程中，其位移 s、速度 v、加速度 a 随凸轮转角 φ 变化的规律。

由以上分析可知，凸轮轮廓曲线决定了从动件的运动规律。反之，从动件的不同运动规律要求凸轮具有不同形状的轮廓曲线。

4.2.2　从动件常用运动规律及选择

1. 基本运动规律

1）等速运动规律

当凸轮做匀角速度回转时，从动件以等速上升或下降，即从动件的速度 v 为常数，这种运动规律称为等速运动规律。现分别以从动件的位移 s、速度 v、加速度 a 为纵坐标，以时间 t（或凸轮的转角 φ）为横坐标，作推程的 $s-t$、$v-t$、$a-t$ 线图（或 $s-\varphi$、$v-\varphi$、$a-\varphi$ 线图），如图 4-12 所示。设从动件完成一个升程 h 所用的时间为 t_0，则速度 $v=\dfrac{h}{t_0}$。由于速度 v 为常数，所以从动件的速度线图为平行于横坐标轴的直线；对速度线图积分，可以得到 $s=vt=\dfrac{h}{t_0}t$，它是一条直线；因速度 v 为常数，故加速度为 0，但在运动开始和终止的瞬间，由于速度发生突变而使加速度在理论上达到无穷大，所以产生的惯性力将引起刚性冲击。因此，这种运动规律只适用于低速及从动件质量不大的场合。为了避免刚性冲击，通常在位移曲线的过渡处用圆弧修正，或改用其他运动规律。

为了便于设计和制造，通常将从动件的运动参数表示为凸轮转角 φ 的函数。当凸轮以等角速度 ω 转动时，则得到

$$\varphi = \omega t \qquad \varphi_0 = \omega t_0$$

所以

$$t_0 = \frac{\varphi_0}{\omega} \qquad \frac{t}{t_0} = \frac{\varphi}{\varphi_0}$$

将上式代入前面以时间 t 作为自变量的运动方程式中，则得到以转角 φ 为自变量的推程的运动方程式：

$$\left. \begin{array}{l} s = \dfrac{h}{\varphi_0}\varphi \\[2mm] v = \dfrac{h}{\varphi_0}\omega \\[2mm] a = 0 \end{array} \right\} \tag{4-1}$$

式中:h 为从动件的升程,mm;φ 为凸轮转角,rad;φ_0 为推程运动角;ω 为凸轮转动的角速度,rad/s。

2）等加速等减速运动规律

从动件在一个行程 h 中,通常前半行程($h/2$)采用等加速运动,后半行程($h/2$)采用等减速运动,这两部分加速度的绝对值相等,这种运动规律称为等加速等减速运动。

从动件做等加速运动时,位移 s 与时间 t 的关系、速度 v 与时间 t 的关系分别为

$$s = \frac{1}{2}at^2 \tag{4-2}$$

$$v = at \tag{4-3}$$

把 $t=\varphi/\omega$ 代入式（4-2）则得到从动件做等加速运动时的位移方程式为

$$s = \frac{1}{2}a\frac{\varphi^2}{\omega^2} \tag{4-4}$$

式（4-4）中,$a=$ 常数,$\omega=$ 常数,故从动件的位移 s 是凸轮转角 φ 的二次函数。因此从动件的位移曲线（$s-\varphi$）是抛物线,如图 4-13(a)中的前半部分。

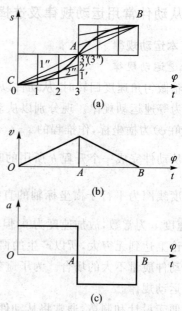

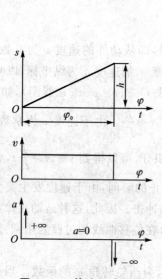

图 4-12　等速运动规律　　　　图 4-13　等加速等减速运动规律

把 $t=\varphi/\omega$ 代入式（4-3）则得到等加速运动的速度方程式:

$$v = a\frac{\varphi}{\omega} \tag{4-5}$$

因 a 与 ω 都是常数,所以从动件的速度 v 与凸轮转角 φ 成正比,从动件的速度曲线（$v-\varphi$）为一斜直线[图 4-13(b)]。

由于 $a=$ 常数,故从动件的加速度曲线（$a-\varphi$）为一平行于 φ 轴的直线[图 4-13(c)]。

对于后半行程的等减速运动,分析与上述类似,其位移曲线、速度曲线和加速度曲线如图 4-13(a)、(b)、(c)中的后半部分所示。

由图 4-13(c)可知,在推程的始末点和前、后半程的交接处,加速度有突变,因而惯性力也产生突变,但它们的大小及突变量均为有限值,由此将对机构造成有限大小的冲击,这种冲击称为"柔性冲击"或"软冲"。在高速情况下,柔性冲击仍会引起相当严重的振动、噪声和磨损,

因此这种运动规律只适用于中速、中载的场合。

当已知从动件的推程角 φ_0 和升程 h 时,位移曲线的作法如下:

(1) 选取横坐标轴代表凸轮的转角 φ,纵坐标轴代表从动件位移 s[图 4-13(a)]。

(2) 选取适当的角度比例尺 μ_φ 和位移比例尺 μ_s。在 φ 轴上取线段 03 代表 $\varphi_0/2$,在 s 轴上取线段 33′ 代表 $h/2$(先作升程前半部分的位移曲线)。

(3) 将 03 分成三等份(等分数可视具体情况而定),得到 0、1、2、3 各点;再将 33′ 分成与上相同的等份,即得到 1′、2′、3′ 各点。

(4) 过 1、2、3 各点作垂直于 φ 轴的直线;再将 1′、2′、3′ 各点分别与坐标原点连成直线。这两组直线分别相交于 1″、2″ 各点,然后将 0、1″、2″、3″(3′)各点连接成光滑的曲线,即得前半部分(等加速上升)的位移曲线。后半部分(等减速上升)的位移曲线可用类似方法作出。

3) 简谐运动(余弦加速度运动)规律

质点在圆周上做匀速运动时,它在这个圆的直径上的投影所构成的运动称为简谐运动。

当从动件的运动为简谐运动时,从图 4-14(a)中可以看出对应的转角关系:

$$\frac{\theta}{\varphi} = \frac{\pi}{\varphi_0}$$

所以 $\theta = \pi/\varphi_0 \cdot \varphi$,则可从图 4-14(a)的几何关系中得到位移计算公式。

位移对时间 t 取一次、二次导数,分别得到速度和加速度计算式,综合整理得推程运动方程组如下:

$$
\left.
\begin{aligned}
s &= \frac{h}{2} - \frac{h}{2\cos\theta} = \frac{h}{2}\left[1 - \cos\left(\frac{\pi}{\varphi_0}\varphi\right)\right] \\
v &= \frac{\mathrm{d}s}{\mathrm{d}t} = \frac{h}{2} \cdot \frac{\pi\omega}{\varphi_0}\sin\left(\frac{\pi}{\varphi_0} \cdot \varphi\right) \\
a &= \frac{\mathrm{d}v}{\mathrm{d}t} = \frac{h\pi^2\omega^2}{2\varphi_0^2}\cos\left(\frac{\pi}{\varphi_0} \cdot \varphi\right)
\end{aligned}
\right\} \tag{4-6}
$$

同理,可得回程运动方程组为

$$
\left.
\begin{aligned}
s &= \frac{h}{2}\left[1 + \cos\left(\frac{\pi}{\varphi_0'}\varphi\right)\right] \\
v &= -\frac{h}{2} \cdot \frac{\pi\omega}{\varphi_0'}\sin\left(\frac{\pi}{\varphi_0'} \cdot \varphi\right) \\
a &= -\frac{h\pi^2\omega^2}{2\varphi_0'^2}\cos\left(\frac{\pi}{\varphi_0'} \cdot \varphi\right)
\end{aligned}
\right\} \tag{4-7}
$$

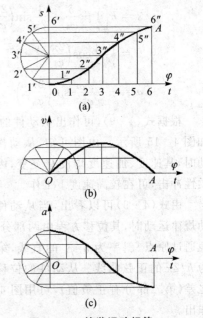

由公式(4-6)和图 4-14 可以看到:简谐运动中从动件的加速度按余弦规律变化;速度按正弦规律变化[图 4-14(b)]。

由图 4-14 可知,余弦加速度运动规律在始、末两点加速度有突变,也会引起柔性冲击,一般只适用于中速场合。但是,当从动件做无停歇的"升—降—升"往复运动时,仍可获得连续的加速度曲线,适宜于高速传动。

当已知从动件的推程角 φ_0 和升程 h 时,简谐运

图 4-14　简谐运动规律

动的位移曲线的作法如下：

（1）选取横坐标轴代表凸轮的转角 φ，纵坐标轴代表从动件位移 s［图 4－14（b）］。

（2）选取适当的角度比例尺 μ_φ 和位移比例尺 μ_s。在 φ 轴上取线段 06 代表 φ_0，且将其分成六等份（等份数可按需要选取），得到 $0,1,2,\cdots,6$ 各点；在 s 轴上取线段 66 代表 h，且以此为直径作半圆，将半圆周分成与上述相同的等份，即六等份，得到 $0,1',2',\cdots,6'$ 各点。

（3）通过 $1,2,\cdots,6$ 各点分别作平行于 s 轴的直线；再过 $1',2',\cdots,6'$ 各点分别作平行于 φ 轴的直线，这两组直线分别相交于 $1'',2'',\cdots,6''$ 各点、然后将这些点连接成光滑的曲线，即得到简谐运动的位移曲线。

简谐运动和等加速等减速运动可用于速度较高的凸轮机构中。

4）摆线运动（正弦加速度运动）规律

一个圆在一轴上做纯滚动，圆周上一点在滚动中形成的轨迹称为摆线，而该点在轴上的投影所构成的运动，称为摆线运动，这种运动规律的加速度方程是整周期的正弦曲线。设取其推程段加速度为

$$a = C_1 \sin\left(\frac{2\pi}{\varphi_t}\varphi\right)$$

式中，C_1 为常数。将上式积分两次，并令 $\varphi=0°$ 时，$s=0$，$v=0$；$\varphi=\varphi_t$ 时，$s=h$，便可得到从动件在推程时的运动方程为

$$\left.\begin{array}{l} s = h\left[\dfrac{\varphi}{\varphi_t} - \dfrac{1}{2\pi}\sin\left(\dfrac{2\pi}{\varphi_t}\varphi\right)\right] \\[2mm] v = \dfrac{h\omega}{\varphi_t}\left[1 - \cos\left(\dfrac{2\pi}{\varphi_t}\varphi\right)\right] \\[2mm] a = \dfrac{2\pi h}{\varphi_t^2}\omega^2\sin\left(\dfrac{2\pi}{\varphi_t}\varphi\right) \end{array}\right\} \qquad (4-8)$$

同理，也可得从动件在回程时的运动方程为

$$\left.\begin{array}{l} s = h\left[1 - \dfrac{\delta}{\varphi_h} + \dfrac{1}{2\pi}\sin\left(\dfrac{2\pi}{\varphi_h}\varphi\right)\right] \\[2mm] v = \dfrac{h\omega}{\varphi_h}\left[\cos\left(\dfrac{2\pi}{\varphi_h}\varphi\right) - 1\right] \\[2mm] a = -\dfrac{2\pi h\omega^2}{\varphi_h^2}\sin\left(\dfrac{2\pi}{\varphi_h}\varphi\right) \end{array}\right\} \qquad (4-9)$$

根据式（4－9），可作出从动件的推程运动曲线图，如图 4－15 所示。由图可知，从动件做正弦加速度运动时，其速度、加速度均没有突变，因而不产生刚性和柔性冲击，可在较高速度下工作。

由式（4－9）可以看出，当从动件按正弦加速度运动规律运动时，其位移方程由两部分组成：第一部分代表通过原点、斜率为 h/φ_0 的直线，第二部分代表振幅为 $h/2\pi$ 的正弦曲线。从动件的位移曲线为这两部分之差（第二部分有正负值），可用图 4－15 所示的方法作出。

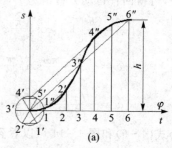

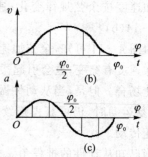

图 4－15　摆线运动规律

除上面介绍的从动件常用的几种运动规律外，根据工作需要，还可以选择其他的运动规律，或者将上述常用的运动规律组合使用。

2. 从动件运动规律的选择

在选择从动件的运动规律时，除了要考虑刚性冲击与柔性冲击以外，还应当对各种运动规律所产生的最大速度 v_{max}、最大加速度 a_{max} 及其影响加以分析和比较。v_{max} 越大，则从动件系统的动量越大。当其在启动、停车或突然受阻时，将产生很大的冲击力。a_{max} 越大，则从动件系统的惯性力越大。由于惯性力及其引起的运动副中的动压力，对机构的振动、强度与磨损都有较大的影响。所以，对于重载凸轮机构，考虑到从动件系统质量很大，为了控制其动量的最大值，应选择 v_{max} 较小的运动规律；对于高速凸轮机构，为了减小从动件系统的最大惯性力，应选择 a_{max} 较小的运动规律。表 4 - 1 列出上述几种常用运动规律的 v_{max}、a_{max} 及冲击特性，并给出它们的适用范围，供选择从动件运动规律时参考。

表 4 - 1　几种常用运动规律特性比较

运动规律	v_{max}	a_{max}	冲击特性	适用范围
等速	$\dfrac{h\omega}{\varphi_0}\times 1.00$	∞	刚性	低速轻负荷
等加速等减速	$\dfrac{h\omega}{\varphi_0}\times 2.00$	$\dfrac{h\omega^2}{\varphi_0^2}\times 4.00$	柔性	中速轻负荷
余弦加速度	$\dfrac{h\omega}{\varphi_0}\times 1.57$	$\dfrac{h\omega^2}{\varphi_0^2}\times 4.93$	柔性	中低速中负荷
正弦加速度	$\dfrac{h\omega}{\varphi_0}\times 2.00$	$\dfrac{h\omega^2}{\varphi_0^2}\times 6.28$	—	中高速轻负荷

4.3　凸轮轮廓曲线的设计方法

4.3.1　反转法原理

如果把凸轮机构中凸轮转动的各个位置直接在图纸上逐一描出来，那么凸轮轮廓将相互覆盖而难以分辨。根据相对运动原理，若对整个凸轮机构附加一个与凸轮原始转动等值反向的转动（$-\omega$），则凸轮因自身的转动（ω）与附加的转动（$-\omega$）叠加而处于静止状态，从动件则一方面绕凸轮轴心做 $-\omega$ 转动，另一方面沿导槽做移动，如图 4 - 16 所示。在反转运动过程中，凸轮相对静止在某个位置，而从动件相对于凸轮所在的各个位置依次为1、2、3、…、8，就非常清晰。这样的反转运动并不改变凸轮与从动件之间的相对运动关系。这种对整个机构附加一个反向转动的方法称为反转法。

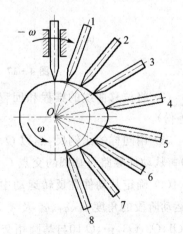

图 4 - 16　凸轮反转法

4.3.2　图解法设计凸轮轮廓曲线

设计凸轮轮廓曲线的方法有图解法和解析法。图解法直观性强,作图误差较大,适用于精度要求较低的凸轮设计中;图解法有助于加深对凸轮轮廓设计原理及一些基本概念的理解。

1. 对心直动尖顶从动件盘形凸轮

设已知该凸轮机构中的凸轮以等角速度 ω_1 逆时针转动,凸轮基因半径为 r_0,则从动件运动规律为:凸轮转过推程运动角 $\varphi_0 = 150°$,从动件等速上升一个行程 h;凸轮转过远休止角 $\varphi_1 = 30°$ 期间,从动件在最高位置停歇不动;凸轮继续转过回程运动角 $\varphi_2 = 120°$,从动件以等加速等减速运动规律下降并回到最低位置;最后,凸轮转过近休止角 $\varphi_3 = 60°$ 期间,从动件在最低位置停歇不动,此时凸轮转动一圈。试设计凸轮的轮廓曲线。

绘制步骤如下:

(1) 选取长度比例尺 μ_s(实际长度:图样长度)和角度比例尺 μ_φ(实际角度:图样角度),作出从动件位移曲线,如图 4-17(a)所示。

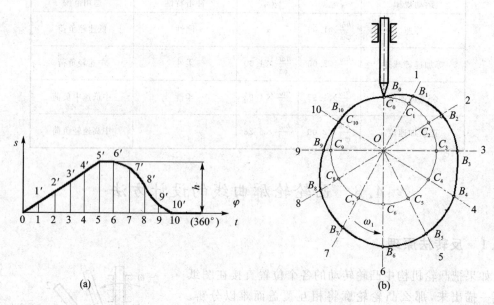

(a)　　　　　　　　　　　　　(b)

图 4-17　对心直动尖顶从动件盘形凸轮的设计

(2) 将位移曲线的推程和回程所对应的转角分为若干等份(图中推程为 5 等份,回程为 4 等份)。

(3) 用同样的比例尺 μ_s,以 O 为圆心,以 $OC_0 = r_0/\mu_s$ 为半径作基圆(r_0 为基圆半径实际长度)。从动件导路与基圆的交点 $C_0(B_0)$ 即为从动件尖顶的起始位置,如图 4-17(b)所示。

(4) 确定从动件在反转运动中依次占据的各个位置。自 OB_0 开始沿 $-\omega_1$ 方向量取凸轮各运动阶段的角度 φ_0、φ_1、φ_2 及 φ_3,并将 φ_0 和 φ_2 分别分成与图 4-17(a)中相应的等份。等分线 $O1$、$O2$、$O3$、$\cdots$、$O10$ 与基圆相交于点 C_1、C_2、C_3、$\cdots$、C_{10}。等分线表示从动件在反转运动中依次占据的位置线。

(5) 在等分线 $O1$、$O2$、$O3$、$\cdots$、$O10$ 上,过点 C_1、C_2、C_3、$\cdots$、C_{10} 分别向外按位移曲线量取对应位移,得到点 B_1、B_2、B_3、$\cdots$、B_{10},即 $C_1B_1 = 11'$、$C_2B_2 = 22'$、$C_3B_3 = 33'$、$\cdots$、$C_{10}B_{10} = 1010'$。

点 B_1、B_2、B_3、$\cdots$、B_{10} 就是从动件尖顶做复合运动时各点的位置,把这些点连成一光滑曲线,即为所求凸轮轮廓曲线。

需要说明的是,画图时,推程运动角和回程运动角的等分数要根据运动规律复杂程度和精度要求来决定。显然,分点取得越密,设计精度就越高。在实际设计凸轮时,应将分点取得密些(例如,每两个分点之间对凸轮转轴的夹角不超过 5°)。

由于尖顶从动件磨损较快,难以保持准确的从动件运动规律,实际应用较少,故工程中通常采用滚子从动件和平底从动件。

2. 对心直动滚子从动件盘形凸轮

从图 4-18 可以看出,滚子中心的运动规律与尖顶从动件尖顶处的运动规律相同,故可把滚子中心看成从动件的尖顶。按上述方法,先求得尖顶从动件的凸轮轮廓曲线 β,再以曲线 β 上各点为圆心,以滚子半径 r_T 为半径作一系列圆弧,这些圆弧的内包络线 β' 与滚子从动件直接接触的凸轮轮廓,称为凸轮工作轮廓。因为曲线 β 在凸轮工作时并不直接与滚子接触,故称为凸轮理论轮廓。滚子从动件凸轮的基圆半径 r_0 是指理论轮廓的最小向径。所以,设计滚子从动件凸轮工作轮廓时,应先按尖顶从动件凸轮的设计方法作出其理论轮廓,再根据滚子半径作出理论轮廓的法向等距曲线,即为滚子从动件的凸轮工作轮廓线。

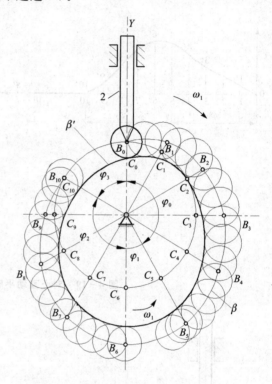

图 4-18　对心直动滚子从动件盘形凸轮

3. 对心直动平底从动件盘形凸轮

图 4-19 为对心直动平底从动件盘形凸轮机构,从动件的运动规律如图 4-19(a)所示。画其凸轮轮廓曲线时,把从动件的导路中心线与从动件的平底交点 B_0 看作尖顶从动件的尖顶。按照尖顶从动件盘形凸轮轮廓曲线的画法,作出平底从动件盘形凸轮的理论轮廓曲线上的 B_1、B_2、B_3 等点,过这些点画一系列代表从动件平底的直线,作这些直线族的包络线,即为平底从动件凸轮的工作轮廓曲线。由图 4-19(b)可以看出,从动件平底与凸轮工作轮廓的接触点(即平底与凸轮工作轮廓曲线的切点),随从动件位于不同位置而改变。为了保证从动件平底能始终与凸轮工作轮廓曲线相切,通过作图可以找出在 B_0 左右两侧距导路最远的两个切点 B'、B'',平底中心至左右两侧的长度应分别大于 b' 和 b''。

4. 偏置直动尖顶从动件盘形凸轮

如图 4-20 所示,偏置直动尖顶从动件盘形凸轮轮廓曲线的绘制方法也与前述相似。但由于从动件导路的轴线不通过凸轮的转动轴心 O,其偏距为 e,所以从动件在反转过程中,其导路轴线始终与以偏距 e 为半径所作的偏置圆相切。因此从动件的位移应沿这些切线选取。

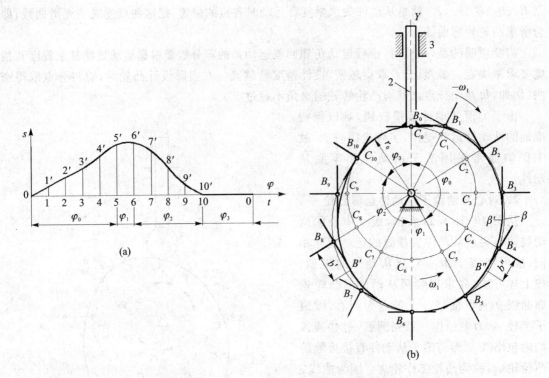

图 4 – 19 对心直动平底从动件盘形凸轮

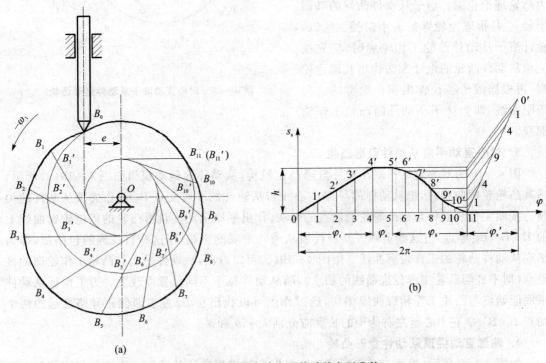

图 4 – 20 偏置直动尖顶从动件盘形凸轮

现将作图方法叙述如下：

（1）根据已知从动件的运动规律，按适当比例作出位移曲线，并将横坐标分段等分，如

图 4 - 20(b)所示。

（2）选适当作图比例尺 μ_s，并以 O 为圆心，e/μ_s 和 r_0/μ_s 分别为半径作偏距圆和基圆。

（3）在基圆上，任取一点 B_0 作为从动件升程的起始点，并过 B_0 作偏距圆的切线。该切线即是从动件导路线的起始位置。

（4）由 B_0 点开始沿 ω_1 相反方向将基圆分成与位移曲线相同的等份，得各等分点 B_1'、B_2'、B_3' 等。过 B_1'、B_2'、B_3' 等各点作偏距圆的切线并延长，则这些切线即为从动件在反转过程中依次占据的位置。

（5）在各条切线上自 B_1'、B_2'、B_3'……截取 $B_1'B_1 = 11'$，$B_2'B_2 = 22'$，$B_3'B_3 = 33'$……得 B_1、B_2、B_3 等各点。将 B_0、B_1、B_2 等各点连成光滑曲线，即为凸轮轮廓曲线。

4.3.3　解析法设计凸轮轮廓曲线

对于转速及精度要求高的凸轮机构，如高速的凸轮靠模、凸轮检验用的样板凸轮等，必须用解析法进行精确设计以提高凸轮轮廓的设计精度。应用解析法设计凸轮轮廓，必须导出其方程式，然后按与图解法相同的给定条件精确计算凸轮轮廓上各点的坐标值。这种方法适合在计算机上计算，并在数控机床上加工凸轮轮廓。下面以偏置直动滚子从动件盘形凸轮机构为例，介绍用解析法设计凸轮轮廓。

1. 凸轮理论轮廓线方程式

图 4 - 21 所示为一偏置直动滚子从动件盘形凸轮轮廓线。

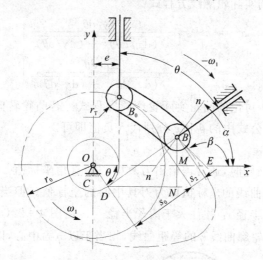

图 4 - 21　偏置直动滚子从动件盘形凸轮轮廓线

在直角坐标系 Oxy 中，B 点为滚子从动件中心在凸轮理论轮廓线上的一个位置，由图 4 - 21 中的几何关系可知，该点的直角坐标为

$$x = DN + CD = (s_0 + s_2)\sin\theta + e\cos\theta$$
$$y = BN - MN = (s_0 + s_2)\cos\theta - e\sin\theta \qquad (4-10)$$

式中：e 为偏距；s_2 为从动件位移；θ 为凸轮转角；$s_0 = \sqrt{r_0^2 - e^2}$。

式（4-8）即为偏置直动滚子从动件盘形凸轮理论轮廓线方程式。若令式中的 $e = 0$，即可得对心直动滚子从动件盘形凸轮理论轮廓线方程。

2. 凸轮实际轮廓线方程式

由前述可知,在滚子从动件盘形凸轮机构中,凸轮的实际轮廓线与理论轮廓线为法向等距曲线,二者在法线方向上相距 r_T。因此,若已知理论轮廓线上 B 点的坐标 (x,y),则实际轮廓线上对应点的坐标 (x',y') 为

$$\left. \begin{array}{l} x' = x - r_T \cos \alpha \\ y' = y - r_T \sin \alpha \end{array} \right\} \tag{4-11}$$

式中:α 为法线与 x 轴的夹角,与理论轮廓线上 B 点的斜率有关。

由高等数学可知,图示理论轮廓线上 B 点的切线斜率为

$$\tan \beta = \mathrm{d}y/\mathrm{d}x = - BM/ME$$

而角 $\alpha = \angle MBE$,故法线 nn 的斜率为

$$\tan \alpha = ME/BM = - \mathrm{d}x/\mathrm{d}y$$

又 x、y 皆为参数方程,故

$$\tan \alpha = - (\mathrm{d}x/\mathrm{d}\theta)/(\mathrm{d}y/\mathrm{d}\theta) \tag{4-12}$$

式中,$\mathrm{d}x/\mathrm{d}\theta$、$\mathrm{d}y/\mathrm{d}\theta$ 可由式 $(4-10)$ 求得

$$\left. \begin{array}{l} \mathrm{d}x/\mathrm{d}\theta = (\mathrm{d}s_2/\mathrm{d}\theta - e)\sin \theta + (s_0 + s_2)\cos \theta \\ \mathrm{d}y/\mathrm{d}\theta = (\mathrm{d}s_2/\mathrm{d}\theta - e)\cos \theta - (s_0 + s_2)\sin \theta \end{array} \right\} \tag{4-13}$$

将式 $(4-12)$ 变换成 $\sin \alpha$ 和 $\cos \alpha$ 的形式,并代入式 $(4-11)$,即可得由滚子内包络线形成的移动滚子从动件盘形凸轮的实际轮廓线方程式:

$$\left. \begin{array}{l} x' = x + r_T \dfrac{\mathrm{d}y/\mathrm{d}\theta}{\sqrt{(\mathrm{d}x/\mathrm{d}\theta)^2 + (\mathrm{d}y/\mathrm{d}\theta)^2}} \\[3mm] y' = y - r_T \dfrac{\mathrm{d}x/\mathrm{d}\theta}{\sqrt{(\mathrm{d}x/\mathrm{d}\theta)^2 + (\mathrm{d}y/\mathrm{d}\theta)^2}} \end{array} \right\} \tag{4-14}$$

以上是针对图 $4-21$ 讨论的凸轮实际轮廓线方程式。若凸轮转向为顺时针,或从动件偏置在凸轮的左侧,则上面公式中的 θ 和 e 分别代入负值即可。

3. 刀具中心轨迹方程

在数控机床上加工凸轮时,通常需给出刀具中心的直角坐标值。若刀具半径与滚子半径完全相等,那么理论轮廓曲线的坐标值即为刀具中心的坐标值。但当用数控铣床加工凸轮或用砂轮磨削凸轮时,刀具半径 r_C 往往大于滚子半径 r_T。由图 $4-22(a)$ 可以看出,这时刀具中心的运动轨迹 η_C 为理论轮廓曲线 η 的等距曲线,相当于以 η 为中心,以 $(r_C - r_T)$ 为半径作一系

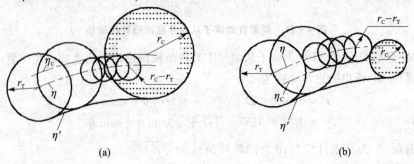

(a)　　　　　　　　　　　　　　(b)

图 4-22 凸轮加工刀具中心轨迹

列滚子的外包络线。反之,当用钼丝在线切割机床上加工凸轮时,$r_C < r_T$,如图 4 – 22(b)所示。这时刀具中心运动轨迹 η_C 相当于以 η 为中心,以 $(r_T - r_C)$ 为半径作一系列滚子的内包络线。只要用 $|r_C - r_T|$ 代替 r_T,便可由式(4 – 13)求出外包络线或内包络线上各点的坐标值。

4.4　凸轮机构设计中应注意的几个问题

在介绍用图解法设计凸轮轮廓曲线时,假设凸轮的基圆半径、滚子半径等尺寸均为已知。实际设计时,需根据机构的受力情况,考虑结构的紧凑性、运动的可靠性等因素,合理确定这些尺寸。下面讨论如何确定有关的尺寸和参数。

4.4.1　滚子半径的选择

在滚子从动件凸轮机构中,滚子半径的选择,要综合考虑滚子的结构、强度、凸轮轮廓曲线形状等因素,特别是不能因滚子半径选得过大造成从动件运动规律失真等情况。下面分析凸轮轮廓曲线形状与滚子半径的关系。

如图 4 – 23 所示,设凸轮实际轮廓线上某点的曲率半径为 ρ_a,理论轮廓线的曲率半径为 ρ,滚子半径为 ρ_T。对于内凹的理论轮廓线,见图 4 – 23(a),当 $\rho_a = \rho + \rho_T$ 时,不论滚子半径大小如何,实际轮廓线均可作出。对于外凸的理论轮廓线,见图 4 – 23(b),由于 $\rho_a = \rho - \rho_T$,故当 $\rho > r_T$ 时,$\rho_a > 0$,实际轮廓线可以作出;若 $\rho = r_T$,见图 4 – 23(c)时,则 $\rho_a = 0$,即实际轮廓线将出现尖点,凸轮轮廓在尖点处极易磨损,并影响从动件的运动精度;若 $\rho < r_T$,见图 4 – 23(d),则 $\rho_a < 0$,这时,实际轮廓线出现交叉,图中黑色的交叉部分实际上已在加工中被切去,因而得不到完整的凸轮轮廓线,也就不能实现从动件预定的运动规律,这种现象称为运动失真。由此可见,滚子半径必须小于理论轮廓线外凸部分的最小曲率半径 ρ_{min}。为了避免上述缺陷,减小载荷集中和磨损,设计时应保证实际轮廓线的最小曲率半径 ρ_{amin} 满足

$$\rho_{amin} = \rho_{min} - r_T > 3 \text{ mm}$$

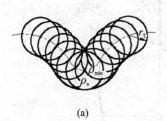
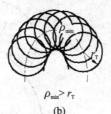
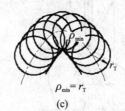
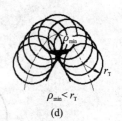

（a）　　　　　　　（b）　　　　　　　（c）　　　　　　　（d）

图 4 – 23　滚子半径的选择

理论轮廓线上任意一点(如 E 点)的曲率半径近似求法,如图 4 – 24 所示。选取合适的半径,若半径选取太大,则误差较大;若半径选取太小,则作图不方便。以 E 点为圆心,选取的半径为半径,作一圆,该圆与实际轮廓线交于 F、G 两点,再以 F、G 点分别为圆心,以同样大小的半径另作两圆,得到三个圆的交点 H、I、J、K,连接 H、I 和 J、K 并延长,延长线交于 C 点,连接 C 点、E 点,则

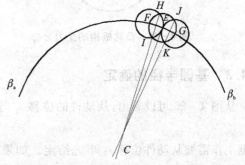

图 4 – 24　E 点曲率半径的近似求法

C 点为 E 点的曲率中心，CE 为 E 点的曲率半径。在理论轮廓曲线上找到曲率半径最小的位置，用这个办法就可以确定最小曲率半径 ρ_{min}。

4.4.2　凸轮机构压力角的选取

图 4-25 所示为尖顶直动从动件盘形凸轮机构在推程中的一个位置。凸轮以等角速度 ω_1 沿逆时针方向转动，与从动件在 A 点接触。凸轮给从动件的法向推力 F_n（不计摩擦）与从动件运动方向之间的夹角 α 称为凸轮机构的压力角。

F_n 可分解为垂直于从动件导路方向和沿从动件导路方向的两个分力 F_x 和 F_y。F_y 是推动从动件运动的力，称为有用分力；F_x 是使导路受压，引起摩擦阻力的有害分力。其大小为

$$\left.\begin{array}{l} F_x = F_n\sin\alpha \\ F_y = F_n\cos\alpha \end{array}\right\} \tag{4-15}$$

显然，压力角 α 越大，则 F_y 越小而 F_x 越大，受力情况越差，传动效率越低。当压力角 α 过大时，有用分力 F_y 不足以克服由 F_x 引起的摩擦阻力 F_f 时，凸轮机构将发生自锁现象。因此，为了保证凸轮机构的正常工作，推荐许用压力角 $[\alpha]$ 的数值如下：

（1）直动从动件推程时，$[\alpha]=30°$；

（2）摆动从动件推程时，$[\alpha]=45°$；

（3）直动、摆动从动件回程时，$[\alpha]=70°\sim80°$。

检查从动件的压力角是否超过许用压力角时，较简便的办法是在凸轮轮廓线上坡度较陡处选若干点，分别作出这些点的压力角，然后用量角器进行测量（图 4-26），检查最大压力角是否超过许用值。

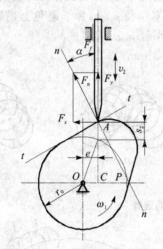

图 4-25　凸轮机构的受力分析

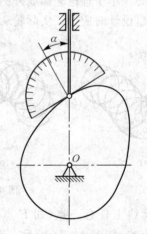

图 4-26　检查从动件的压力角

4.4.3　基圆半径的确定

从图 4-25 可以看出，从动件的位移 s_2 与 A 点处理论向径 r 和基圆半径 r_0 的关系为

$$r = r_0 + s_2$$

根据工作需要从动件位移 s_2 事先给定。如果凸轮的基圆半径 r_0 增大，r 也将增大，凸轮机构的尺寸相应增大。因此，为使凸轮机构紧凑，r_0 应尽可能取得小一些。但是，根据凸轮机构的

运动分析,凸轮上 A 点的速度 $v_{A_1} = r\omega_1$,从动件上 A 点的速度 $v_{A_2} = v_2$,由图 4-25 的速度多边形可知:

$$v_2 = v_{A_1} \tan \alpha = r\omega_1 \tan \alpha$$

或

$$r = \frac{v_2}{\omega_1 \tan \alpha}$$

$$r_0 = \frac{v_2}{\omega_1 \tan \alpha} - s_2 \qquad (4-16)$$

由式(4-16)可知,当给定运动规律后,ω_1、v_2 和 s_2 均为已知,如果要减小凸轮的基圆半径 r_0,就要增大从动件的压力角 α。基圆半径过小,则压力角将超过许用值,使得机构效率特别低,甚至发生自锁。为此,应在保证最大压力角不超过许用值的条件下,缩小凸轮机构尺寸。基圆半径推荐为

$$r_0 = (0.8 \sim 1)d + r_{\mathrm{T}} \qquad (4-17)$$

式中:d 为凸轮轴直径;r_{T} 为滚子半径。

4.5 凸轮机构的常用材料和结构

4.5.1 凸轮机构的常用材料

凸轮机构工作时,往往承受动载荷的作用,同时凸轮表面承受强烈磨损。因此,要求凸轮和滚子的工作表面硬度高,具有良好的耐磨性,心部有良好的韧性。当载荷较小且低速时,可以选用铸铁作为凸轮的材料,如 HT250、HT300、QT800-2、QT900-2 等。中速、中载时可以选用优质碳素结构钢、合金钢作为凸轮的材料,常用材料有 45、40Cr、20Cr、20CrMn 下等,并经表面淬火或渗碳淬火,使硬度达到 55~62HRC。高速、重载凸轮可以用 40Cr、38CrMoAl 等材料,并经表面淬火或渗氮处理。滚子材料可以用 20Cr,经渗碳淬火,表面硬度达到 55~62HRC。

4.5.2 凸轮机构的常用结构

1. 凸轮在轴上的固定方式

图 4-27 为采用弹性锥套和螺母连接,这种连接可用于凸轮与轴的相对角度需要自由调节的场合。当凸轮轮廓尺寸接近轴径尺寸时,凸轮与轴可做成一体(图 4-28);当尺寸相差比较大时,凸轮和轴的固定采用键连接(图 4-29)或销连接(图 4-30)。

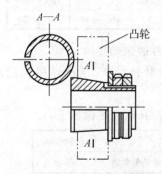

图 4-27 弹性锥套和螺母连接

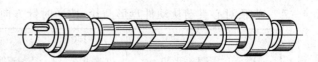

图 4-28 凸轮轴

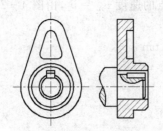

图 4-29　用平键连接

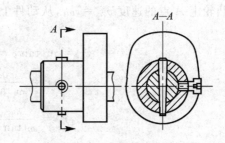

图 4-30　用圆锥销连接

2. 滚子及其连接

图 4-31 所示为常见的几种滚子结构。图(a)为专用圆柱体滚子及其连接形式,即滚子与从动件底端用螺栓连接;图(b)、(c)为滚子与从动件底端用小轴连接,其中图(c)滚子是直接采用合适的滚动轴承代替的。但无论上述哪种情况,都必须保证滚子能自由转动。

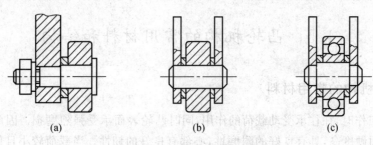

(a)　　　　　　　　　　(b)　　　　　　　　　　(c)

图 4-31　常见的滚子结构

思考题与习题

4-1　从动件的常用运动规律有哪几种? 各适用于什么场合?

4-2　何谓凸轮压力角? 压力角的大小对机构有何影响?

4-3　滚子从动件的滚子半径如何选取?

4-4　何谓凸轮的基圆? 确定凸轮的基圆半径时要考虑哪些因素?

4-5　有一尖顶对心直动从动件盘形凸轮,其向径的变化如下:

凸轮转角 $\varphi/(°)$	0	30	60	90	120	150	180	210	240	270	300	330	360
向径 r/mm	30	35	40	45	50	55	60	55	50	45	40	35	30

试画出其位移曲线 $s-\varphi$ 图,并根据位移曲线图,判断从动件的运动规律。

4-6　用图解法求解图 4-32 所示各凸轮由图示位置逆时针转过 45° 后凸轮机构的压力角,并标注在图中。

4-7　一尖顶对心直动从动件盘形凸轮,按逆时针方向旋转,其运动规律如下:

$\varphi/(°)$	0～90	90～150	150～240	240～360
s	等速上升 40 mm	停止	等加速等减速运动至原处	停止

要求:(1)作位移曲线;

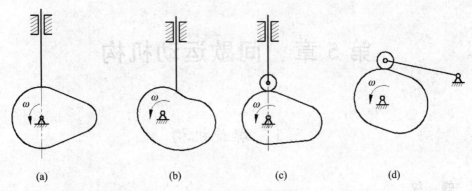

(a)　　　　　(b)　　　　　(c)　　　　　(d)

图 4-32　题 4-6 图

(2) 若基圆半径 $r_0 = 45$ mm，试画出凸轮实际工作轮廓；

(3) 校核压力角要求 $\alpha_{max} \leqslant [\alpha] = 30°$。

4-8　设计一对心直动滚子从动件盘形凸轮机构。已知凸轮基圆半径 $r_0 = 40$ mm，滚子半径 $r_T = 40$ mm；凸轮逆时针等角速度回转，从动件在推程中按等加速等减速规律运动，回程中按余弦加速度规律运动，从动件行程 $h = 32$ mm；凸轮在一个循环中的转角为 $\varphi_t = 150°$，$\varphi_s = 30°$，$\varphi_h = 120°$，$\varphi_s' = 60°$。试绘制凸轮轮廓线，并校核推程压力角。

4-9　设计一对心直动从动件盘形凸轮机构。已知凸轮为一偏心轮，其半径 $R = 30$ mm，偏心距 $e = 15$ mm，滚子半径 $r_T = 10$ mm，凸轮顺时针转动，角速度 ω 为常数。(1) 画出凸轮机构的运动简图；(2) 作出凸轮理论轮廓线、基圆以及从动件位移曲线 $s-\varphi$。

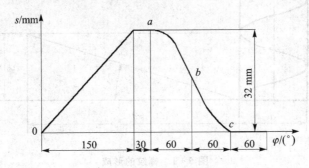

图 4-33　题 4-10 图

4-10　试以图解法设计一偏置直动滚子从动件盘形凸轮机构的凸轮轮廓曲线。已知凸轮以等角速度顺时针回转，从动件行程 $h = 32$ mm，从动件位移曲线如图 4-33 所示。凸轮轴心偏于从动件轴线右侧，偏心距 $e = 10$ mm。又已知凸轮的基圆半径 $r_0 = 35$ mm，滚子半径 $r_T = 15$ mm。

4-11　设计一偏置直动尖顶从动件盘形凸轮机构。已知凸轮以等角速度 ω 顺时针转动，凸轮转动轴心 O 偏于从动件中心线右方 20 mm 处，基圆半径 $r_0 = 50$ mm。当凸轮转过 $\varphi_0 = 120°$ 时，从动件以等加速等减速运动上升 30 mm；再转过 $\varphi_h = 150°$ 时，从动件以余弦加速度运动回到原位，凸轮转过其余 $\varphi_s' = 90°$ 时，从动件静止不动。试用图解法给出此凸轮轮廓曲线。

4-12　试以图解法设计一个对心平底从动件盘形凸轮机构的凸轮轮廓曲线。已知基圆半径 $r_0 = 50$ mm，从动件平底与导轨的中心线垂直。凸轮顺时针方向等速转动。当凸轮转过 120° 时，从动件以余弦加速度运动上升 30 mm；再转过 150° 时，从动件以余弦加速度运动回到原位，凸轮转过其余 90° 时，从动件静止不动。

第5章　间歇运动机构

5.1　螺旋机构

5.1.1　螺　纹

1. 螺纹的形成

如图 5-1 所示,将一直角三角形绕在直径为 d_2 的圆柱表面上,绕时底边与圆柱底边重合对齐,三角形的斜边就在圆柱体表面形成一条螺旋线。三角形的斜边与底边的夹角 ψ 称为螺旋升角。若用一个平面图形(如三角形)沿螺旋线运动,并使平面图形始终通过圆柱体轴线,这样就形成了三角形螺纹。如果改变平面图形(牙型)的形状,则可得到矩形、梯形、锯齿形、圆弧形(管螺纹)等螺纹。

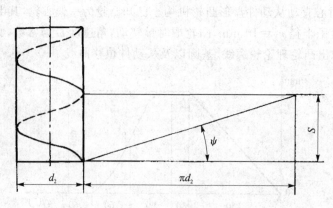

图 5-1　螺纹的形成

2. 螺纹的类型

(1) 按螺纹牙的位置,螺纹可分为内、外螺纹。螺纹在圆柱体外面称为外螺纹(螺杆);在圆柱孔里面称为内螺纹(螺母)。

(2) 螺纹按牙型分,有三角形螺纹[图 5-2(a)]、矩形(方牙)螺纹[图 5-2(b)]、梯形螺纹[图 5-2(c)]和锯齿形螺纹[图 5-2(d)]等。其中,普通三角螺纹多用在连接中;梯形螺纹用于传力或螺旋传动中,如机床丝杠等;锯齿形螺纹用于单向受力的传动机构,如轧钢机、压力机等设备中。

(3) 按螺旋线的绕行方向,分为左旋螺纹和右旋螺纹。规定:当外螺纹轴线直立时,螺旋线向右上升为右旋螺纹,向左上升为左旋螺纹。图 5-3(a)所示为单线右旋螺纹,图 5-3(b)为双线左旋螺纹。一般采用右旋螺纹,有特殊要求时,才采用左旋螺纹。

(4) 根据螺旋线的数目,可分成单线螺纹和多线螺纹,如图 5-3 所示。为了制造方便,螺纹一般不超过 4 线。

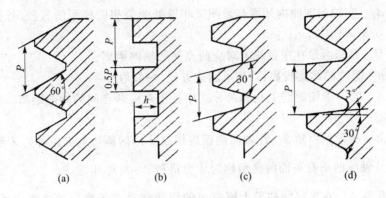

图 5-2　螺纹的牙型

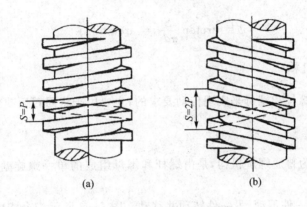

图 5-3　螺纹的旋向及线数

（5）按用途不同，一般将螺纹分为连接螺纹和传动螺纹。

3. 螺纹的主要参数

现以图 5-4 所示的圆柱普通螺纹为例，说明螺纹的主要几何参数。

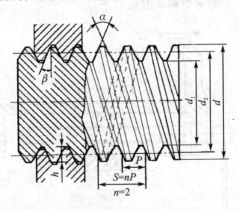

图 5-4　螺纹的主要几何参数

（1）大径 d　是指与外螺纹牙顶（或内螺纹牙底）相重合的假想圆柱面直径，在标准中规定螺纹大径的基本尺寸为公称直径。

（2）小径 d_1　是指与外螺纹牙底（或内螺纹牙顶）相重合的假想圆柱面直径，在强度计算中作危险剖面的计算直径。

（3）中径 d_2　在轴向剖面内牙厚与牙间宽相等处的假想圆柱面的直径,近似等于螺纹的平均直径 $d_2 \approx 0.5(d+d_1)$。

（4）螺距 P　相邻两牙在中径线上对应两点间的轴向距离。

（5）线数 n　螺纹的螺旋线数目,为了制造方便,一般取 $n \leqslant 4$。

（6）导程 S　同一条螺旋线上相邻两牙在中径上对应两点间的轴向距离。螺距、导程、线数之间关系为 $S=nP$。

（7）牙型角 α 和牙型斜角 β　在轴向剖面内螺纹牙形两侧边的夹角称为牙型角 α;螺纹牙形的侧边与螺纹轴线的垂直平面的夹角称为牙型斜角 β。对称牙型, $\beta = \dfrac{\alpha}{2}$。

（8）螺旋升角 ψ　在中径圆柱面上螺旋线的切线与垂直于螺旋线轴线的平面的夹角,计算公式为

$$\psi = \arctan \frac{S}{\pi d_2} = \arctan \frac{nP}{\pi d_2} \tag{5-1}$$

5.1.2　常用螺旋机构

螺旋传动是利用螺杆和螺母来实现传动要求的,主要用于将回转运动变换为直线运动,同时传递动力。

1. 单螺旋机构

单螺旋机构也称为普通螺旋机构,是由螺杆和螺母组成的单一螺旋副。按运动方式不同分为两种形式。

（1）螺杆或螺母,一件不动,另一件转动并移动。图5-5所示为台式虎钳,螺杆与活动钳口相连,固定钳口与固定螺母连接,并固定在工作台上。当转动手柄时,通过螺杆带动活动钳口左右移动,使之与固定钳口离开或靠近,从而夹紧或放松工件。这种机构还常用于螺旋压力机、千分尺等机构中。图5-6所示为螺旋千斤顶,螺杆固定不动,转动手柄时,通过螺母带动托盘上下移动,从而使托盘上的重物被举起或放下。

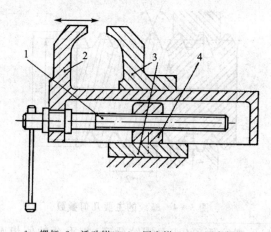

1—螺杆;2—活动钳口;3—固定钳口;4—固定螺母

图5-5　台式虎钳

（2）螺杆或螺母,一件原地转动,另一件移动。图5-7所示为机床手动进给机构,当摇动手轮使螺杆旋转时,螺母就带动滑板沿机架的导轨面移动。此种机构在各种机床中很常见,如

车床大溜板的纵向进给和中溜板的横向进给等。游标卡尺中的微量调节装置也属于这种形式的单螺旋机构。

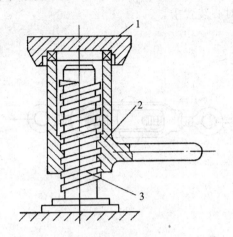

1—托盘；2—螺母；3—螺杆

图 5-6　螺旋千斤顶

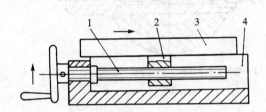

1—右旋螺体；2—螺母；3—滑板；4—机架

图 5-7　机床手动进给机构

（3）运动方向的判断。对单一螺旋副，螺杆、螺母之间的移动方向、转动方向和螺旋方向有关。螺杆或螺母的移动方向可用主动件左、右手法则来判定：左旋螺杆（或螺母）用左手，右旋用右手，四指顺着旋转方向握住旋转件的轴线，大拇指伸开的指向即为主动件的移动方向（适用于一件不动、另一件连转带移的情况）；若一件原地转动，另一件移动时，与大拇指指向相反的方向，为从动件的移动方向（见图 5-7）。

（4）螺杆与螺母的相对位移计算。在单螺旋机构中，螺杆与螺母间的相对位移可按下式计算：

$$L = S\frac{\varphi}{2\pi} = nPZ \tag{5-2}$$

式中：L 为移动距离，mm；φ 为转角，rad；S 为螺纹的导程，mm，$S = nP$；Z 为转过的圈数。

2. 双螺旋机构

图 5-8 所示为双螺旋机构，螺杆上有两段导程分别为 S_A 和 S_B 的螺纹，分别与螺母 A 和 B 组成两个螺旋副。其中螺母 A 与机架固结在一起，螺母 B 可在机架的导轨上移动。当螺杆转过 φ 角时，螺母 B 的轴向位移 L 为

$$L = (S_A \mp S_B)\frac{\varphi}{2\pi} \tag{5-3}$$

如果 A 和 B 两处的螺纹旋向相同，则称为差动螺旋机构。此时式（5-3）中取负号。可知

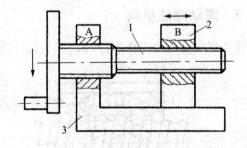

1—螺杆；2—移动螺母；3—机架

图 5-8　双螺旋机构

当 S_A 和 S_B 相差很小时，螺母的位移很小。此种机构常用于测微器、分度机构等微调装置中，图 5-9(a) 所示的镗床调节镗刀位置的差动螺旋机构，就是微调装置的具体实例。

在图 5-8 中，若 A、B 两处螺纹的旋向相反（一为左旋，一为右旋），则该机构称为复式螺旋机构。此时式（5-3）中取正号。由该式可知，相对差动螺旋机构，复式螺旋机构的螺杆转角

φ 不大时,螺母的位移量 L 较大,故此机构适用于需要快速调整两构件相对位置的场合。图 5-9(b) 所示为用于电线杆拉线的复式螺旋张紧装置,它可以使拉线较快地拉紧或松开。类似的工作原理常见于两脚画规及机床夹具的自动对心装置中。

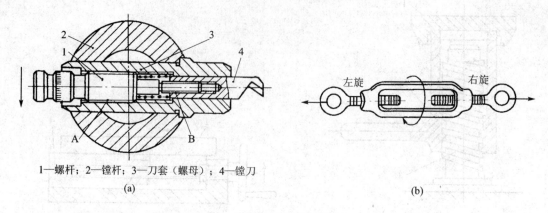

1—螺杆；2—镗杆；3—刀套（螺母）；4—镗刀
(a)　　　　　　　　　　　　　(b)

图 5-9　双螺旋机构的应用

例 5-1　在图 5-9(a) 所示的镗床调节镗刀进刀量的差动螺旋机构中,刀套与镗杆固结在一起,镗刀相对刀套不能转动,镗刀的刀体内有螺纹,故镗刀相当于只能移动的螺母。A、B 两处螺纹均为右旋,导程 $S_A=1.25$ mm,$S_B=1$ mm。求当螺杆按图示方向转动半圈时,镗刀相对镗杆的位移量及方向。

解: 由公式(5-3),镗刀(移动螺母)相对镗杆的移动距离为

$$L = (S_A - S_B)\frac{\varphi}{2\pi} = (1.25 \text{ mm} - 1 \text{ mm})\frac{\pi}{2\pi} = 0.125 \text{ mm}$$

镗刀(移动螺母)相对镗杆的移动方向:由题意知,A、B 两处螺纹均为右旋,且 $S_A > S_B$。当螺杆按图示方向转动时,用主动件左、右手法则,先考虑 A 处螺旋,移动螺母随螺杆向右移动的距离为 $L_{A右}$(牵连运动),再考虑 B 处螺旋,移动螺母相对螺杆向左移动的距离 $L_{B左}$(相对运动),且 $L_{A右} > L_{B左}$,因此镗刀实际为向右移动 $L = L_{A右} - L_{B左} = 0.125$ mm(绝对运动)。

5.1.3　滚动螺旋机构

滚动螺旋又称为滚珠丝杆,如图 5-10(a) 所示。滚动螺旋机构由螺母、螺杆(丝杠)、滚动

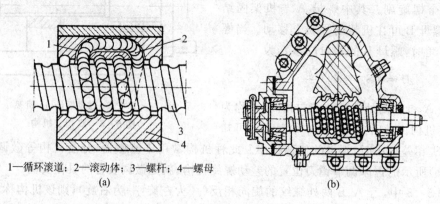

1—循环滚道；2—滚动体；3—螺杆；4—螺母
(a)　　　　　　　　　　　　　(b)

图 5-10　滚动螺旋机构

体(滚珠,一般为钢球或滚子)及循环装置等组成。丝杠和螺母之间设有封闭的循环滚道,在滚道内装入多粒钢球。钢球可以依次沿螺纹滚道滚动,并借助于循环滚道使钢球不断循环。由于丝杠和螺母之间的相对运动是通过钢球来传递的,所以滚动螺旋机构中螺纹工作面间的摩擦是滚动摩擦。故滚动螺旋的摩擦阻力小,磨损轻,传动效率高达 90% 以上;而且它不自锁,具有传动的可逆性;但结构复杂,制造精度要求高,价格较贵。因其显著的优点,滚动螺旋机构几十年前就已大量应用在汽车和拖拉机的转向器中 [如图 5-10(b)所示],目前被广泛应用于数控机床、飞机和船舶等要求高精度或高效率的场合。

5.2　棘轮机构

5.2.1　棘轮机构的组成及工作原理

棘轮机构主要由棘轮、棘爪和机架组成。图 5-11 所示为单向外啮合棘轮机构,棘轮是具有单向棘齿的构件,棘爪铰接在摇杆上。当摇杆为主动件,棘轮为从动件,摇杆连同棘爪逆时针转动时,棘爪卡入棘轮的相应齿槽,并推动棘轮逆时针方向转过相应的角度,当摇杆顺时针转动时,棘爪在棘轮齿顶上滑过去,止回棘爪的作用是防止棘轮反转。由此可知,摇杆不断地做往复摆动带动棘爪运动,棘轮便得到单向的间歇转动。棘轮转角大小的调节,可以采用改变摇杆摆角大小或加罩板等其他方式来实现。

如果需要经常改变棘轮的转动方向,则可采用图 5-12 所示的可变向外啮合棘轮机构,棘轮轮齿做成方形齿。摇杆上装一个可翻转的双向棘爪,棘爪与棘轮齿接触的一面做成直边,以便传动,棘爪的另一面则制成曲线边,以便摆回来时滑过棘轮齿顶。当棘爪位于图示实线位置时,棘轮做逆时针转动;当棘爪绕 A 点转至虚线位置后,棘轮做顺时针方向转动。

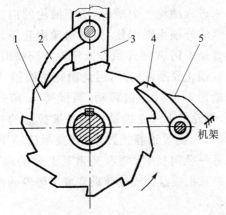

1—棘轮;2—棘爪;3—摇杆;4—止回棘爪;5—弹簧

图 5-11　单向外啮合棘轮机构

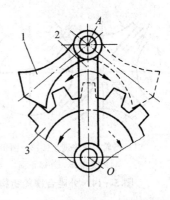

1—棘爪;2—摇杆;3—棘轮

图 5-12　可变向外啮合棘轮机构

5.2.2　棘轮机构的特点及应用

棘轮机构具有结构简单,运动可靠,棘轮的转角容易调节等优点,但冲击噪声较大,易磨损。所以棘轮机构一般用于主动件速度不大、从动件行程需要改变的场合,如各种机床和自动机械的进给机构、进料机构,以及自动计数器等。起重机、绞盘中也常用棘轮机构,利用其能够防止逆转的特性,使提升的重物能停在任何位置,以避免由于停电等原因造成事故。

棘轮机构除了常用于实现间歇运动外,还能实现超越运动。图 5-13 所示为内啮合超越式棘轮机构。自行车后轮轴上的棘轮机构(俗称"飞轮")就是这种机构的应用实例,自行车后轮轴上的小链轮与图中的棘轮刚性地连接在一起,棘爪与后轮的轮毂铰接在一起。当脚蹬踏板时,经中轴上的大链轮和链条带动小链轮逆时针转动,棘轮随之同步转动,通过棘爪的作用,使后轮轮毂带动车轮逆时针转动,从而驱使自行车向左前进。当自行车前进时,如果踏板不动,棘轮则不转动,后轮轮毂便会超越链轮而转动,让棘爪在棘轮齿背上划过,从而实现不蹬踏板的自由滑行。

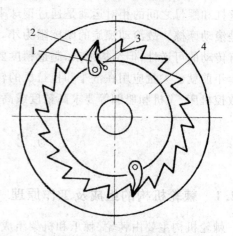

1—棘爪;2—棘轮;3—弹簧;4—轮毂

图 5-13 内啮合超越式棘轮机构

5.3 槽轮机构

5.3.1 槽轮机构的组成及工作原理

槽轮机构是由槽轮、拨盘和机架组成的间歇运动机构。如图 5-14 所示的外啮合槽轮机构,拨盘上装有圆销并有一段外凸的锁止圆弧,槽轮上开有径向槽并制有内凹的锁止弧。若主动件拨盘匀速逆时针转动,则将驱动槽轮做时转时停的单向顺时针间歇转动。当拨盘上圆销 A 未进入槽轮径向槽时,由于槽轮的内锁止弧被拨盘的外锁止弧卡住,所以槽轮静止不动。图示位置是圆销 A 刚开始进入槽轮径向槽时的情况,这时锁止弧刚被松开,因此槽轮受圆销 A 的驱动开始沿顺时针方向转动;当圆销 A 离开径向槽时,槽轮的下一个内锁止弧又被拨盘的外锁止弧卡住,致使槽轮静止转动,直到圆销 A 再进入槽轮另一径向槽时,两者又重复上述的动作循环。这样就把拨盘的连续转动变成了槽轮的单向间歇转动。

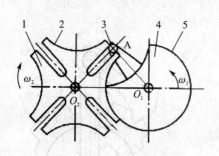

1—槽轮;2—内锁止弧;3—圆销;

4—拨盘;5—外锁止弧

图 5-14 外啮合槽轮机构

槽轮机构另一种形式是如图 5-15 所示的内啮合槽轮机构,其工作原理与外啮合槽轮机构类似。

在槽轮机构中,拨盘上的圆销可以是一个,也可以是多个。图 5-16 所示的外啮合槽轮机构就采用了双圆销,此机构拨盘转一圈,槽轮转动两次,转过半圈。

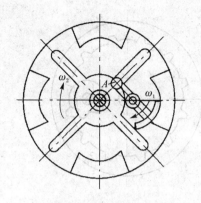

图 5 - 15　内啮合槽轮机构

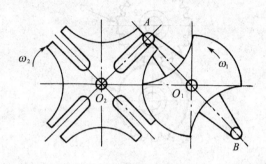

图 5 - 16　双圆销外啮合槽轮机构

5.3.2　槽轮机构的特点及应用

　　槽轮机构结构简单,机械效率高,工作可靠,与棘轮机构比较,运转平稳。但在运动过程中的加速度变化较大,冲击较严重。在每一个运动循环中,槽轮转角与其径向槽数和拨盘上的圆柱销数有关,每次转角大小都固定,而且不能任意调节。所以,槽轮机构一般用于转速不很高、转角不需要调节的自动机械和仪器仪表中。图 5 - 17 所示为电影放映机的卷片机构,是槽轮机构的具体应用实例。在该机构中,当拨盘匀速转动一圈时,槽轮转过 1/4 圈,胶片移过一幅画面,并停留

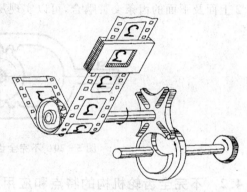

图 5 - 17　电影放映机卷片机构

一定的时间。拨盘匀速转动,通过槽轮连续不断地单向间歇转动,带动胶片上的一幅幅画面依次在方框内停留,借助于视觉暂留现象使观众看到连续的动态场景效果。

5.4　不完全齿轮机构

5.4.1　不完全齿轮机构的组成及工作原理

　　图 5 - 18 所示为外啮合不完全齿轮机构,其可以看成是由齿轮机构演化而成的一种间歇运动机构。在这种机构中,通常主动轮 1 只有一个或几个轮齿,圆周上无轮齿的部位制出外凸的锁止弧,从动轮 2 上制出正常齿和齿顶带有内凹锁止弧的厚齿。主动轮 1 做连续转动时,若主动轮 1 外凸的锁止弧与从动轮 2 的内凹锁止弧相互接触,则从动轮 2 被锁住并停歇在预定的位置;当两锁止弧分开后,两个齿轮正常转动。重复上面的动作,就可以将主动轮的连续转动变为从动轮的间歇转动。在图 5 - 18 中,由于主动轮 1 只有一段锁止弧,从动轮 2 有四段锁止弧,故当主动轮 1 转 4 圈时,从动轮 2 转过 1 圈,且两轮转向相反。

　　不完全齿轮机构也有内啮合形式。图 5 - 19 所示为内啮合不完全齿轮机构,轮 1 只有 1 个轮齿,一段锁止弧,轮 2 有 12 个齿顶带锁止弧的加厚轮齿,故当轮 1 匀速转 12 圈时,轮 2 间歇地转过 1 圈,且两轮的转向相同。

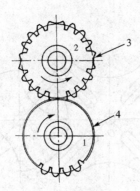

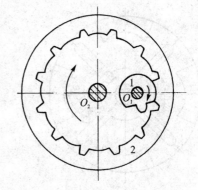

1—主动轮；2—从动轮；3—内凹锁止弧；4—外凸锁止弧

图 5 - 18　外啮合不完全齿轮机构　　　　图 5 - 19　内啮合不完全齿轮机构

图 5 - 20 为不完全齿轮传动的往复移动机构。主动齿轮 1 单向连续转动，其轮齿与从动件 2 上面及下面的齿条交替啮合，可以实现从动件 2 的间歇往复移动。

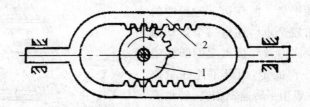

图 5 - 20　不完全齿轮传动的往复移动机构

5.4.2　不完全齿轮机构的特点和应用

不完全齿轮机构的优点是设计灵活，当主动轮等速转动一周时，从动轮停歇的次数、每次停歇的时间及每次转过角度都很容易在较大范围内实现；不完全齿轮机构结构简单、工作可靠，但其加工工艺较复杂。由于从动轮在运动全过程中并非完全等速，每次转动开始和终止时，角速度有突变，存在刚性冲击，所以不完全齿轮机构一般用于低速、轻载的工作场合，如在自动机床和半自动机床中用于工作台的间歇转位机构、间歇进给机构及计数机构等。

思考题与习题

5 - 1　根据螺纹的形状不同，螺纹分成哪几种？

5 - 2　试说明螺纹的 8 个主要几何参数。

5 - 3　如何判断螺纹的旋向？如何判断螺杆、螺母之间的移动方向和转动方向？

5 - 4　如何计算螺杆与螺母间的相对位移计算？

5 - 5　试述棘轮机构的工作原理。

5 - 6　试述槽轮机构的工作原理。

5 - 7　说明不完全齿轮机构的运动特点。

5 - 8　在图 5 - 8 所示的螺旋机构中，A、B 两处螺纹均为右旋，导程 $S_A = 4$ mm，$S_B = 3.5$ mm。求当螺杆按图示方向转动 1/100 圈时，螺母 B 移动的距离及方向。

第6章 齿轮传动

6.1 齿轮传动的类型及特点

6.1.1 齿轮传动的类型

齿轮传动用于传递空间任意两轴或多轴之间的运动和动力,是应用范围最广泛的一种机械传动。齿轮传动的类型很多,按照两轴的相对位置和齿向,齿轮传动可分类(图6-1)如下:

(1) 平行轴的齿轮传动,如外啮合直齿圆柱齿轮传动[图(a)]、内啮合直齿圆柱齿轮传动[图(b)]、齿轮齿条传动[图(c)]、斜齿圆柱齿轮传动[图(d)]、人字齿轮传动[图(e)]。

(2) 相交轴的齿轮传动,如直齿圆锥齿轮传动[图(f)]、曲线齿锥齿轮传动[图(g)]。

(3) 相错轴的齿轮传动,如交错轴斜齿轮传动[图(h)]、蜗轮蜗杆传动[图(i)]。

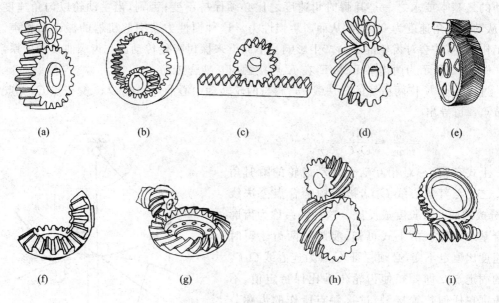

(a)　　　　(b)　　　　(c)　　　　(d)　　　　(e)

(f)　　　　(g)　　　　(h)　　　　(i)

图 6-1　齿轮传动的类型

按齿轮传动是否封闭,齿轮传动还可分为开式齿轮传动和闭式齿轮传动。开式齿轮传动的齿轮完全外露,易落入灰尘和杂物,润滑不良,齿面易磨损;闭式齿轮传动的齿轮、轴承全部封闭在箱体内,可以保证良好的润滑和工作要求,应用广泛。

按照齿廓曲线的形状,齿轮传动又可分为渐开线齿轮传动、摆线齿轮传动和圆弧齿轮传动。其中渐开线齿轮传动应用最为广泛。本章只讨论渐开线齿轮传动。

6.1.2 齿轮传动的特点

1. 齿轮传动的主要优点

(1) 适用的功率和速度范围广；

(2) 传动平稳，传动效率较高；

(3) 工作可靠，寿命较长；

(4) 可实现平行轴、任意角相交轴和任意角交错轴之间的传动。

2. 齿轮机构的主要缺点

(1) 制造及安装精度要求较高，成本较高；

(2) 不适合两轴间距离较远的场合。

6.2 渐开线齿廓

6.2.1 齿轮齿廓啮合基本定律

在一对齿轮啮合传动中，两齿轮的瞬时角速度 ω_1 与 ω_2 之比称为传动比，用 i_{12} 表示。齿轮传动的最基本要求之一是其瞬时角速度之比必须保持不变；否则，当主动轮以匀角速度回转时，从动轮的角速度为变化值，从而产生惯性力。这种惯性力会引起机器的振动和噪声，影响其工作精度，并会对齿轮的寿命产生影响。下面就来探讨齿轮传动比与齿廓曲线的关系。

图 6-2 所示为两齿廓 E_1 和 E_2 在 K 点接触相互啮合传动。

过接触点 K 作两齿廓的公法线 nn，它与两轮转动中心的连心线 O_1O_2 交于点 C，交点 C 称为节点。可导出

$$i_{12} = \frac{\omega_1}{\omega_2} = \frac{O_2C}{O_1C} = \frac{r'_2}{r'_1}$$

上式表明，一对相互啮合传动齿轮的瞬时角速度之比与其连心线 O_1O_2 被齿廓啮合点公法线 nn 分成的两线段长度成反比。这种关系称为齿廓啮合基本定律。由上式可知，要想使两齿轮瞬时角速度比恒定不变，必须保证 C 点为连心线 O_1O_2 上的固定点。即要想使齿轮传动比保持定值，不论齿廓在任何位置接触，过接触点所作的齿廓公法线都必须与连心线交于一定点。

过节点 C 所作的两个相切的圆称为节圆，用 r'_1、r'_2 表示两个节圆的半径，可知一对齿轮传动的传动比也等于两节圆半径之反比。由于节点的相对速度等于零，所以一对齿轮传动时，它的一对节圆在做纯滚动。又由图 6-2 可知，一对外啮合齿轮的中心距恒等于其节圆半径之和。

凡能满足齿廓啮合基本定律的一对相互啮合

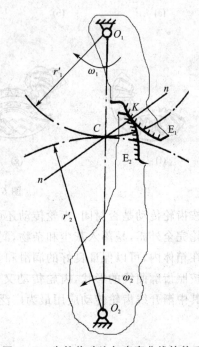

图 6-2 齿轮传动比与齿廓曲线的关系

齿廓,称为共轭齿廓。常用的齿廓有渐开线齿廓、摆线齿廓和圆弧齿廓等。考虑到制造、安装和强度等要求,渐开线齿廓应用最为广泛,故本章只讨论渐开线齿轮传动。

6.2.2 渐开线的形成

如图 6-3(a)所示,当直线 BK 沿一半径为 r_b 的圆周做纯滚动时,该直线上任一点 K 的轨迹 AK 称为该圆的渐开线,这个圆称为渐开线的基圆,直线 BK 称为渐开线的发生线。渐开线上任一点 K 的向径 r_K 与起始点 A 的向径间的夹角 θ_K($=\angle AOK$)称为渐开线在 K 点(AK段)的展角。由图 6-3(b)可见,渐开线齿轮上一个轮齿的两侧齿廓是两条反向渐开线。

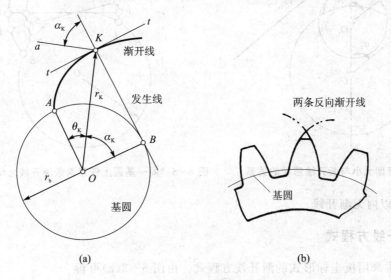

图 6-3 渐开线的形成与渐开线齿廓

6.2.3 渐开线的基本性质

由渐开线形成过程可知,渐开线具有下列特性:

(1) 发生线沿基圆滚过的长度 BK,等于基圆上被滚过的圆弧长度 $\overparen{AB}$,即

$$BK = \overparen{AB}$$

(2) 因为发生线始终与基圆相切,且发生线是渐开线上任意点的法线,所以渐开线上任意点的法线必与基圆相切。

(3) 如图 6-3(a)所示,点 K 为渐开线上任意一点,其向径用 r_K 表示。若用此渐开线为齿轮的齿廓,当齿轮绕点 O 转动时,齿廓上点 K 速度的方向应垂直于直线 OK,即沿直线 aK 方向。我们把法线 BK 与点 K 速度方向线 aK 之间所夹的锐角称为渐开线齿廓在该点的压力角,用 α_K 表示。其大小等于 $\angle KOB$。由 $\triangle KOB$ 可得:

$$\cos \alpha_K = \frac{OB}{OK} = \frac{r_b}{r_K} \tag{6-1}$$

式(6-1)表明:渐开线齿廓上各点的压力角不等,向径 r_K 越大(离基圆越远的点),其压力角越大;渐开线起始点 A 的压力角为零。

(4) 渐开线的形状取决于基圆的大小。大小相等的基圆其渐开线形状相同,大小不等的基圆其渐开线形状不同。如图 6-4 所示,基圆越小,它的渐开线在 K 点的曲率半径越小,渐开线越弯曲;基圆越大,渐开线越平直。当基圆半径趋于无穷大时,其渐开线便成为垂直于BK的直线,它就是渐开线齿条的齿廓。

（5）如图6-5所示,同一基圆上任意两条渐开线（同向的或反向的）各点之间的法向距离相等。

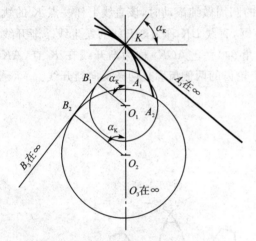

图6-4　基圆大小与渐开线形状的关系　　图6-5　同一基圆上任意两条渐开线之间的法向距离

（6）基圆以内无渐开线。

6.2.4　渐开线方程式

工程中,常采用极坐标形式的渐开线方程式。由图6-3(a)可得

$$\tan \alpha_K = \frac{BK}{r_b} = \frac{\overparen{AB}}{r_b} = \frac{r_b(\alpha_K + \theta_K)}{r_b} = \alpha_K + \theta_K$$

即

$$\theta_K = \tan \alpha_K - \alpha_K$$

上式表明:展角θ_K是压力角α_K的函数,称为渐开线函数。工程上用$\mathrm{inv}\,\alpha_K$表示θ_K,即有

$$\theta_K = \mathrm{inv}\,\alpha_K = \tan \alpha_K - \alpha_K \tag{6-2}$$

式中:θ_K和α_K的单位为rad。如果$\alpha_K = 20°$,则$\mathrm{inv}20° = 0.014\,904$ rad;反之,如果已知θ_K求α_K,则可借助于有关文献的渐开线函数表查得。

在图6-3(a)中,若以渐开线起始点A的矢径OA为极轴,则渐开线上任意一点K的位置可用极坐标描述,由式(6-1)、式(6-2)可得渐开线的极坐标参数方程式为

$$\left.\begin{array}{l} r_K = \dfrac{r_b}{\cos \alpha_K} \\[2mm] \mathrm{inv}\,\alpha_K = \tan \alpha_K - \alpha_K \end{array}\right\} \tag{6-3}$$

6.3　渐开线标准直齿圆柱齿轮的基本参数与几何尺寸

6.3.1　直齿圆柱齿轮各部分名称及代号

图6-6所示为渐开线直齿圆柱外齿轮的一部分,为了使齿轮能在两个方向传动,每个轮

齿的两侧齿廓都由形状相同的反向渐开线曲面组成。渐开线齿轮的各部分名称及代号如下。

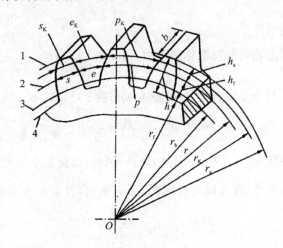

1—齿顶圆；2—分度圆；3—基圆；4—齿根圆

图 6-6 外齿轮各部分名称及代号

1. 齿顶圆(顶圆)与齿根圆(根圆)

齿轮齿顶圆柱面与端平面(垂直于齿轮轴线的平面)的交线,称为齿顶圆,其直径和半径分别以 d_a 和 r_a 表示。

齿轮齿根圆柱面与端平面的交线,称为齿根圆,其直径和半径分别以 d_f 和 r_f 表示。

2. 任意圆周上的齿厚 s_K、齿槽宽 e_K 和齿距 p_K

在任意半径 r_K 的圆周上,一个轮齿两侧齿廓之间的弧长称为该圆上的齿厚,用 s_K 表示;相邻两齿之间的空间称为齿槽,齿槽两侧齿廓之间的弧长称为该圆上的齿槽宽,用 e_K 表示;相邻两齿同侧齿廓之间的弧长称为该圆上的齿距,用 p_K 表示,则有

$$p_K = s_K + e_K \qquad (6-4)$$

3. 分度圆

为设计、制造方便,在齿顶圆和齿根圆之间,选定一个圆作为计算齿轮各部分几何尺寸的基准,称为分度圆,其直径用 d 表示,半径用 r 表示。同时规定分度圆上的齿厚、齿槽宽、齿距、压力角等代号一律不加下脚标,如 s、e、p、α 等。凡是分度圆上的参数都直接简称为齿厚、齿距、压力角等,而其他圆上的参数都必须指明是哪个圆上的参数,如齿根圆齿厚 s_f、齿顶圆压力角 α_a 等。

齿距、齿厚和齿槽宽三者的关系可以写为

$$p = s + e \qquad (6-5)$$

4. 齿顶高 h_a、齿根高 h_f 和齿高 h

在轮齿上,齿顶圆和分度圆之间的部分称为齿顶,其径向高度称为齿顶高,用 h_a 表示。齿根圆和分度圆之间的部分称为齿根,其径向高度称为齿根高,用 h_f 表示。齿顶圆与齿根圆之间轮齿的径向高度称为全齿高,用 h 表示。故

$$h = h_a + h_f \qquad (6-6)$$

5. 齿宽 b

轮齿两个端面之间的距离称为齿宽,用 b 表示。

6.3.2 基本参数

1. 齿 数

在齿轮整个圆周上轮齿的总数称为齿数,用 z 表示。

2. 模 数

分度圆的圆周长与分度圆直径 d、齿距 p 及齿数 z 之间有如下关系:

$$\pi d = pz \qquad 或 \qquad d = \frac{p}{\pi}z \qquad (6-7)$$

式(6-7)中包含无理数 π,为了便于齿轮的设计、制造、测量及互换使用,人为地把 $\frac{p}{\pi}$ 规定为整数或简单有理数并标准化,称为齿轮的模数,用 m 表示,其单位为 mm,即

$$m = \frac{p}{\pi} \qquad 或 \qquad p = \pi m \qquad (6-8)$$

$$d = mz \qquad (6-9)$$

模数是齿轮的一个极为重要参数,是齿轮所有几何尺寸计算的基础。显然,当齿数相同时,m 越大,p 越大,轮齿的尺寸也越大,其轮齿的抗弯曲能力也越高。我国已规定了齿轮模数的标准系列,见表 6-1。在设计齿轮时,m 必须取标准值。

表 6-1　标准模数系列(摘自 GB/T 1357—2008)

mm

第一系列	1,1.25,1.5,2,2.5,3,4,5,6,8,10,12,16,20,25,32,40,50
第二系列	1.125,1.375,1.75,2.25,2.75,3.5,4.5,5.5,(6.5),7,9,11,14,18,22,28,36,45

注:(1) 选用模数时,优先采用第一系列,其次是第二系列。括号内的模数尽可能不用。

　　　(2) 对于斜齿轮,该表所列模数为法面模数。

3. 压力角

由渐开线的性质可知,渐开线在不同圆周上的压力角是不等的。我国标准规定分度圆上的压力角为 $20°$,用 α 表示,称为标准压力角。此外,有些国家还采用 $14.5°、15°、22.5°$ 等标准。

由上述可知,分度圆周上的模数和压力角均为标准值,即分度圆是齿轮上具有标准模数和标准压力角的圆。

由式(6-3)、式(6-9)可推出

$$d_b = d \cos \alpha = mz \cos \alpha \qquad (6-10)$$

可见,当齿轮的 m、z、α 一定时,齿轮的基圆大小就确定了,渐开线齿廓的形状也就确定下来了。所以可以把 m、z、α 称为齿轮的三个基本参数。

4. 齿顶高系数和顶隙系数

齿顶高和齿根高的标准值可用模数表示为

$$h_a = h_a^* m \qquad (6-11)$$

$$h_f = (h_a^* + c^*)m \qquad (6-12)$$

式中:h_a^* 为齿顶高系数,c^* 为顶隙系数。国家标准规定,正常齿制 $h_a^* = 1$,$c^* = 0.25$;短齿制 $h_a^* = 0.8$,$c^* = 0.3$。

一对齿轮互相啮合时,为避免一个齿轮的齿顶与另一个齿轮的齿槽底部相抵触,同时还能储存润滑油,所以在一个齿轮的齿根圆柱面与配对齿轮的齿顶圆柱面之间必须留有径向间隙,

称为顶隙，用 c 表示，其值为

$$c = c^* m \qquad (6-13)$$

综上所述，m、α、h_a^*、c^* 和 z 是渐开线齿轮几何尺寸计算的五个基本参数。

6.3.3　标准直齿圆柱齿轮的几何尺寸计算

凡 m、α、h_a^* 和 c^* 均为标准值，分度圆上的齿厚与齿槽宽相等，且具有标准齿顶高和齿根高的齿轮，称为标准齿轮。不具备上述特征的称为非标准齿轮。

渐开线直齿圆柱齿轮分为外齿轮（图 6-6）、内齿轮（图 6-7）和齿条（图 6-8）三种结构形式。

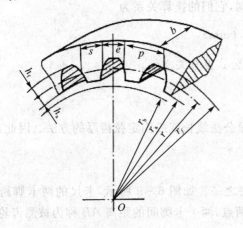

图 6-7　内齿轮各部分名称及代号　　　　　图 6-8　齿条各部分名称及代号

渐开线标准直齿圆柱齿轮主要几何尺寸计算公式见表 6-2。

表 6-2　标准直齿圆柱齿轮主要几何尺寸计算公式

序　号	名　称	符　号	公式 外齿轮	内齿轮	齿　条
1	齿顶高	h_a	$h_a = h_a^* m$		
2	齿根高	h_f	$h_f = (h_a^* + c^*) m$		
3	全齿高	h	$h = (2h_a^* + c^*) m$		
4	齿距	p	$p = \pi m$		
5	齿厚	s	$s = \dfrac{\pi m}{2}$		
6	齿槽宽	e	$e = \dfrac{\pi m}{2}$		
7	顶隙	c	$c = c^* m$		
8	分度圆直径	d	$d = mz$		—
9	齿顶圆直径	d_a	$d_a = m(z + 2h_a^*)$	$d_a = m(z - 2h_a^*)$	—
10	齿根圆直径	d_f	$d_f = m(z - 2h_a^* - 2c^*)$	$d_f = m(z + 2h_a^* + 2c^*)$	—
11	基圆直径	d_b	$d_b = mz\cos\alpha$		
12	标准中心距	a	$a = \dfrac{m}{2}(z_1 + z_2)$	$a = \dfrac{m}{2}(z_2 - z_1)$	

6.3.4　径节制齿轮简介

在有些国家,不用模数制齿轮,而采用径节制齿轮。即以径节(用 DP 表示)作为计算齿轮几何尺寸的基本参数。径节 DP 是齿数 z 与分度圆直径 d(in)之比,由 $\pi d = z p$ 知

$$d = \frac{z}{\dfrac{\pi}{p}} = \frac{z}{DP} \quad (\text{in})$$

式中:径节 $DP = \dfrac{\pi}{p}$,单位为 $\dfrac{1}{\text{in}}$。

模数 m 与径节 DP 互为倒数,各自的单位不同,它们的换算关系为

$$m = \frac{25.4}{DP} \quad (\text{mm})$$

径节制齿轮的其他基本参数及几何尺寸计算公式见有关文献。

6.3.5　公法线长度和固定弦齿厚

在齿轮检验或齿轮加工过程中,通常采用测量公法线长度或固定弦齿厚的方法。因此,有必要对公法线长度和固定弦齿厚加以讨论。

1. 直齿圆柱齿轮的公法线长度

测量公法线长度是检验齿轮精度的常用方法之一。如图 6 - 9 所示,卡尺的两卡脚跨过 k 个齿(图中跨过 3 个齿),并与齿廓相切于 A、B 两点,两个卡脚间的距离 AB 称为被测齿轮跨 k 个齿的公法线长度,以 W_k 表示。由图可知

$$W_k = (k-1)p_b + s_b$$

式中:p_b 为基圆齿距,$p_b = \pi m \cos \alpha$;s_b 为基圆齿厚;k 为跨齿数。

经推导和整理可得标准齿轮的公法线长度 W_k 和跨齿数 k 的计算公式如下:

$$W_k = m \cos \alpha \cdot [(k-0.5)\pi + z \operatorname{inv} \alpha] \tag{6-14}$$

$$k = \frac{\alpha}{180°} z + 0.5 \tag{6-15}$$

式中:m 为齿轮模数;α 为压力角;z 为齿数;$\operatorname{inv}20° = 0.014\,904$ rad。计算时,应先用式(6-15)计算出跨齿数 k 并四舍五入取整数,然后用此整数代入式(6-14)计算 W_k。

在测量公法线长度时,必须使卡尺的两卡脚与渐开线齿廓相切,且应尽量使卡脚卡在齿廓中部,这样才能测得准确的公法线长度。如果跨齿数太多,卡脚会卡在齿顶尖角上;如果跨齿数太少,卡脚将卡在齿根上。这两种情况两卡脚均不能与渐开线齿廓相切,都不能准确地测量出公法线长度。

由图 6 - 9 可知

$$W_k - W_{k-1} = p_b = \pi m \cos \alpha \tag{6-16}$$

测得某个齿轮的两个公法线长度 W_k 及 W_{k-1} 后,可用式(6-16)确定该齿轮的模数及压力角。

2. 固定弦齿厚

如图 6 - 10 所示,标准齿条齿廓与标准齿轮齿廓对称相切时,两个切点 A、B 间的距离称为固定弦齿厚,用 $\overline{s}_c$ 表示。固定弦 AB 到齿顶的距离称为固定弦齿高,以 $\overline{h}_c$ 表示。

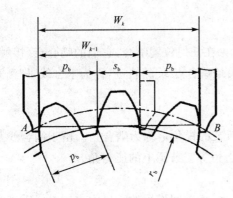

图 6-9　公法线长度

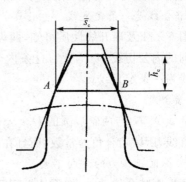

图 6-10　固定弦齿厚

$\bar{s}_c$ 和 $\bar{h}_c$ 的计算公式为

$$\bar{s}_c = \frac{\pi m}{2}\cos^2 \alpha \tag{6-17}$$

$$\bar{h}_c = m\left(h_a^* - \frac{\pi}{8}\sin 2\alpha\right) \tag{6-18}$$

对于大模数圆柱齿轮($m > 10$ mm)或圆锥齿轮,通常采用测量固定弦齿厚的方法检测齿轮。因为测量固定弦齿厚需要用齿顶圆作为测量基准,所以用此方法检测齿轮时,应对齿顶圆规定较小的公差值。由于测量公法线长度或测量固定弦齿厚方法都是检测齿轮的,所以在实际中采用其中一种方法即可。

6.4　渐开线直齿圆柱齿轮的啮合传动

6.4.1　渐开线齿廓的啮合特性

1. 渐开线齿廓啮合满足齿廓啮合基本定律

图 6-11 所示为一对渐开线齿轮传动,两轮基圆半径为 r_{b1} 和 r_{b2}。两齿廓在任意点 K 处啮合,过 K 点作这对齿廓的公法线 N_1N_2。根据渐开线性质可知:这条公法线必与两轮基圆相切,即为两轮基圆的一条内公切线,切点是 N_1 和 N_2。当齿轮安装完成之后传动时,两轮的基圆大小及位置不再改变,且在此方向的内公切线只有一条。因此,N_1N_2 与两轮连心线 O_1O_2 必交于固定点 C(节点)。从而,一对渐开线齿廓啮合满足齿廓啮合基本定律,能保证定传动比传动。

由图 6-11 可知,两轮的传动比为

$$i_{12} = \frac{\omega_1}{\omega_2} = \frac{O_2C}{O_1C} = \frac{r_2'}{r_1'} = \frac{r_{b2}}{r_{b1}} = 常数 \tag{6-19}$$

式(6-19)说明,一对渐开线齿轮啮合的传动比等于两轮基圆半径的反比,也等于两轮节圆半径 r_1' 和 r_2' 的反比。

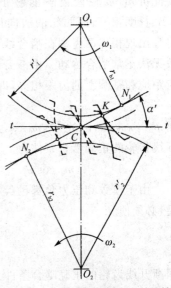

图 6-11　渐开线齿廓的啮合特性

2. 渐开线齿轮啮合传动的几个特点

1）啮合线是一条定直线

由图 6-11 及渐开线性质可知,两齿廓无论在任何位置啮合,它们的啮合点(接触点)一定在两基圆的内公切线 N_1N_2 上。这条内公切线是啮合点 K 的轨迹,称为啮合线,即渐开线齿廓的啮合线为一条定直线。

2）啮合角

啮合线 N_1N_2 与两轮节圆的 $t-t$ 公切线所夹的锐角 α' 称为啮合角。由于啮合线及 $t-t$ 线均是定直线,所以啮合角为常数,而且在数值上恒等于节圆上的压力角。

3）齿廓间正压力的方向不变

在两齿廓啮合传动时,如不计齿廓间的摩擦,齿廓间作用的正压力方向是沿着啮合点公法线方向的。由于啮合线为固定的直线,故齿廓间正压力作用线的方向不变,这对于齿轮传动的平稳性是十分有利的。

4）中心距具有可分性

一对渐开线齿轮制造完成后,它们的基圆大小也就固定不变了。由式(6-19)可知:一对渐开线齿轮啮合的传动比等于两轮基圆半径的反比,当两轮的实际中心距与设计中心距略有不同时,传动比仍保持不变,此特点称为渐开线齿轮中心距的可分性。这一特点对渐开线齿轮的设计、制造和安装都是极为有利的,这也是渐开线齿轮传动得到广泛应用的重要原因之一。

由以上分析,一对渐开线齿轮啮合传动中的两基圆的内公切线、公法线、啮合线、齿廓间正压力作用线四线重合,且为定直线。

6.4.2 正确啮合条件

如图 6-12 所示,两齿轮传动时,当前一对齿在啮合线上 K 点接触时,其后一对齿应在啮合线上另一点 K' 接触,这样,前一对齿分离时,后一对齿才能不中断地接替传动。由此可知,要使两齿轮能够正确啮合,必须保证两轮的 KK' 长度相等,即两轮的法向齿距相等($p_{n1} = p_{n2}$)。否则将会出现相邻两齿廓在啮合线上不接触或重叠的现象,导致无法正常啮合传动。由渐开线的性质可知,齿轮的法向齿距应和基圆上的齿距相等,即 $p_n = p_b$,所以

$$p_{b1} = p_{b2}$$

而 $p_b = \pi m \cos \alpha$,故有 $\pi m_1 \cos \alpha_1 = \pi m_2 \cos \alpha_2$,进而得到渐开线齿轮的正确啮合条件为

$$m_1 \cos \alpha_1 = m_2 \cos \alpha_2 \qquad (6-20)$$

由于模数和压力角都已经标准化了,要使上式得到满足,必须使

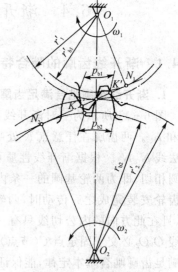

图 6-12　正确啮合条件

$$\left. \begin{array}{c} m_1 = m_2 = m \\ \alpha_1 = \alpha_2 = \alpha \end{array} \right\} \qquad (6-21)$$

即渐开线齿轮的正确啮合条件为两轮的模数和压力角必须分别相等。

6.4.3　连续传动条件

　　一对齿轮传动是依靠多对轮齿依次啮合实现的,即两齿轮传动时,它的每一对齿仅啮合一段时间便要分离,再由后一对齿接替;接替时在啮合线上至少应保证同时有两对齿廓啮合,否则传动就会中断。

1. 轮齿的啮合过程

　　在图 6 - 13 中,轮 1 为主动,轮 2 为从动,转动方向如图所示。一对齿廓开始啮合时,是主动轮 1 的齿根与从动轮 2 的齿顶在 B_2 点首先进入接触,所以开始啮合点 B_2 是从动轮的齿顶圆与啮合线 N_1N_2 上的交点。随着两轮的转动,啮合点的位置沿啮合线 N_1N_2 由 B_2 点开始向左下方移动,经过节点 C 到 B_1 点后退出啮合。B_1 点为终止啮合点,该点是主动轮的齿顶圆与啮合线 N_1N_2 的交点。线段 B_1B_2 为啮合点的实际轨迹,故称为实际啮合线段。齿顶圆越大,B_1、B_2 点越接近 N_2、N_1 点,所以 N_1 和 N_2 称为啮合极限点。线段 N_1N_2 为理论上可能的最长啮合线段,称为理论啮合线段。

2. 连续传动条件

　　两齿轮在啮合传动时,如果前一对轮齿在 K 点啮合还没有脱离接触,而后一对轮齿就已经在 B_2 点进入啮合,则传动就能连续进行。因此,保证连续传动的条件是

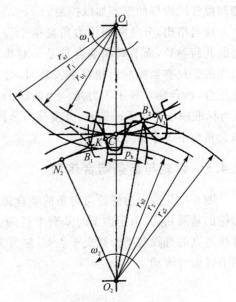

图 6 - 13　连续传动条件

$$B_1B_2 \geqslant B_2K$$

由渐开线性质可知,线段 B_2K 等于基圆齿距 p_b,因此齿轮连续传动的条件为

$$\varepsilon = \frac{B_1B_2}{p_b} \geqslant 1 \tag{6 - 22}$$

　　实际啮合线段 B_1B_2 与基圆齿距 p_b 的比值称为重合度,用 ε 表示。重合度的大小表示同时参与啮合的轮齿对数。例如,当 $\varepsilon = 1.3$ 时,表示有时是一对轮齿在啮合,有时是两对轮齿在啮合。重合度 ε 越大,表示同时参加啮合的轮齿对数越多,传动越平稳,单对轮齿的受载亦小。对标准直齿圆柱齿轮传动,其重合度都大于 1,故可保证连续传动。在一般机械中,常取 $\varepsilon = 1.1 \sim 1.4$。

6.4.4　标准中心距

　　一对齿轮传动时,一轮节圆上的齿槽宽与另一轮节圆上的齿厚之差称为齿侧间隙。在齿轮传动中,为了避免正反转转换时出现冲击现象,理论上要求齿侧间隙等于零。图 6 - 14 所示为一对外啮合标准齿轮传动,由于标准齿轮分度圆上的齿厚与齿槽宽相等,所以确定两轮的中心距时,若按两轮分度圆相切安装(即分度圆与节圆重合),则可保证无齿侧隙啮合。这种安装称为标准安装。标准安装时的中心距或一对齿轮分度圆相切时的中心距称为标准中心距,以 a 表示,其计算公式为

$$a = r'_1 + r'_2 = r_1 + r_2 = \frac{m}{2}(z_1 + z_2) \tag{6 - 23}$$

标准齿轮按照标准中心距安装,可以保证两轮的顶隙为标准值且齿侧间隙为零。必须要说明,对齿轮传动一般应留有较小的齿侧间隙,以便满足齿面润滑、热膨胀及安装等要求。在设计齿轮传动时,都是按照无齿侧间隙的理想情况计算齿轮传动的名义尺寸,其齿侧间隙常用齿厚的偏差加以控制。

应当指出,分度圆和压力角是单个齿轮本身所固有的几何参数,而节圆和啮合角是一对齿轮传动时才出现的。只有当标准齿轮标准安装时,分度圆与节圆才重合,啮合角才等于压力角。当两轮的实际中心距 a' 与标准中心距 a 不一致时,分度圆与节圆并不重合,啮合角也不等于压力角。

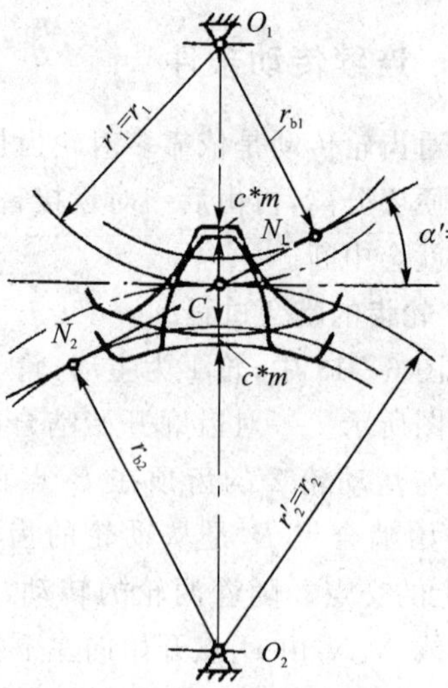

6.4.5 齿轮与齿条啮合传动

图 6-14 外啮合标准齿轮标准安装

图 6-15 所示为齿轮与齿条的啮合传动。啮合线 N_1N_2 垂直于齿条的直线齿廓,N_1 点与齿轮的基圆相切,由于齿条的基圆半径为无穷大,N_2 点在无穷远处。过齿轮中心且与齿条分度线垂直的直线与啮合线交于点 C,称为节点。齿轮、齿条啮合时,相当于齿轮的节圆与齿条的节线做纯滚动。

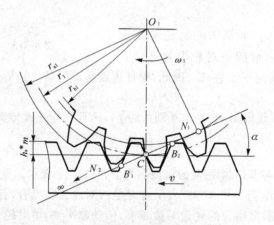

图 6-15 齿轮与齿条啮合传动

当采用标准安装时,齿轮的分度圆与齿条的分度线相切,齿轮的节圆与分度圆重合,齿条的节线与分度线也重合,啮合角等于齿轮分度圆的压力角,也等于齿条的齿形角。

当齿条远离或靠近齿轮时,这相当于中心距发生改变,由于啮合线 N_1N_2 既要切于基圆又要保持与齿条的直线齿廓相垂直,故啮合线位置不变,节点位置也不变,啮合角不变。所以齿轮与齿条啮合无论是否标准安装,齿轮的分度圆永远与节圆重合,啮合角恒等于齿形角,且等于齿轮分度圆的压力角。但在非标准安装时,齿条的节线与分度线是不重合的。

例 6-1 一对正常齿制外啮合标准直齿圆柱齿轮传动,已知模数 $m=2.5$ mm,中心距 $a=90$ mm,传动比 $i=z_2/z_1=2.6$。试计算这对齿轮的几何尺寸(d_1、d_2、d_{a1}、d_{a2}、d_{b1}、d_{b2}、h_a、h_f、h、W_1、W_2)。

解: 由表 6 - 2 中的公式计算。

(1) 计算两齿轮齿数

$$a=\frac{m}{2}(z_1+z_2)=\frac{mz_1(1+i)}{2}\Rightarrow\begin{cases}z_1=\dfrac{2a}{m(1+i)}=\dfrac{2\times90}{2.5\times(1+2.6)}=20\\[3mm]z_2=iz_1=2.6\times20=52\end{cases}$$

(2) 计算各圆直径

$$d_1=mz_1=(2.5\times20)\ \text{mm}=50\ \text{mm}$$
$$d_2=mz_2=(2.5\times52)\ \text{mm}=130\ \text{mm}$$
$$d_{a1}=(z_1+2h_a^*)m=(20+2\times1)\ \text{mm}\times2.5=55\ \text{mm}$$
$$d_{a2}=(z_2+2h_a^*)m=(52+2\times1)\ \text{mm}\times2.5=135\ \text{mm}$$
$$d_{b1}=mz_1\cos\alpha=(2.5\times20\times\cos20°)\ \text{mm}=46.985\ \text{mm}$$
$$d_{b2}=mz_2\cos\alpha=(2.5\times52\times\cos20°)\ \text{mm}=122.160\ \text{mm}$$

(3) 计算齿高

$$h_a=h_a^*m=1\ \text{mm}\times2.5=2.5\ \text{mm}$$
$$h_f=(h_a^*+c^*)m=(1+0.25)\ \text{mm}\times2.5=3.125\ \text{mm}$$
$$h=h_a+h_f=2.5\ \text{mm}+3.125\ \text{mm}=5.625\ \text{mm}$$

(4) 计算公法线长度

由公式(6 - 15)计算跨齿数:

$$k_1=\frac{\alpha}{180°}z_1+0.5=\frac{20°}{180°}\times20+0.5=2.72\qquad\text{取}\ k_1=3$$

$$k_2=\frac{\alpha}{180°}z_2+0.5=\frac{20°}{180°}\times52+0.5=6.272\qquad\text{取}\ k_2=6$$

由公式(6 - 14)计算公法线长度:

$$W_1=m\cos\alpha[(k_1-0.5)\pi+z_1\operatorname{inv}\alpha]=$$
$$2.5\times\cos20°\times[(3-0.5)\times\pi+20\times\operatorname{inv}20°]\ \text{mm}=19.151\ \text{mm}$$
$$W_2=m\cos\alpha[(k_2-0.5)\pi+z_2\operatorname{inv}\alpha]=$$
$$2.5\times\cos20°\times[(6-0.5)\times\pi+52\times\operatorname{inv}20°]\ \text{mm}=42.412\ \text{mm}$$

其中,$\operatorname{inv}20°=0.014\,904$ rad。

6.5 渐开线齿轮的切齿原理与根切现象

6.5.1 切齿原理

渐开线齿轮的加工方法很多,其齿部常用切削法加工。切齿方法按其原理可分为仿形法和范成法两类。

1. 仿形法

仿形法切齿是利用与被切齿轮齿槽轮廓相同的成形刀具直接切出齿形。常用的刀具有盘形铣刀(图 6 - 16)和指状铣刀(图 6 - 17)两种。仿形法一般在普通铣床上将轮坯齿槽部分的材料铣掉切齿。加工时,铣刀绕自己的轴线回转,同时轮坯沿其轴线方向送进,当铣完一个齿槽后,轮坯退回原处,然后用分度装置将它转过 $360°/z$,再铣第二个齿槽,依次逐个齿槽进行,直到铣完所有齿槽为止。盘形铣刀适于加工中、小模数齿轮;指状铣刀适于加工模数大于 10 mm 的齿轮,并可以切制人字齿轮。

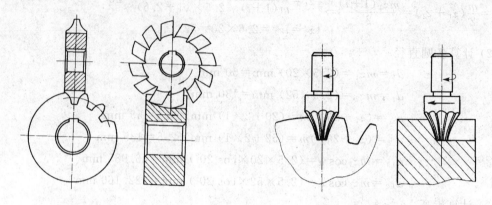

图 6-16　盘形铣刀切齿　　　　　　图 6-17　指状铣刀切齿

　　渐开线齿廓的形状取决于齿数、模数及压力角。理论上讲,当模数一定,加工不同齿数的齿轮时,每一种齿数的齿轮就需要一把铣刀,显然这是不现实的。在生产中,为了减少铣刀数量,一般备有一套 8 把或 15 把的铣刀,来满足加工不同齿数齿轮的需要。一套中各号铣刀所能加工齿轮的齿数范围见表 6-3。各号铣刀的齿形都是按照该套内齿数最少的齿轮齿形制造的,以便加工出的齿轮啮合时不致卡住。由于铣齿所得齿形会有误差,轮齿的分度亦有误差,所以必然会导致制造精度较低;又由于切削是断续的,所以生产效率低。因此,仿形法切齿常用于修配、少量生产或精度要求不高的齿轮加工。仿形法的优点是加工方法简单,不需要专门的齿轮加工设备。

表 6-3　一套 8 把铣刀与加工齿数范围

刀　号	1	2	3	4	5	6	7	8
加工齿数范围	12～13	14～16	17～20	21～25	26～34	35～54	55～134	135 以上

2. 范成法

　　范成法是目前齿轮加工的一种常用切削方法。范成法是利用一对齿轮互相啮合传动时其两轮齿廓互为包络线的原理来加工齿轮的。范成法切齿常用的刀具有齿轮插刀、齿条插刀和齿轮滚刀三种。

　　1) 齿轮插刀

　　如图 6-18(a)所示,一对齿轮传动时两节圆作纯滚动,节圆 1 在节圆 2 上纯滚的过程中,齿轮 1 的齿廓对于齿轮 2 将依次占据一系列相对位置,这一系列相对位置的包络线就是齿轮 2 的齿廓。如果将图 6-18(a)中齿轮 1 改制成刀具,那么就可以用它来加工齿轮 2 了。

　　如图 6-18(b)所示,齿轮插刀或插齿刀 3(相当于齿轮 1 被制成了刀具),工件 4 为被加工齿轮的轮坯。加工时,由专用的插齿机床保证齿轮插刀和轮坯的相对运动与一对齿轮互相啮合传动完全相同:

$$i = \frac{\omega_1}{\omega_2} = \frac{z_2}{z_1}$$

即范成运动,同时齿轮插刀沿轮坯的轴线做往复进刀和退刀运动以进行切削。这样齿轮插刀刀刃在轮坯上依次占据的一系列相对位置就可以切出(包络出)所需的渐开线齿廓来。

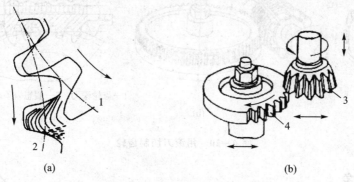

(a)　　　　　　　　　　　　　　　　(b)

1、2—节圆;3—插齿刀;4—工件

图 6 - 18　用齿轮插刀切制齿轮

2) 齿条插刀

当齿轮插刀的齿数增加到无穷多时,其基圆半径变为无穷大,渐开线齿廓变为直线齿廓,而齿轮插刀变为齿条插刀。如图 6 - 19 所示,插齿时,齿条插刀与轮坯由插齿机床保证按齿轮与齿条的啮合关系 $\left(v_1 = \omega \dfrac{mz_2}{2}\right)$ 做相对的移动和转动,即范成运动,同时齿条插刀沿轮坯轴线方向做上下往复运动(向上为退刀运动,向下为切削运动),从而将轮坯的齿槽材料切削掉,加工出所需的齿轮。

由于齿条插刀的长度是有限的,在加工齿轮的几个齿廓后,就得重新调整齿条插刀与轮坯的相对位置,导致切削加工不连续,生产率不够高。

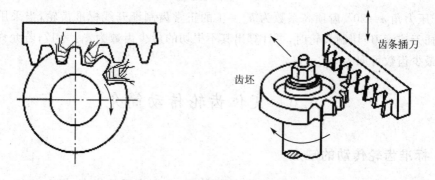

齿条插刀

齿坯

图 6 - 19　用齿条插刀切制齿轮

3) 齿轮滚刀

如图 6 - 20 所示,齿轮滚刀的形状像一个螺旋,其上有若干条纵向斜槽,形成刀刃,滚刀在轴向剖面内的齿形与齿条插刀齿形一致。用齿轮滚刀在滚齿机床上加工齿轮时,齿轮滚刀与轮坯分别绕自身轴线转动,在轮坯回转面内,相当于齿条与齿轮的啮合传动。即齿轮滚刀的转动相当于一齿条连续地向一个方向移动,轮坯相当于与齿条啮合的齿轮,从而形成范成运动并包络切出齿形。同时,齿轮滚刀还沿轮坯轴线做缓慢的进给运动,以便切出整个齿长。

这种加工方法可用一把齿轮滚刀加工出模数和压力角相同而齿数不同的齿轮,切削过程连续,生产率较高,应用广泛。

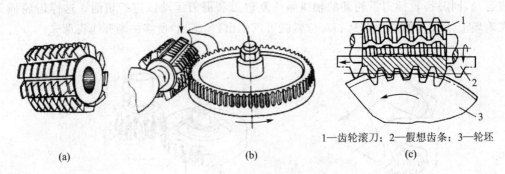

1—齿轮滚刀；2—假想齿条；3—轮坯

(a)　　　　　　　　(b)　　　　　　　　(c)

图 6-20　用滚刀切制齿轮

6.5.2　根切现象

用范成法加工渐开线齿轮时,有时刀具的顶部会把被加工齿轮轮齿的根部切去一部分,如图 6-21 所示网线部分,这种现象称为根切。根切使轮齿根部强度削弱,根切严重时还会使重合度减小,因此应尽量避免。

6.5.3　标准齿轮不发生根切的最少齿数

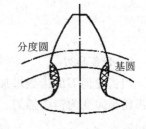

图 6-21　轮齿的根切现象

用范成法加工标准齿轮,是否发生根切取决于其齿数的多少。标准齿轮欲避免根切,其齿数必须大于或等于不根切的最少齿数 z_{min}。可推得不根切的最少齿数计算公式为

$$z_{min} = \frac{2h_a^*}{\sin^2 \alpha} \tag{6-24}$$

对于压力角 $\alpha = 20°$、齿顶高系数为 $h_a^* = 1$ 的正常齿制渐开线标准齿轮,当采用齿条形刀具(齿条插刀或滚刀)切制齿轮时,可计算出其不根切的最少齿数为 $z_{min} = 17$;若允许有轻微根切时,则最少齿数可取为 $z_{min} = 14$。

6.6　变位齿轮传动简介

6.6.1　标准齿轮传动的缺点

渐开线标准齿轮具有设计、计算简单,互换性好,应用广泛等优点,但也存在一些缺点,主要是:

(1)标准齿轮的齿数必须大于或等于最少齿数 z_{min},否则用范成法加工时会产生根切。

(2)标准齿轮传动受到中心距 $a = \frac{m}{2}(z_1 + z_2)$ 的限制。当实际中心距 $a' > a$ 时,采用标准齿轮传动虽然能够保持传动比等于常数,但会出现较大的齿侧间隙,引起冲击和噪声,重合度也会减小。当 $a' < a$ 时,因较大的齿厚不能嵌入较小的齿槽宽,致使标准齿轮无法安装。

(3)一对标准齿轮相互啮合,小齿轮齿廓渐开线的曲率半径和齿根厚度较小,齿根弯曲强度较低,且小齿轮啮合次数较多,容易磨损。

为了克服上述缺点,可以采用变位齿轮传动。

6.6.2 变位齿轮的概念

在用齿条插刀或滚刀切制齿轮时,若保持刀具的中线(刀具上齿厚与齿槽宽相等的线)与轮坯的分度圆相切,则加工出来的齿轮为标准齿轮,如图 6-22(a)所示。若在加工时,以切制标准齿轮的位置为基准,刀具沿轮坯径向远离轮坯中心或向轮坯中心靠近一段距离 xm,用这种改变刀具与轮坯相对位置的方法切制的齿轮称为变位齿轮。上述刀具的移动距离 xm 称为变位量,x 称为变位系数。规定以加工标准齿轮的位置为基准,刀具远离轮坯中心时,x 为正值,称为正变位,加工出来的齿轮称为正变位齿轮,见图 6-22(b);反之,刀具靠近轮坯中心时,x 为负值,称为负变位,加工出来的齿轮称为负变位齿轮,如图 6-22(c)所示。上述通过改变刀具与轮坯的相对位置来切制齿轮的方法称为变位修正法。

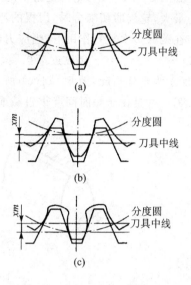

图 6-22 变位齿轮的切制

刀具变位后,刀具中线与轮坯的分度圆不再相切,但这时刀具上必有一条直线(通称分度线)与齿轮的分度圆相切。因齿条刀具上任一条分度线的齿距 p、模数 m 和刀具的齿形角 α 均相等,故切制出来的变位齿轮,其齿距、模数、压力角、分度圆和基圆与标准齿轮完全一样。且齿廓曲线和标准齿轮的齿廓曲线是同一基圆形成的渐开线,只是采用的区段不同,如图 6-23 所示。

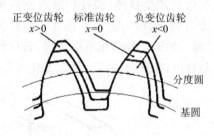

图 6-23 标准齿轮与变位齿轮比较

由图 6-23 也可知,刀具变位后,因其分度线上的齿槽宽和齿厚不等,故被切齿轮分度圆上的齿厚和齿槽宽也不等。相对于标准齿轮,正变位齿轮的分度圆齿厚增大,齿槽宽减小,齿根厚度增加,齿根高降低,齿顶高有变化,齿形亦有所不同。

变位齿轮的优点:

(1)当所需齿轮齿数 $z < z_{min}$ 时,采用正变位齿轮,可以避免根切。

(2)采用正变位齿轮,能增大齿根厚度,可以提高轮齿的抗弯强度,还可以提高齿轮传动质量和承载能力。

(3)采用合适的变位量,可以在实际中心距 a' 与标准中心距 a 不相等时配凑中心距。

有关变位齿轮的详细介绍及具体计算公式可参阅有关文献。

6.7 齿轮的常见失效形式及设计准则

6.7.1 轮齿的失效形式

齿轮传动的失效一般发生在轮齿上。轮齿的失效形式很多,常见有五种失效形式。

1. 轮齿折断

如图 6-24 所示,轮齿受力情况可视为悬臂梁,单侧工作的轮齿,啮合时轮齿根部的弯曲应力最大,轮齿脱离啮合时,齿根的弯曲应力为零,即传动时齿根承受脉动循环变化的弯曲应力。在载荷多次重复作用下,当应力超过了材料的疲劳极限时,其齿根过渡圆角处将产生疲劳裂纹[图 6-24(a)]。裂纹逐渐扩展,最终将引起轮齿折断,这种折断称为疲劳折断。图 6-24(b)所示为整体折断,图 6-24(c)所示为局部折断。

另一种是由于短时间严重过载或冲击,轮齿突然折断,这种折断称为过载折断。

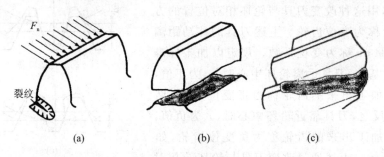

F_n

裂纹

(a)   (b)   (c)

图 6-24 轮齿折断

选用合适的材料和热处理方法,使齿根芯部有足够的韧性;增大齿根圆角半径,降低齿根处的应力集中;对齿根处进行喷丸等强化处理工艺,均可提高轮齿的抗折断能力。

2. 齿面点蚀

齿轮传递力时,两齿面接触处的表层将产生接触应力,轮齿脱离啮合后,齿面接触应力为零。所以齿面工作时承受按脉动循环变化的接触应力。如图 6-25 所示,在接触应力的反复作用下,轮齿表层会产生微小的疲劳裂纹,润滑油进入裂纹并产生挤压,裂纹扩展后使齿面金属微粒剥落而形成麻点状凹坑。这种现象称为齿面疲劳点蚀,简称为点蚀。点蚀一般首先出现在节线附近靠近齿根的表面处,然后再向其他部位扩展。如果点蚀面积不断扩展,麻点数量不断增多,点蚀坑大而深,传动时就会产生强烈的振动和噪声,导致齿轮啮合情况恶化而失效。

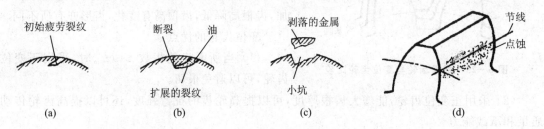

初始疲劳裂纹   断裂   油   剥落的金属   节线   点蚀

扩展的裂纹   小坑

(a)   (b)   (c)   (d)

图 6-25 疲劳点蚀

闭式软齿面齿轮(硬度≤350HBS),常因齿面点蚀而失效。开式齿轮传动中,齿面的点蚀还来不及出现或扩展就被磨去,因此一般不会出现点蚀。

限制齿面的接触应力、提高齿面硬度、降低表面粗糙度值、选用粘度较高的润滑油都能提高抗点蚀能力。

3. 齿面磨损

当啮合的齿面间进入砂粒、铁屑等磨料性物质时,齿面会发生磨料磨损。如图 6-26 所示,齿面磨损严重时,齿廓形状破坏,从而引起冲击、振动和噪声,且由于齿厚减薄而可能发生轮齿折断。齿面磨损是开式齿轮传动的主要失效形式。

改善润滑条件,选用合适的润滑剂,供给足够的润滑油,保持油的清洁;改善密封条件,采用适当的防护措施;提高齿面硬度等均能提高抗磨损能力。

4. 齿面胶合

在高速重载的闭式传动中,由于齿面间压力大,轮齿啮合处局部温度过高,油膜发生破坏,两齿面金属直接接触,相互黏结在一起。齿轮继续运转,黏着的地方又被撕开,在齿面上形成如图 6-27 所示的沟纹,这种现象称为胶合。

防止胶合的措施:配对齿轮采用抗胶合能力强的材料;提高齿面硬度和降低齿面粗糙度值;采用抗胶合性能好的润滑油,都可以增强抗胶合能力。

5. 塑性变形

当轮齿材料较软、载荷及摩擦力又很大时,两齿面相互碾压,致使齿面材料因屈服会沿着摩擦力的方向产生塑性变形,如图 6-28 所示。主动轮齿面沿节线处出现凹沟,从动轮齿齿面沿节线处形成凸棱。塑性变形使齿面失去正确的齿形。这种损坏常在过载严重和启动频繁的传动中遇到。

提高齿面硬度,采用黏度高的润滑油,可防止或减轻齿面产生塑性变形。

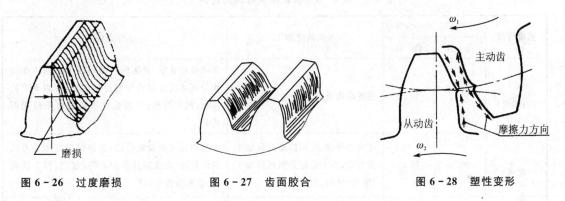

图 6-26　过度磨损　　　　图 6-27　齿面胶合　　　　图 6-28　塑性变形

6.7.2　齿轮传动的设计准则

设计齿轮传动时,应根据其可能的主要失效形式选择相应的强度计算准则。一般情况下,齿轮传动的设计准则如下:

(1)闭式软齿面(硬度≤350HBS)齿轮传动的主要失效形式是齿面点蚀,通常先按齿面接触疲劳强度设计公式进行设计计算,然后再校核齿根的弯曲疲劳强度。

(2)闭式硬齿面(硬度>350HBS)齿轮传动的主要失效形式是轮齿折断,故应先按齿根弯曲疲劳强度设计公式进行设计计算,然后再校核齿面接触疲劳强度。

(3)开式齿轮传动的主要失效形式是磨损,一般不出现点蚀。由于目前对磨损尚无很成熟的计算方法,故对开式齿轮传动通常只进行弯曲疲劳强度计算。考虑到磨损对齿厚的影响,应将求得的 m 值加大 $10\%\sim20\%$。

6.8　圆柱齿轮的精度简介

齿轮的制造精度用精度等级来表征。国家标准《圆柱齿轮精度制》(GB/T 10095)包括下列两部分内容：

(1) 轮齿同侧齿面偏差的定义和允许值(GB/T 10095.1—2008)；

(2) 径向综合偏差和径向跳动的定义和允许值(GB/T 10095.2—2008)。

标准中将精度等级分为 13 级，由高到低依次用 0、1、2、3、…、11、12 表示，0 级是最高的精度等级，12 级是最低的精度等级，一般机械中常用的精度等级为 6～9 级。

齿轮的精度等级是通过实测的偏差值与标准确定的数值进行对比后来评定的。

与《圆柱齿轮精度制》(GB/T 10095)配套的还有《渐开线圆柱齿轮精度检验细则》(GB/T 13924—2008)及分为四个部分的《圆柱齿轮检验实施规范》(GB/Z 18620.1～18620.4—2008)等标准。

一般来说，对于不同的齿轮精度等级要求，齿轮的加工成本是不同的。在保证齿轮传动的工作要求前提下，应使齿轮的加工成本经济合理。选择齿轮的精度等级时，应主要考虑齿轮的用途、使用条件、传递功率及圆周速度大小等因素。通常采用类比法确定精度等级。

表 6-4 列出了一般机械中齿轮常用的精度等级、圆周速度、加工方法及工作条件，可供选择齿轮精度等级时参考。

表 6-4　齿轮精度等级的选用

精度等级	圆周速度/(m·s⁻¹)		齿面的终加工	工作条件
	直齿	斜齿		
6 (高精密)	到 15	到 30	精密磨齿或剃齿	要求最高效率，且无噪声的高速下平稳工作的齿轮传动或分度机构的齿轮传动；特别重要的航空、汽车齿轮；读数装置用特别精密传动的齿轮
7 (精密)	到 10	到 15	无须热处理，仅用精确刀具加工的齿轮；淬火齿轮必须精整加工(磨齿、挤齿、珩齿等)	增速和减速用齿轮传动；金属切削机床送刀机构用齿轮；高速减速器用齿轮；航空、汽车用齿轮；读数装置用齿轮
8 (中等精密)	到 6	到 10	不磨齿，不必光整加工或对研	无须特别精密的一般机械制造用齿轮；包括在分度链中的机床传动齿轮；飞机、汽车制造业中的不重要齿轮；起重机构用齿轮；农业机械中的重要齿轮，通用减速器齿轮
9 (较低精密)	到 2	到 4	无须特殊光整加工	用于粗糙加工的齿轮

6.9　齿轮的常用材料和许用应力

6.9.1　齿轮的常用材料

齿轮材料对齿轮的承载能力和结构尺寸影响很大。选择齿轮材料时主要考虑如下要求：轮齿的表面应有足够的硬度和耐磨性，保证齿面具有抗点蚀、抗胶合和抗塑性变形的能力，并具有足够的抗弯曲能力和韧性，即齿面要硬，齿芯要韧，并具有良好的加工性、热处理工艺性及经济性。

为满足上述要求,常用各种钢材、铸铁及其他非金属材料制造齿轮。

1. 钢

钢材可分为锻钢和铸钢两大类。一般都用锻钢制造齿轮,而尺寸较大($d > 400 \sim 600$ mm)或结构形状复杂的齿轮用铸钢制造。

在啮合过程中,小齿轮的轮齿接触次数比大齿轮多,因此,当两齿轮的材料及齿面硬度都一样时,两轮比较,小齿轮的寿命较短。设计软齿面齿轮时,为了使大、小齿轮的寿命接近相等,常使小齿轮的齿面硬度比大齿轮硬度高 $30 \sim 50$HBS。对于高速、重载或重要的齿轮传动,可采用硬齿面齿轮组合,齿面硬度可大致相同。

2. 铸 铁

由于铸铁的抗弯和耐冲击性能都比较差,所以主要用于制造低速、冲击小等不重要的齿轮传动。高强度球墨铸铁也可用来代替铸钢制造大齿轮。

3. 非金属材料

对高速、小功率而又要求较低噪声的齿轮传动,可采用非金属材料,如强度高的工程塑料等。

常用齿轮材料、热处理方法、和应用见表 6-5。

表 6-5 常用齿轮材料、热处理方法和应用

材料牌号	热处理方法	强度极限 σ_b/ MPa	屈服极限 σ_s/ MPa	齿面硬度	应用(参考)
45	正火	580	290	162～217HBS	低速轻载;低速中载
	调质	640	350	217～255HBS	中、低速中载(如通用减速器、机床中一般齿轮);经表面淬火后,高速中载、无剧烈冲击的齿轮(如机床变速箱中的齿轮)
	表面淬火	—	—	40～50HRC	
40Cr	调质	700	500	241～286HBS	低速中载;高速中载、无剧烈冲击
35SiMn	调质	750	450	217～269HBS	可代替 40Cr
20Cr	渗碳淬火	650	400	56～62HRC	高速中载、重载,承受冲击载荷的齿轮(如汽车、拖拉机中的重要齿轮)
20CrMnTi	渗碳淬火	1 100	850	56～62HRC	
ZG310—570	正火	570	310	163～197HBS	中、低速中载,冲击不大,尺寸较大的齿轮
ZG340—640	正火	640	340	179～207HBS	
QT600—3	正火	600	370	190～270HBS	重型机械中的低速齿轮;可代替铸钢
HT300	时效	300	—	187～255HBS	低速中载、不受冲击的齿轮(如机床操纵机构的齿轮)

6.9.2 齿轮材料的许用应力

对一般的齿轮传动,在设计计算时,既要保证有足够齿面接触疲劳强度,又要满足齿根弯曲疲劳强度的要求。齿轮材料的许用应力可按下面方法确定。

许用接触应力$[\sigma_H]$按下式计算:

$$[\sigma_H] = \frac{\sigma_{Hlim}}{S_H} \quad \text{(MPa)} \tag{6-25}$$

式中：σ_{Hlim}为试验齿轮的接触疲劳极限,可按图 6-29 查取；S_H为齿面接触疲劳安全系数,按表 6-6 查取。

许用弯曲应力$[\sigma_F]$按下式计算：

$$[\sigma_F] = \frac{\sigma_{Flim}}{S_F} \quad (MPa) \quad (6-26)$$

式中：σ_{Flim}为试验齿轮的齿根弯曲疲劳极限,可按图 6-30 查取；S_F为轮齿弯曲疲劳安全系数,按表 6-6 查取。

表 6-6　最小安全系数 S_{Hmin}、S_{Fmin}

使用要求	S_{Hmin}	S_{Fmin}
一般可靠度	1.0	1.25
较高可靠度	1.25	1.6
高可靠度	1.5	2.0

注:对于一般工业齿轮传动,可用一般可靠度。

在图 6-29 和图 6-30 中,接触疲劳极限 σ_{Hlim} 和弯曲疲劳极限 σ_{Flim} 是用不同的材料及各种热处理方式制造的试验齿轮,经过长期持续重复载荷作用的疲劳实验后,得到的接触和弯曲疲劳极限应力。图中的接触疲劳极限 σ_{Hlim} 和弯曲疲劳极限 σ_{Flim} 取值线适用于齿轮材料质量和热处理质量达到中等要求的情况,即有经验的工业齿轮制造企业,能够以合理的生产成本达到中等质量要求。

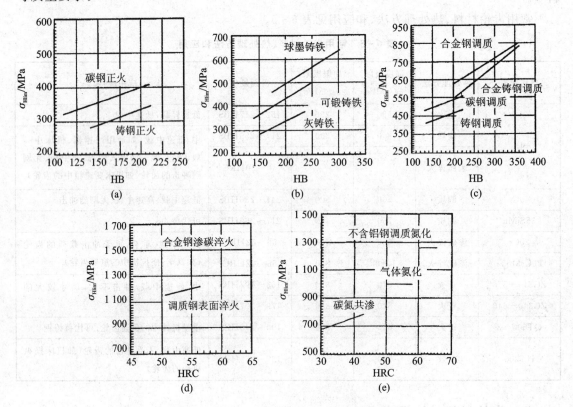

图 6-29　试验齿轮的接触疲劳极限 σ_{Hlim}

图 6-30 中弯曲疲劳极限 σ_{Flim} 是在轮齿单向受载的试验条件下得到的,对于长期双向受载的齿轮,因齿根受对称循环弯曲应力,应将图中数值乘以 0.7。

若齿面硬度超出图中的取值范围,建议更换所选齿轮材料或热处理方式。亦有将取值线向右延伸的说法。

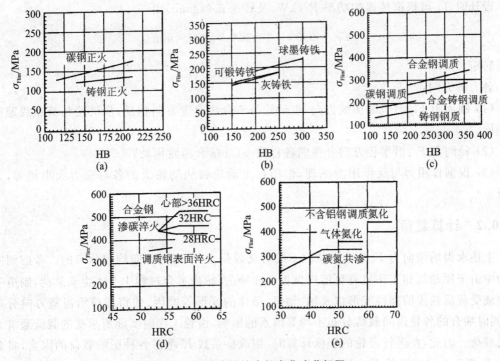

图 6-30 试验齿轮的齿根弯曲疲劳极限 σ_{Flim}

6.10 渐开线标准直齿圆柱齿轮传动的设计计算

6.10.1 轮齿的受力分析

在计算齿轮的强度,设计轴和轴承等轴系零件时,需要分析轮齿上的作用力。图 6-31 所示为一对直齿圆柱齿轮啮合传动时的受力情况。轮齿间的相互作用力沿着齿宽分布,为了便于分析计算,以作用在齿宽中点(节点 C)的集中力 F_n 代替分布力。若不考虑摩擦力,F_n 沿啮合点的法线方向,故 F_n 称为法向力。将法向力 F_n 分解为相互垂直的两个分力,即圆周力 F_t 和径向力 F_r。

各力的计算公式如下:

$$\left.\begin{array}{ll} \text{圆周力} & F_{t1} = F_{t2} = \dfrac{2T_1}{d_1} \\[2mm] \text{径向力} & F_{r1} = F_{r2} = F_t \tan \alpha \\[2mm] \text{法向力} & F_{n1} = F_{n2} = \dfrac{F_t}{\cos \alpha} \end{array}\right\} \quad (6-27)$$

式中:T_1 为小齿轮上的转矩,N·mm;d_1 为小齿轮的分度圆直径,mm;α 为分度圆压力角,(°),标准齿轮 $\alpha = 20°$。

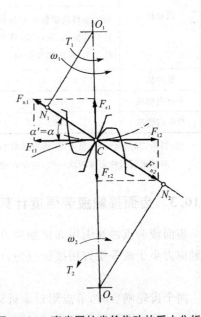

图 6-31 直齿圆柱齿轮传动的受力分析

设计时 T_1 可根据传递的功率 $P_1(\mathrm{kW})$ 及转速 $n_1(\mathrm{r/min})$ 由

$$T_1 = 9.55 \times 10^6 \times \frac{P_1}{n_1} \quad (\mathrm{N \cdot mm})$$

求得转矩。

各力的方向：

(1) 圆周力 F_t：沿节圆切线方向，主动轮与节点线速度方向相反；从动轮与节点线速度方向相同。

(2) 径向力 F_r：沿半径方向并指向各自轮心（外啮合齿轮传动）。

(3) 根据作用力与反作用力原理，作用在主动轮和从动轮上的各对应力大小相等，方向相反。

6.10.2 计算载荷

上述求得的法向力 F_n 为理想状况下的名义载荷，是沿齿宽方向均匀分布的。考虑到实际传动中由于原动机和工作机有可能产生振动和冲击，轮齿啮合过程中会产生动载荷，制造安装误差或受载后轮齿的弹性变形以及轴、轴承、箱体的变形等原因，使得载荷沿齿宽方向分布不均；同时啮合的各轮齿间载荷分布不均等因素的影响，齿轮工作时实际所承受的载荷通常大于名义载荷。因此，在进行齿轮的强度计算时，用载荷系数 K 考虑各种影响载荷的因素，将名义载荷 F_n 修正为计算载荷 F_{nc}，其计算公式为

$$F_{nc} = KF_n \tag{6-28}$$

式中：K 为载荷系数，见表 6-7。

表 6-7 载荷系数 K

原动机	工作机的载荷特性及其示例		
	均匀、轻微冲击	中等冲击	大的冲击
	均匀加料的运输机和加料机、轻型卷扬机、发电机、通风机、给水泵、机床辅助传动	不均匀加料的运输机和加料机、重型卷扬机、轻型球磨机、木工机械、机床主传动	冲床、钻床、轧机、破碎机、落砂机、挖掘机、重型给水泵、重型球磨机
电动机	1～1.2	1.2～1.6	1.6～1.8
多缸内燃机	1.2～1.6	1.6～1.8	1.9～2.1
单缸内燃机	1.6～1.8	1.8～2.0	2.2～2.4

注：斜齿、圆周速度低、精度高、齿宽系数小时取小值；直齿、圆周速度高、精度低、齿宽系数大时取大值。齿轮在两轴承间对称布置时取小值；齿轮在两轴承间不对称布置及悬臂布置时取大值。

6.10.3 齿面接触疲劳强度计算

齿面疲劳点蚀是由齿面接触应力引起的。为防止齿面出现点蚀，应使齿面接触处的最大接触应力小于或等于许用接触应力，即

$$\sigma_H \leqslant [\sigma_H]$$

两个齿轮啮合时，节点附近靠近齿根处是疲劳点蚀的易发部位，因此一般以节点处的接触应力来计算齿面接触疲劳强度。图 6-32 所示为一对渐开线圆柱齿轮在节点处啮合，其齿面

接触应力状况可认为与两半径为 ρ_1 和 ρ_2 的圆柱体的接触状况相当。

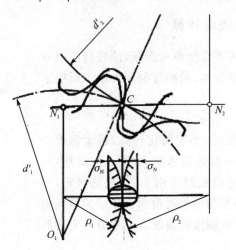

图 6 - 32　齿面接触应力

将弹性力学理论的赫芝公式应用于渐开线圆柱齿轮啮合中，经过推导并简化，可得齿面接触疲劳强度计算公式，如下：

校核公式

$$\sigma_H = Z_E Z_H \sqrt{\frac{2KT_1}{bd_1^2} \frac{u \pm 1}{u}} \leqslant [\sigma_H] \quad (\text{MPa}) \tag{6-29}$$

设计公式

$$d_1 \geqslant \sqrt[3]{\frac{2KT_1}{\psi_d} \frac{u \pm 1}{u} \left(\frac{Z_E Z_H}{[\sigma_H]}\right)^2} \quad (\text{mm}) \tag{6-30}$$

式中：σ_H 为齿面工作时的最大接触应力，MPa；$[\sigma_H]$ 为齿轮材料的许用接触应力，MPa，其值按式(6-25)计算；Z_E 为材料的弹性系数，$\sqrt{\text{MPa}}$，其值见表 6-8；Z_H 为节点区域系数，对于标准齿轮，$Z_H = 2.5$；K 为载荷系数，见表 6-7；T_1 为小齿轮传递的转矩，N·mm；u 为齿数比，$u = z_2/z_1$（大齿轮齿数与小齿轮齿数之比）；"＋"号用于外啮合，"－"号用于内啮合；b 为齿宽，mm；d_1 为小齿轮分度圆直径，mm；ψ_d 为齿宽系数，$\psi_d = b/d_1$（ψ_d 可参照表 6-10 选取）。

表 6 - 8　材料弹性系数 Z_E

$\sqrt{\text{MPa}}$

两齿轮材料组合	锻　钢	铸　钢	球墨铸铁	灰铸铁
锻　钢	189.8	—	—	—
铸　钢	188.9	188.0	—	—
球墨铸铁	181.4	180.5	173.9	—
灰铸铁	162.0	161.4	156.6	143.7

由公式(6-29)及(6-30)可以看出，加大齿轮直径 d 或中心距 a，适当增大齿宽 b，提高齿轮精度等级，改善齿轮材料和热处理方式，都可以提高齿面接触疲劳强度。

应用公式(6-29)与(6-30)时要注意：一对相啮合的齿轮，两齿面相互接触处的接触应力是相等的，即 $\sigma_{H1} = \sigma_{H2}$；当两轮的材料或硬度不同时，其许用接触应力不等，计算时应取小值代入上面公式计算。

6.10.4 齿根弯曲疲劳强度计算

为了保证在预定寿命内不发生轮齿折断,应进行齿根弯曲疲劳强度计算。其计算准则为:齿根弯曲应力小于或等于许用弯曲应力,即

$$\sigma_F \leqslant [\sigma_F]$$

计算齿根弯曲疲劳强度时,为了简化计算,通常假设全部载荷作用于齿顶并仅由一对轮齿承担,如图 6-33 所示,将轮齿看作一悬臂梁。其危险截面可用 30°切线法确定,即作与轮齿对称线成 30°夹角并与齿根过渡圆弧相切的两条切线,通过两切点并平行于齿轮轴线的截面 $S_F \times b$ 即为轮齿的危险截面。

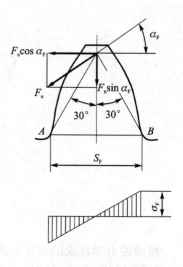

图 6-33 齿根弯曲应力

将作用于齿顶的法向力 F_n 分解为相互垂直的两个分力——切向分力和径向分力。其中,切向分力 $F_n \cos \alpha_F$ 使齿根产生弯曲应力和切应力,径向分力 $F_n \sin \alpha_F$ 使齿根产生压应力。切应力和压应力对齿根弯曲疲劳强度的计算影响较小,故可忽略不计。疲劳裂纹往往从齿根受拉边开始,所以只考虑起主要作用的弯曲拉应力,并以受拉侧为弯曲疲劳强度计算的依据。

齿根危险截面的弯曲应力为

$$\sigma_F = \frac{M}{W}$$

引入载荷系数 K 等,略去推证过程,可得齿根弯曲疲劳强度计算公式,如下:

校核公式

$$\sigma_F = \frac{2KT_1}{bm^2 z_1} Y_F Y_S \leqslant [\sigma_F] \quad \text{(MPa)} \qquad (6-31)$$

设计公式

$$m \geqslant \sqrt[3]{\frac{2KT_1}{\psi_d z_1^2} \frac{Y_F Y_S}{[\sigma_F]}} \quad \text{(mm)} \qquad (6-32)$$

式中:σ_F 为齿根弯曲应力,MPa;$[\sigma_F]$ 为齿轮材料的许用弯曲应力,MPa,其值按式(6-26)计算;m 为模数,mm;z_1 为小齿轮齿数;Y_F 为齿形系数,它与齿廓几何形状有关,与模数无关(对标准直齿轮,仅与齿数有关,其值由表 6-9 查取);Y_S 为应力修正系数,考虑齿根部过渡圆角处的应力集中而引入的系数。其值见表 6-9。

表 6-9 标准外齿轮的齿形系数 Y_F 和应力修正系数 Y_S

$z(z_1)$	14	16	17	18	19	20	22	25	28	30	35	40	45	50	60	80	100	$\geqslant 200$
Y_F	3.22	3.03	2.97	2.91	2.85	2.81	2.75	2.65	2.58	2.54	2.47	2.41	2.37	2.35	2.30	2.25	2.18	2.14
Y_S	1.47	1.51	1.53	1.54	1.55	1.56	1.58	1.59	1.61	1.63	1.65	1.67	1.69	1.71	1.73	1.77	1.80	1.88

注:$\alpha = 20°$,$h_a^* = 1$,$c^* = 0.25$。

在齿根弯曲疲劳强度计算中,因为两轮的齿数不一样,所以两齿轮的齿形系数 Y_{F1} 和 Y_{F2}

并不相同,应力修正系数 Y_{S1} 和 Y_{S2} 也不相同,两齿轮材料的许用弯曲应力 $[\sigma_{F1}]$ 和 $[\sigma_{F2}]$ 也可能不同。因此在校核计算时,应分别验算两个齿轮的弯曲强度。而在使用设计公式时,应取 $Y_{F1}Y_{S1}/[\sigma_{F1}]$ 和 $Y_{F2}Y_{S2}/[\sigma_{F2}]$ 中的较大者代入计算。求出模数后,再查表 6 - 1,取成标准模数。

6.10.5 齿轮主要参数的选择

1. 齿数比 u

一对齿轮的齿数比不宜选择过大,否则大、小齿轮的尺寸相差悬殊,会使传动装置的结构尺寸增大。对于直齿圆柱齿轮传动,一般取 $1 \leqslant u \leqslant 5$。当要求传动比较大时,可采用两级或多级齿轮传动。

2. 小齿轮齿数 z_1 和模数 m

对于闭式软齿面齿轮传动,承载能力主要取决于齿面接触疲劳强度。在满足齿根弯曲疲劳强度的前提下,宜选取较多的齿数和较小的模数,从而提高传动的平稳性并减少轮齿的加工量,通常取 $z_1 = 20 \sim 40$。

对于闭式硬齿面和开式齿轮传动,应具有足够大的模数以保证齿根弯曲疲劳强度,在满足接触疲劳强度的前提下,为减小传动尺寸,一般取 $z_1 = 17 \sim 20$。

模数 m 大小直接影响轮齿的抗弯强度,而对齿面接触强度没有直接影响。用于传递动力的齿轮,一般应使 $m > 1.5 \sim 2$ mm,以防止过载时轮齿突然折断。

3. 齿宽系数 ψ_d 及齿宽 b

齿宽系数为 $\psi_d = b/d_1$。增大齿宽系数,可减小齿轮传动装置的径向尺寸,降低齿轮的圆周速度,提高承载能力。但是齿宽越大,轴向尺寸也越大,载荷沿齿向分布越不均匀,因此应合理选择齿宽。对于一般齿轮传动,可参考表 6 - 10 选取齿宽系数 ψ_d。齿宽 b 可由 $b = \psi_d d_1$ 求得,b 值圆整后作为大齿轮的齿宽 b_2。为保证装配后的接触宽度,通常让小齿轮齿宽 b_1 比大齿轮齿宽 b_2 大一些,一般取 $b_1 = b_2 + (5 \sim 10)$ mm。但计算时按大齿轮齿宽计算。

表 6 - 10　齿宽系数 ψ_d

齿轮相对于轴承的位置	齿面硬度	
	大轮或两齿轮均为软齿面	硬齿面
对称布置	0.8~1.4	0.4~0.9
非对称布置	0.6~1.2	0.3~0.6
悬臂布置	0.3~0.4	0.2~0.25

注:(1) 对于直齿圆柱齿轮取较小值;斜齿轮可取较大值;人字齿轮可取更大值。

(2) 载荷平稳、轴及支座的刚性较大时,取值应大一些;变载荷、轴及支座的刚性较小时,取值应小一些。

例 6 - 2 设计用于带式输送机传动装置的闭式单级直齿圆柱齿轮传动。传递功率 $P = 6.5$ kW,小齿轮转速 $n_1 = 800$ r/min,传动比 $i = 3.55$。输送机工作载荷平稳,单向运转,齿轮对称布置。

解:(1)选择齿轮精度等级

带式输送机属于一般机械,且转速不高,按表 6 - 4 选择 8 级精度。

（2）确定齿轮齿数

选小齿轮齿数 $z_1 = 24$，则 $z_2 = iz_1 = 3.55 \times 24 = 85.2$，取 $z_2 = 85$。故实际传动比 $i = z_2/z_1 = 85/24 = 3.54$，取齿数比 $u = i = 3.54$。

（3）选择齿轮材料并确定许用应力

① 选择齿轮材料。因减速器外廓尺寸没有限制，且载荷平稳，为便于齿轮加工，采用软齿面齿轮。查表 6-5，小齿轮选用 45 钢调质处理，齿面硬度为 220HBS；大齿轮选用 45 钢正火处理，齿面硬度为 180HBS，二者材料硬度差为 40HBS。

② 确定许用应力。根据所选齿轮材料及硬度值，查图 6-29(c)、(a)得：$\sigma_{Hlim1} = 550$ MPa，$\sigma_{Hlim2} = 390$ MPa；再查图 6-30(c)、(a)得：$\sigma_{Flim1} = 210$ MPa，$\sigma_{Flim2} = 160$ MPa。

查表 6-6，取安全系数：$S_H = 1.0$，$S_F = 1.3$。

由式(6-25)及式(6-26)计算可得：

许用接触应力

$$[\sigma_{H1}] = \frac{\sigma_{Hlim1}}{S_{H1}} = \frac{550 \text{ MPa}}{1} = 550 \text{ MPa} \qquad [\sigma_{H2}] = \frac{\sigma_{Hlim2}}{S_{H2}} = \frac{390 \text{ MPa}}{1} = 390 \text{ MPa}$$

取小值 $[\sigma_{H2}]$ 计算。

许用弯曲应力

$$[\sigma_{F1}] = \frac{\sigma_{Flim1}}{S_{F1}} = \frac{210 \text{ MPa}}{1.3} = 162 \text{ MPa} \qquad [\sigma_{F2}] = \frac{\sigma_{Flim2}}{S_{F2}} = \frac{160 \text{ MPa}}{1.3} = 123 \text{ MPa}$$

（4）按齿面接触疲劳强度设计

对于闭式软齿面齿轮传动，应按齿面接触疲劳强度设计，再按齿根弯曲疲劳强度校核。

齿面接触疲劳强度设计公式

$$d_1 \geqslant \sqrt[3]{\frac{2KT_1}{\psi_d} \frac{u \pm 1}{u} \left(\frac{Z_E Z_H}{[\sigma_H]}\right)^2} \qquad \text{(MPa)}$$

参数选择如下：

① 载荷系数 K。查表 6-7，原动机为电动机，工作机械是输送机，且工作平稳，取载荷系数 $K = 1.2$。

② 小齿轮传递的转矩：

$$T_1 = 9.55 \times 10^6 \times \frac{P}{n_1} = \left(9.55 \times 10^6 \times \frac{6.5}{800}\right) \text{N} \cdot \text{mm} = 77\,594 \text{ N} \cdot \text{mm}$$

③ 齿宽系数。查表 6-10 确定齿宽系数，齿轮为软齿面，对称布置，取齿宽系数 $\psi_d = 1$。

④ 弹性系数与节点区域系数。查表 6-8，两齿轮材料都是锻钢，故取弹性系数 $Z_E = 189.8\sqrt{\text{MPa}}$；两齿轮为标准齿轮，且正确安装，节点区域系数 $Z_H = 2.5$。

⑤ 计算小齿轮分度圆直径：

$$d_1 \geqslant \sqrt[3]{\frac{2KT_1}{\psi_d} \frac{u \pm 1}{u} \left(\frac{Z_E Z_H}{[\sigma_H]}\right)^2} =$$

$$\sqrt[3]{\frac{2 \times 1.2 \times 77\,594}{1} \times \frac{3.54 + 1}{3.54} \times \left(\frac{189.8 \times 2.5}{390}\right)^2} \text{ mm} = 70.71 \text{ mm}$$

（5）确定主要尺寸

① 模数：

$$m = d_1/z_1 = 70.71 \text{ mm}/24 = 2.95 \text{ mm}$$

查表 6-1，取标准模数 $m=3$ mm。

② 分度圆直径：

$$d_1=mz_1=(3\times24)\ \text{mm}=72\ \text{mm} \qquad d_2=mz_2=(3\times85)\ \text{mm}=255\ \text{mm}$$

③ 齿宽：

$b=\psi_d d_1=1\times72\ \text{mm}=72\ \text{mm}$，取 $b_2=72\ \text{mm}$，$b_1=b_2+5\ \text{mm}=72\ \text{mm}+5\ \text{mm}=77\ \text{mm}$

④ 中心距：

$$a=(d_1+d_2)/2=(72\ \text{mm}+255\ \text{mm})/2=163.5\ \text{mm}$$

(6)校核齿根弯曲疲劳强度

根据 $z_1=24$，$z_2=85$，查表 6-9 并插值计算，得齿形系数 $Y_{F1}=2.67$，$Y_{F2}=2.28$ 及应力集中系数 $Y_{S1}=1.59$，$Y_{S2}=1.75$。

应用公式(6-31)，校核齿根弯曲疲劳强度如下：

$$\sigma_{F1}=\frac{2KT_1}{bm^2z_1}Y_{F1}Y_{S1}=\left(\frac{2\times1.2\times77\,594}{72\times3^2\times24}\times2.67\times1.59\right)\text{MPa}=$$
$$50.83\ \text{MPa}\leqslant[\sigma_{F1}]=162\ \text{MPa}$$

$$\sigma_{F2}=\frac{2KT_1}{bm^2z_1}Y_{F2}Y_{S2}=\left(\frac{2\times1.2\times77\,594}{72\times3^2\times24}\times2.28\times1.75\right)\text{MPa}=$$
$$47.78\ \text{MPa}\leqslant[\sigma_{F2}]=123\ \text{MPa}$$

齿根弯曲疲劳强度足够。

(7) 验算齿轮的圆周速度

$$v=\frac{\pi d_1 n_1}{60\times1\,000}=\frac{\pi\times72\times800}{60\times1\,000}\ \text{m/s}=3.02\ \text{m/s}$$

对照表 6-4 可知，选用 8 级精度是合适的。

(8) 计算齿轮的其他主要几何尺寸及绘制齿轮工作图(略)。

6.11　渐开线斜齿圆柱齿轮传动

6.11.1　斜齿圆柱齿轮齿面的形成和啮合特点

1. 斜齿圆柱齿轮齿廓曲面的形成

渐开线直齿圆柱齿轮齿廓曲面的生成原理如图 6-34(a)所示，发生面上的直线 KK 与基圆柱母线平行，当发生面在基圆柱上做纯滚动时，直线 KK 上各点轨迹是相同的渐开线。这些渐开线组合起来就是直齿轮的齿廓齿面。斜齿轮的齿面形成原理如图 6-34(b)所示，发生面上的直线 KK 与基圆柱母线呈 β_b 夹角，当发生面在基圆柱上做纯滚动时，直线 KK 上各点轨迹也是同样的渐开线。这些渐开线组合起来的曲面称为渐开螺旋面，也就是斜齿轮的齿廓曲面。即斜齿轮的齿廓曲面是渐开螺旋面。渐开螺旋面与基圆柱的交线 AA（各条渐开线起始点的组合线）称为基圆柱上的螺旋线。β_b 角称为基圆柱上的螺旋角。

2. 斜齿圆柱齿轮的啮合特点

如图 6-34(c)所示，一对直齿圆柱齿轮啮合传动时，齿面的接触线与齿轮的轴线平行，轮齿沿整个齿宽突然进入接触和脱离接触，这种接触方式容易引起冲击、振动和噪声，高速传动时更为严重。一对斜齿圆柱齿轮啮合时，如图 6-34(d)所示，由于接触线是不与轴线平行的斜线，两

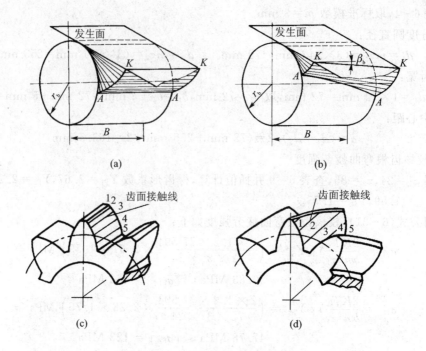

图 6-34　圆柱齿轮齿廓曲面的形成

齿廓接触线的长度由零逐渐变长,而后又由长变短,直至脱离接触。这说明斜齿轮的一对齿廓是逐渐进入接触,又逐渐脱离接触的,故运转平稳,冲击和噪声小,适于高速传动场合。

6.11.2　斜齿圆柱齿轮的基本参数和几何尺寸计算

斜齿轮的齿面为渐开螺旋面。垂直于斜齿轮轴线的截面称为端面,与分度圆柱螺旋线上切线垂直的平面称为法面。端面上的齿形与法面上的齿形是不同的,故端面和法面的参数也不同。在设计和制造斜齿轮时,必须考虑端面与法面参数及几何尺寸之间的关系。

1. 螺旋角

斜齿轮的齿面与分度圆柱面的交线称为分度圆柱上的螺旋线。螺旋线的切线与其齿轮轴线之间所夹的锐角称为分度圆柱螺旋角,简称为螺旋角,用字母 β 表示。它表示斜齿轮轮齿倾斜的程度。如图 6-35 所示,按齿廓螺旋线旋向不同,斜齿轮有左旋[图(a)]和右旋[图(b)]之分。判别旋向的方法如下:将斜齿轮(外齿轮)的轴线铅直放置,看齿向线的倾斜方向,左高右低为左旋,右高左低为右旋。

2. 模数和压力角

图 6-36 为斜齿轮的分度圆柱面展开图。由图可见,法向齿距 p_n 和端面齿距 p_t 的关系为

$$p_n = p_t \cos \beta$$

因 $p = \pi m$,故法面模数 m_n 和端面模数 m_t 的关系为

$$m_n = m_t \cos \beta \tag{6-33}$$

图 6-37 所示为斜齿条的法面压力角 α_n 和端面压力角 α_t 的关系,可推导出

$$\tan \alpha_n = \tan \alpha_t \cos \beta \tag{6-34}$$

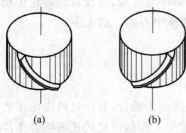

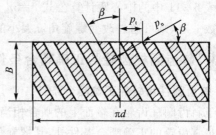

图 6-35　斜齿轮的旋向　　　　**图 6-36　斜齿轮的法面参数和端面参数**

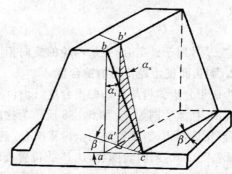

用铣刀或滚刀切制斜齿轮时,刀具沿着螺旋齿槽的切线方向进刀,铣刀的齿形应与斜齿轮的法面齿形相同。国家标准规定,将斜齿轮的法面参数(m_n、α_n、法面齿顶高系数 h_{an}^* 及法面顶隙系数 c_n^*)取为标准值,而端面参数为非标准值。

图 6-37　斜齿条的法面压力角 α_n 和端面压力角 α_t

3. 齿顶高系数和顶隙系数

由于斜齿轮不论从法面看,还是从端面看,其齿顶高和齿根高都一样,所以公式如下:

$$h_{an} = h_{an}^* m_n = h_{at} = h_{at}^* m_t$$

则有法面齿顶高系数和端面齿顶高系数的关系:

$$h_{at}^* = h_{an}^* \cos \beta$$

同理,法面顶隙系数和端面顶隙系数的关系为

$$c_{nt}^* = c_n^* \cos \beta$$

4. 斜齿轮传动的主要几何尺寸

斜齿轮几何尺寸应按照端面来计算,计算公式见表 6-11。

表 6-11　标准斜齿圆柱齿轮的主要参数和几何尺寸的计算公式

序　号	名　称	符　号	公　式
1	螺旋角	β	$8° \sim 20°$
2	端面模数	m_t	$m_t = m_n / \cos \beta$
3	端面压力角	α_t	$\tan \alpha_t = \tan \alpha_n / \cos \beta$
4	齿顶高	h_a	$h_a = h_{an}^* m_n$
5	齿根高	h_f	$h_f = (h_{an}^* + c_n^*) m_n$
6	全齿高	h	$h = (2h_{an}^* + c_n^*) m_n$
7	顶隙	c	$c = c_n^* m_n$
8	分度圆直径	d	$d = m_t z = m_n z / \cos \beta$
9	齿顶圆直径	d_a	$d_a = d + 2h_a$
10	齿根圆直径	d_f	$d_f = d - 2h_f$
11	中心距	a	$a = (d_1 + d_2)/2 = m_n(z_1 + z_2)/2\cos \beta$

注:表中法面模数 m_n 按表 6-1 选取;法面压力角 $\alpha_n = 20°$;正常齿制法面齿顶高系数和法
　　面顶隙系数分别为 $h_{an}^* = 1$,$c_n^* = 0.25$。

由表 6-11 中的中心距计算公式 $a = m_n(z_1 + z_2)/2\cos\beta$ 可知,在设计斜齿轮传动时,若齿数和模数一定,则可通过改变螺旋角 β 大小的方法来调整中心距 a 的大小。

6.11.3 斜齿圆柱齿轮的正确啮合条件和重合度

1. 斜齿圆柱齿轮的正确啮合条件

由于斜齿圆柱齿轮在端面上的啮合相当于直齿圆柱齿轮啮合,故一对斜齿轮正确啮合时,除应满足直齿轮的正确啮合条件外,其螺旋角还应相匹配。即斜齿轮的正确啮合条件为

$$m_{n1} = m_{n2} = m_n$$
$$\alpha_{n1} = \alpha_{n2} = \alpha_n$$
$$\beta_1 = \pm\beta_2$$

式中,"－"号用于外啮合,表示两轮的旋向相反;"＋"号用于内啮合,表示两轮的旋向相同。

2. 斜齿圆柱齿轮传动的重合度

为便于分析斜齿轮传动的重合度,设有一对斜齿轮啮合和一对直齿轮啮合,从端面看是完全一样的,且宽度同为 b。图 6-38 所示为这两对齿轮在啮合面(线)上的示意图,图(a)为直齿轮啮合,轮齿在 B_2B_2 位置开始全齿宽啮合,到 B_1B_1 位置全齿宽同时脱开啮合,啮合区域为长度 B_1B_2;图(b)为斜齿轮啮合,B_2B_2 线位置表示轮齿前端在一个点处开始进入啮合,到 B_1B_1 线位置时,前端开始脱开啮合,但由于斜齿轮的轮齿倾斜了 β 角,后端还要继续啮合一段长度,直到后端到达 B_1 线位置,才脱离啮合。因此,斜齿轮的实际啮合区域长度大于直齿轮实际啮合区域长度。可推得斜齿轮重合度的计算公式为

$$\varepsilon_\gamma = \varepsilon_t + b\sin\beta/\pi m_n \tag{6-35}$$

式中,ε_t 为端面重合度,即与斜齿轮端面齿廓相同的直齿轮传动的重合度;$b\sin\beta/\pi m_n$ 为由于轮齿倾斜而产生的附加重合度。由式(6-35)可见,斜齿轮传动的重合度随齿宽 b 和螺旋角 β 的增大而增大,可达到很大的数值,这是斜齿轮承载能力高、传动平稳、适于高速传动的主要原因之一。

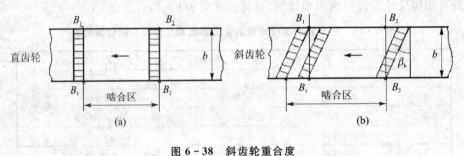

图 6-38 斜齿轮重合度

6.11.4 斜齿圆柱齿轮的当量齿数

如图 6-39 所示,过斜齿轮分度圆柱上任一点 C,作轮齿螺旋线的法面 n—n,此法面与分度圆柱面的交线为一椭圆。该椭圆平面上 C 点附近的齿形,与斜齿轮的法面齿形极为接近。椭圆的长半轴 $a = d/(2\cos\beta)$,短半轴 $b = d/2$。椭圆在 C 点的曲率半径为

$$\rho = \frac{a^2}{b} = \frac{d}{2(\cos\beta)^2}$$

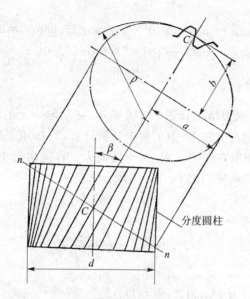

图 6-39　斜齿轮的当量齿轮

以 ρ 为分度圆半径,用斜齿轮的法向模数 m_n 和法面压力角 α_n 作一假想的直齿轮,其齿形可认为与斜齿轮的法面齿形十分接近,这个假想的直齿轮称为该斜齿轮的当量齿轮,即与斜齿轮的法面齿形非常接近,且假想的直齿轮称为该斜齿轮的当量齿轮。当量齿轮的齿数称为当量齿数,用 z_v 表示,即

$$z_v = \frac{2\rho}{m_n} = \frac{d}{m_n(\cos\beta)^2} = \frac{m_n z / \cos\beta}{m_n(\cos\beta)^2} = \frac{z}{(\cos\beta)^3} \tag{6-36}$$

由式(6-36)可得出标准斜齿轮不产生根切的最少齿数为

$$z_{min} = z_{vmin}(\cos\beta)^3 \tag{6-37}$$

由于正常齿制标准斜齿轮不发生根切的最少齿数 z_{min} 可由其当量直齿轮的最少齿数 z_{vmin} ($z_{vmin}=17$)计算出来,即

$$z_{min}=17\ (\cos\beta)^3$$

若 $\beta=20°$, $z_{min}=14$,可见相对于直齿轮传动,若采用斜齿轮传动,可以获得更为紧凑的结构。

在用仿形法加工斜齿轮选择铣刀号码及进行强度计算时都会用到当量齿数。

例 6-3　已知一对外啮合标准斜齿圆柱齿轮传动,中心距 $a=160$ mm,齿数 $z_1=25$, $z_2=78$,法面模数 $m_n=3$ mm。试计算其螺旋角 β,分度圆直径 d,齿顶圆直径 d_a,当量齿数 z_v。

解: 利用表 6-11 中公式计算。

因为
$$a = \frac{m_n(z_1+z_2)}{2\cos\beta}$$

所以
$$\beta = \arccos\frac{m_n(z_1+z_2)}{2a} = \arccos\frac{3\times(25+78)}{2\times160} = 15.066°$$

$$d_1 = m_n z_1 / \cos\beta = (3\times25/\cos15.066°)\ \text{mm} = 77.670\ \text{mm}$$

$$d_2 = m_n z_2 / \cos\beta = (3\times78/\cos15.066°)\ \text{mm} = 242.330\ \text{mm}$$

$$d_{a1} = d_1 + 2h_{an}^* m_n = (77.670+2\times1\times3)\ \text{mm} = 83.670\ \text{mm}$$

$$d_{a2} = d_2 + 2h_{an}^* m_n = (242.330+2\times1\times3)\ \text{mm} = 248.330\ \text{mm}$$

由式(6-36)得

$$z_{v1} = z_1/(\cos \beta)^3 = 25/(\cos 15.066°)^3 = 27.8$$
$$z_{v2} = z_2/(\cos \beta)^3 = 78/(\cos 15.066°)^3 = 86.6$$

6.11.5 轮齿的受力分析

斜齿圆柱齿轮传动的受力情况如图6-40所示,主动轮1上的转矩为T_1,略去齿面间的摩擦力,齿面接触线上作用有分布力,为了便于分析计算,以作用于齿宽中点(节点C)的集中力F_n代替此分布力。F_n作用在法线方向,称为法向力。将法向力F_n分解为相互垂直的三个分力:圆周力F_t、径向力F_r和轴向力F_a。各力的计算公式为

$$
\left.
\begin{aligned}
\text{圆周力} \qquad && F_{t1} = F_{t2} &= \frac{2T_1}{d_1} \\
\text{径向力} \qquad && F_{r1} = F_{r2} &= \frac{F_t \tan \alpha_n}{\cos \beta} \\
\text{轴向力} \qquad && F_{a1} = F_{a2} &= F_t \tan \beta
\end{aligned}
\right\} \qquad (6-38)
$$

作用于主、从动轮上的各对力大小相等、方向相反。

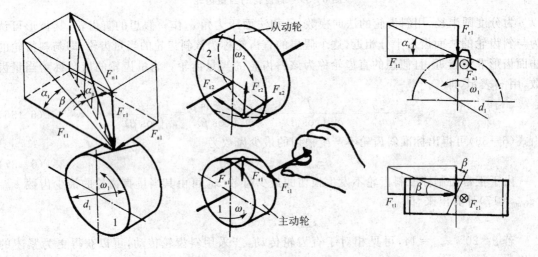

图6-40 斜齿轮的受力分析

圆周力F_t和径向力F_r方向的确定与直齿圆柱齿轮相同。轴向力F_a的方向沿轴线指向该齿轮的受力齿面。轴向力F_a的方向可用"主动轮左、右手定则"来判断,即主动轮左旋用左手,主动轮右旋用右手。判定时四个手指顺着主动轮旋转方向,握住主动轮轴线,拇指伸直的方向即为主动轮轴向力F_a的方向。从动轮所受轴向力与主动轮的大小相等、方向相反。

绘制齿轮受力时,若采用平面表示法,且力的方向垂直于纸面,那么由里向外可用符号⊙表示,由外向里可用符号⊗表示。

由公式(6-38)可知,若螺旋角β增大,则轴向力F_a也增大,对传动不利。若螺旋角β过小,重合度ε_γ大,结构紧凑的优点也不能充分发挥出来。因此一般取$\beta = 8° \sim 20°$。为消除附加轴向力,可采用如图6-41所示的人字齿轮,此时可使$\beta = 15° \sim 40°$。人字齿轮可看作螺旋角大小相等、方向相反的两个斜齿轮合并而成,因左右对称而使两轴向力的作用互相抵消。人字齿轮的缺点是制造较困难,成本较高。人字齿轮常用于高速大功率传动中。

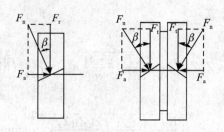

图 6 - 41　人字齿轮

例 6 - 4　图 6 - 42(a)所示为单级斜齿圆柱齿轮减速器,传递功率 $P_1 = 3$ kW(不计摩擦损失),Ⅰ轴为主动轴,转速 $n_1 = 960$ r/min,转动方向如图所示。已知齿轮齿数 $z_1 = 21, z_2 = 65$,法面模数 $m_n = 2.5$ mm,法面压力角 $\alpha_n = 20°$,螺旋角 $\beta = 12.239°$,试求:(1)齿轮 1 的分度圆直径 d_1;(2)齿轮 1 所传递的转矩 T_1;(3)齿轮 2 在啮合点处所受的三个分力大小;(4)绘出齿轮 2 在啮合点处的三个分力。

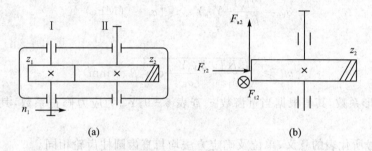

图 6 - 42　单级斜齿轮传动受力分析

解：(1) 齿轮 1 的分度圆直径 d_1

$$d_1 = \frac{m_n z_1}{\cos \beta} = \frac{2.5 \times 21}{\cos 12.239°} \text{ mm} = 53.721 \text{ mm}$$

(2) 齿轮 1 所传递的转矩 T_1

$$T_1 = 9.55 \times 10^6 \times \frac{P_1}{n_1} = 9.55 \times 10^6 \times \frac{3 \text{ kW}}{960 \text{ r/min}} = 29\ 844 \text{ N} \cdot \text{mm}$$

(3) 齿轮 2 所受的三个分力大小

$$F_{t2} = F_{t1} = \frac{2T_1}{d_1} = \frac{2 \times 29\ 844}{53.721} \text{ N} = 1\ 111 \text{ N}$$

$$F_{r2} = F_{r1} = F_{t1} \frac{\tan \alpha_n}{\cos \beta} = 1\ 111 \text{ N} \times \frac{\tan 20°}{\cos 12.239°} = 414 \text{ N}$$

$$F_{a2} = F_{a1} = F_{t1} \tan \beta = 1\ 111 \text{ N} \times \tan 12.239° = 241 \text{ N}$$

(4) 绘出齿轮 2 在啮合点处的三个分力

齿轮 2 在啮合点处的三个分力如图 6 - 41(b)所示。

6.11.6　标准斜齿圆柱齿轮的强度计算

由于斜齿轮的法面齿形与其当量齿轮的齿形非常接近,且载荷 F_n 作用在法面内,所以斜齿轮的强度计算可参考直齿轮的强度计算方法,同时考虑到斜齿轮传动的特点,可以推导出标准斜齿圆柱齿轮的强度计算公式。

1. 齿面接触疲劳强度计算

校核公式

$$\sigma_H = Z_E Z_H Z_\beta \sqrt{\frac{2KT_1}{bd_1^2} \frac{u \pm 1}{u}} \leqslant [\sigma_H] \quad (MPa) \tag{6-39}$$

设计公式

$$d_1 \geqslant \sqrt[3]{\frac{2KT_1}{\psi_d} \frac{u \pm 1}{u} \left(\frac{Z_E Z_H Z_\beta}{[\sigma_H]}\right)^2} \quad (mm) \tag{6-40}$$

式中：Z_β 为螺旋角系数，考虑螺旋角造成接触线倾斜而对接触强度产生的影响，$Z_\beta = \sqrt{\cos \beta}$。

其余各符号所代表的意义、单位及确定方法均与直齿圆柱齿轮相同。上式适用于一对钢制标准斜齿轮传动的齿面接触强度计算。

2. 齿根弯曲疲劳强度计算

校核公式

$$\sigma_F = \frac{2KT_1}{bd_1 m_n} Y_{Fn} Y_{Sn} \leqslant [\sigma_F] \quad (MPa) \tag{6-41}$$

设计公式

$$m_n \geqslant \sqrt[3]{\frac{2KT_1}{\psi_d z_1^2} \frac{Y_{Fn} Y_{Sn}}{[\sigma_F]} \cos^2 \beta} \quad (mm) \tag{6-42}$$

式中：Y_{Fn} 为齿形系数，其值根据当量齿数 z_v 查表 6-9；Y_{Sn} 为应力修正系数，其值根据当量齿数 z_v 见表 6-9。

其余各符号所代表的意义、单位及确定方法均与直齿圆柱齿轮相同。

有关直齿圆柱齿轮传动的设计方法和参数选择原则对斜齿圆柱齿轮传动都是适用的。

6.12 直齿圆锥齿轮传动

6.12.1 圆锥齿轮传动的特点和应用

图 6-43 所示为直齿圆锥齿轮传动，用于传递空间两相交轴之间的运动和动力。两轮轴线的交角称为轴交角，用符号 Σ 表示，一般机械中多用 $\Sigma = 90°$。

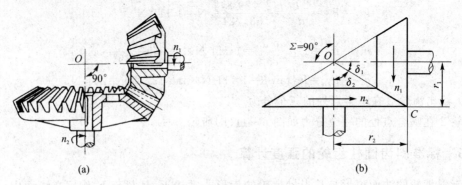

图 6-43 直齿圆锥齿轮传动

圆锥齿轮的轮齿排列在截锥体的表面上，轮齿由大端到小端逐渐收缩变小。由于这一特点,对应圆柱齿轮中的各有关"圆柱"在圆锥齿轮中就变成了"圆锥",如分度圆锥、齿顶圆锥、齿根圆锥、基圆锥和节圆锥等。与圆柱齿轮传动相似,一对圆锥齿轮的传动相当于一对节圆锥的纯滚动。图 6-43(b)表示一对正确安装的标准圆锥齿轮,其节圆锥与分度圆锥重合。分度圆锥母线与其轴线的夹角称为分度圆锥的锥顶角,简称分锥角,以 δ 表示。设 δ_1 和 δ_2 分别为齿轮1和齿轮2的分锥角,则 $\Sigma = \delta_1 + \delta_2$。

　　圆锥齿轮的轮齿有直齿、斜齿和曲线齿等形式。直齿圆锥齿轮设计、制造及安装均较简单,用于低速传动;曲线齿圆锥齿轮具有传动平稳、噪声小及承载能力大等特点,常用于高速重载的场合,但其设计制造较复杂。斜齿圆锥齿轮应用较少。本节只讨论 $\Sigma = 90°$ 的标准直齿圆锥齿轮传动。为了便于计算和测量,国家标准规定在圆锥齿轮传动中,以大端参数和几何尺寸为标准。

6.12.2　直齿圆锥齿轮齿廓曲面、背锥和当量齿数

1. 齿廓曲面

　　直齿圆锥齿轮齿廓曲面的形成如图 6-44 所示,当圆平面 1(发生面)在一圆锥 2(基圆锥)上做纯滚动时,发生面上通过锥顶的直线 OK 上各点的轨迹均为球面渐开线,各条球面渐开线组合形成锥齿轮的球面渐开线曲面。图中的曲线 AK 位于半径为 $R(=OK=OP)$ 的球面上,是圆锥齿轮的大端球面渐开线。由于球面无法展开成平面,故在工程中采用一种以平面渐开线代替球面渐开线的近似分析方法。

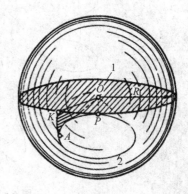

图 6-44　直齿圆锥齿轮齿廓曲面的形成

2. 背锥和当量齿数

　　如图 6-45 所示,圆锥齿轮大端的齿廓在半径为 R 的球面上。图中 $\triangle OAB$ 代表分度圆锥,分度圆锥母线的长度 R 称为锥距,r 为分度圆半径。以 OO_1 为轴线,以 O_1A 为母线作一圆锥面,此锥面称为背锥。它与圆锥齿轮大端球面切在分度圆上,即图中的 A 点和 B 点处。将圆锥齿轮大端的球面渐开线齿廓向背锥投影,由于球面上的 aAb 线段与背锥上得到的线段 $a'Ab'$ 非常接近,故背锥上的齿形近似为圆锥齿轮的大端齿形。

　　将背锥展开可以得到一扇形齿轮,再将扇形齿轮补足成完整的直齿圆柱齿轮,这个虚拟的直齿圆柱齿轮称为该锥齿轮的当量齿轮。即当量齿轮是假想的直齿圆柱齿轮,其齿形与锥齿轮大端的齿形非常接近。

　　当量齿轮的齿数称为当量齿数,用 z_v 表示。当量齿轮的分度圆半径为 r_v,其模数 m、压力角 α 和齿顶高系数 h_a^* 等参数分别与圆锥齿轮大端参数相同。

　　设圆锥齿轮的齿数为 z,分度圆锥角为 δ,当量齿轮的分度圆半径为 $r_v = r/\cos\delta = mz/2\cos\delta$,而 $r_v = mz_v/2$ 时,锥齿轮的当量齿数 z_v 为

$$z_v = z/\cos\delta \qquad (6-43)$$

当量齿数 z_v 一般不是整数,无须圆整。

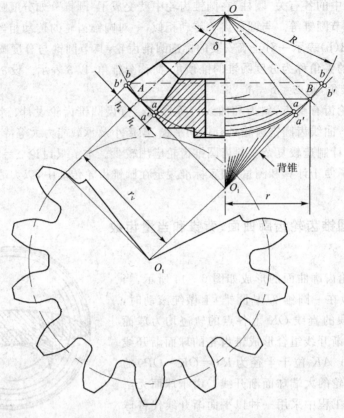

图 6 - 45　圆锥齿轮的背锥和当量齿轮

6.12.3　直齿圆锥齿轮的基本参数、几何关系和尺寸计算

引入当量齿轮的概念后,圆锥齿轮传动的问题就可以直接引用直齿圆柱齿轮的相关原理和结论。

1. 基本参数

直齿圆锥齿轮的各参数和几何尺寸均以大端为准。大端的模数 m 值为标准值,按表 6 - 12 选取;大端的压力角 $\alpha = 20°$;当 $m > 1$ 时,齿顶高系数 $h_a^* = 1$,顶隙系数 $c^* = 0.2$。

表 6 - 12　锥齿轮模数(摘自 GB 12368—90)

mm

...	1	1.125	1.25	1.375	1.5	1.75	2	2.25	2.5	2.75	3
3.25	3.5	3.75	4	4.5	5	5.5	6	6.5	7	8	...

2. 不根切的最少齿数

根据当量齿数 z_v,因为 $z_{vmin} = 17$,所以直齿圆锥齿轮不根切的最少齿数为 $z_{min} = z_{vmin} \cdot \cos \delta = 17\cos \delta$。若 $\delta = 45°$,则 $z_{min} = 17\cos 45° = 12$。

3. 正确啮合条件

一对直齿圆锥齿轮传动的正确啮合条件为两轮的大端模数和压力角分别相等,即 $m = m_1 = m_2$;$\alpha = \alpha_1 = \alpha_2$。

4. 传动比

由图 6 - 45 可得

$$r_1 = R\sin\delta_1 \qquad r_2 = R\sin\delta_2$$

则传动比为

$$i_{12} = \omega_1/\omega_2 = n_1/n_2 = z_2/z_1 = r_2/r_1 = \cot\delta_1 = \tan\delta_2 \qquad (6-44)$$

5. 标准直齿圆锥齿轮的几何尺寸计算

按照齿顶间隙不同,通常把直齿圆锥齿轮传动分为正常收缩齿传动[图 6-46(a)]和等顶隙圆锥齿轮传动[图 6-46(b)]两种。

正常收缩齿传动的特点是:两轮的分度圆锥、齿顶圆锥、齿根圆锥的锥顶点在同一点处,齿顶间隙由大端到小端逐渐缩小,大端间隙为标准值,小端间隙较小润滑不良,且小端轮齿强度较差。

等顶隙圆锥齿轮传动的特点是:两轮的分度圆锥与齿根圆锥的锥顶点重合,一齿轮的齿顶圆锥母线与另一齿轮的齿根圆锥母线平行。顶隙在全齿宽上不变,相当于增加了小端顶隙,有利于润滑,齿根圆角半径较大,可减小应力集中,同时可降低小端齿高,提高小端轮齿的弯曲强度,故国家标准(GB 12369—90)规定采用等顶隙圆锥齿轮传动。

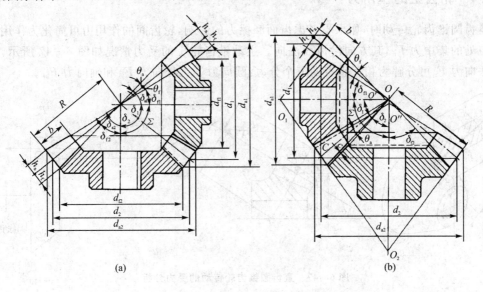

(a)　　　　　　　　　　　　　　(b)

图 6-46　标准直齿圆锥齿轮传动

当轴交角 $\Sigma = 90°$ 时,一对标准直齿圆锥齿轮的几何尺寸计算公式见表 6-13。由表可知,正常收缩齿与等顶隙齿几何尺寸的主要区别是齿顶角不同,其余计算公式相同。

表 6-13　$\Sigma = 90°$ 时标准直齿圆锥齿轮主要几何尺寸计算公式

名　称	符　号	计算公式	
		齿轮 1	齿轮 2
分锥角	δ	$\delta_1 = 90° - \delta_2$	$\delta_2 = \arctan\left(\dfrac{z_2}{z_1}\right)$
齿顶高	h_a	$h_a = h_a^* m$	
齿根高	h_f	$h_f = (h_a^* + c^*)m$	
顶隙	c	$c = c^* m$	
分度圆直径	d	$d_1 = mz_1$	$d_2 = mz_2$

名 称	符 号	计算公式	
		齿轮 1	齿轮 2
齿顶圆直径	d_a	$d_{a1} = d_1 + 2h_a \cos \delta_1$	$d_{a2} = d_2 + 2h_a \cos \delta_2$
齿根圆直径	d_f	$d_{f1} = d_1 - 2h_f \cos \delta_1$	$d_{f2} = d_2 + 2h_f \cos \delta_1$
锥距	R	$R = m \sqrt{z_1^2 + z_2^2}/2$	
齿顶角	θ_a	$\tan \theta_a = h_a/R$(正常收缩齿); $\theta_a = \theta_f$(等顶隙齿)	
齿根角	θ_f	$\tan \theta_f = \dfrac{h_f}{R}$	
顶锥角	δ_n	$\delta_{a1} = \delta_1 + \theta_a$	$\delta_{a2} = \delta_2 + \theta_a$
根锥角	δ_f	$\delta_{f1} = \delta_1 - \theta_f$	$\delta_{f2} = \delta_2 - \theta_f$
齿宽	b	$b = (0.25 \sim 0.3)R$	

6.12.4 轮齿上的作用力

直齿圆锥齿轮传动时,如果不考虑齿面摩擦力的影响,轮齿间的作用力可简化为作用在齿宽中点处的集中力 F_n,其方向沿齿面法向。主动锥齿轮 1 的受力情况如图 6 - 47 所示,轮齿间的法向力 F_n 可分解为相互垂直的三个分力:圆周力 F_{t1}、径向力 F_{r1} 和轴向力 F_{a1}。

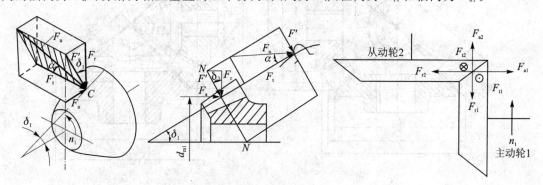

图 6 - 47 直齿圆锥齿轮传动的受力分析

各力的大小:

圆周力 $\qquad\qquad\qquad F_{t1} = \dfrac{2T_1}{d_{m1}}$

径向力 $\qquad\qquad\qquad F_{r1} = F_{t1} \tan \alpha \cos \delta_1 \qquad\qquad$ (6 - 45)

轴向力 $\qquad\qquad\qquad F_{a1} = F_{t1} \tan \alpha \sin \delta_1$

式中:d_{m1} 为主动锥齿轮分度圆锥上齿宽中点处的直径,也称分度圆锥的平均直径,可根据锥距 R、齿宽 b 和分度圆直径 d_1 确定,即:

$$d_{m1} = (1 - 0.5\psi_R)d_1 \qquad\qquad (6 - 46)$$

式中:ψ_R 为齿宽系数,$\psi_R = b/R$,通常取 $\psi_R = 0.25 \sim 0.3$。

各力的方向:圆周力及径向力的方向与直齿圆柱齿轮传动的判断方法一样,轴向力沿轴线方向由小端指向自身的大端。根据作用力与反作用力的原理,主、从动轮上三个分力之间的关系为:$F_{t1} = F_{t2}$、$F_{r1} = F_{a2}$、$F_{a1} = F_{r2}$,且方向相反。

6.12.5　直齿圆锥齿轮的强度计算

直齿圆锥齿轮的失效形式及强度计算的依据与直齿圆柱齿轮基本相同,设计时按齿宽中点当量直齿圆柱齿轮传动来计算。

1. 齿面接触疲劳强度计算

由此可得 $\Sigma=90°$ 的一对钢制直齿圆锥齿轮的齿面接触疲劳强度计算公式如下:

校核公式

$$\sigma_H = Z_E Z_H \sqrt{\frac{KF_{t1}}{bd_1\,(1-0.5\psi_R)^2}\,\frac{\sqrt{u^2+1}}{u}} \leqslant [\sigma_H] \tag{6-47}$$

设计公式

$$d_1 \geqslant \sqrt[3]{\frac{4KT_1}{\psi_R u\,(1-0.5\psi_R)^2}\left(\frac{Z_E Z_H}{[\sigma_H]}\right)^2} \tag{6-48}$$

式中:齿数比 $u=z_2/z_1$,一般取 $u\leqslant3$,最大不超过 5。其余各参数的确定方法同前。

2. 齿根弯曲疲劳强度计算

校核公式

$$\sigma_F = \frac{KF_{t1}T_1}{bm\,(1-0.5\psi_R)^2}Y_{Fa}Y_{Sa} \leqslant [\sigma_F] \tag{6-49}$$

设计公式

$$m \geqslant \sqrt[3]{\frac{4KT_1}{\psi_R z_1^2\,(1-0.5\psi_R)^2\,\sqrt{u^2+1}}\frac{Y_{Fa}Y_{Sa}}{[\sigma_F]}} \tag{6-50}$$

式中:齿形系数 Y_{Fa} 及应力修正系数 Y_{Sa} 应根据当量齿数 $z_v(z_v=z/\cos\delta)$ 由表 6-9 查得。

6.13　齿轮的结构

前面讨论了齿轮的强度及几何尺寸计算,主要确定了齿数、模数、螺旋角、分度圆直径等参数和轮齿部分的尺寸等。进而还要通过结构设计确定轮缘、轮辐、轮毂等的结构形式及尺寸。齿轮的结构形式要依据齿轮的尺寸、材料、加工工艺、经济性等因素而定,各部分尺寸由经验公式及数据求得。

1. 齿轮轴

对于齿根圆直径与轴径相差不大的钢制圆柱齿轮,可将齿轮和轴制成一体,称为齿轮轴,如图 6-48 所示。齿轮轴的刚度较好,但制造较复杂,齿轮损坏时轴将同时报废,故直径较大的齿轮应把齿轮和轴分开制造。

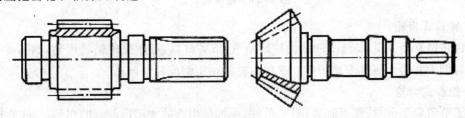

图 6-48　齿轮轴

2. 实心齿轮

当齿顶圆直径 $d_a \leqslant 200$ mm 时，可制成实心齿轮，如图 6-49 所示。实心齿轮结构简单、制造方便。

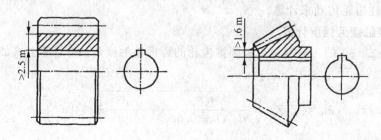

图 6-49　实心齿轮

3. 腹板式齿轮

当齿顶圆直径 $d_a \leqslant 500$ mm，且 d_a 为 $200 \sim 500$ mm 时，可做成腹板式齿轮，如图 6-50 所示。当直径尺寸较大时，腹板上常对称地开出 $4 \sim 6$ 个孔，以节省材料、减轻质量。这种齿轮常用于锻造毛坯或铸造毛坯。图 6-50(a) 为腹板式圆柱齿轮，图 6-50(b) 为腹板式圆锥齿轮。

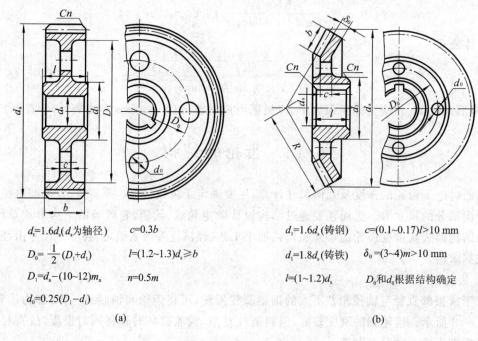

(a)	(b)
$d_r=1.6d_s$（d_s 为轴径） $\quad c=0.3b$	$d_1=1.6d_s$（铸钢）　$c=(0.1 \sim 0.17)l > 10$ mm
$D_0=\dfrac{1}{2}(D_1+d_1)$ $\quad l=(1.2 \sim 1.3)d_s \geqslant b$	$d_1=1.8d_s$（铸铁）　$\delta_0=(3 \sim 4)m > 10$ mm
$D_1=d_a-(10 \sim 12)m_n$ $\quad n=0.5m$	$l=(1 \sim 1.2)d_s$ 　D_0 和 d_0 根据结构确定
$d_0=0.25(D_1-d_1)$	

图 6-50　腹板式齿轮

4. 轮辐式齿轮

当齿顶圆直径 $d_a > 500$ mm 时，为减轻质量、节省材料，可做成轮辐式齿轮，如图 6-51 所示。轮辐剖面常为十字形或椭圆形。这种齿轮常用铸钢或铸铁制造。

5. 组合式齿轮

为了节省贵重钢材，便于制造，对于单件、小批量生产的大型齿轮，如直径 $d_a > 600$ mm，亦有采用组合式结构的齿轮，常见如焊接式齿轮（图 6-52）、装配式齿轮等结构。

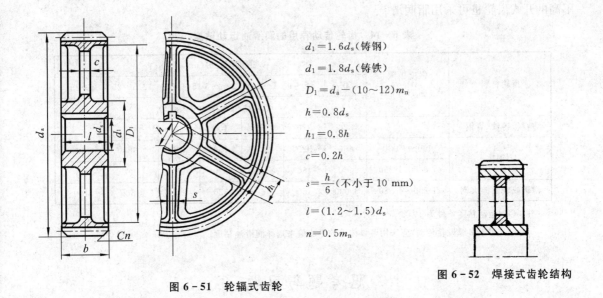

$d_1 = 1.6d_s$（铸钢）

$d_1 = 1.8d_s$（铸铁）

$D_1 = d_a - (10\sim12)m_n$

$h = 0.8d_s$

$h_1 = 0.8h$

$c = 0.2h$

$s = \dfrac{h}{6}$（不小于 10 mm）

$l = (1.2\sim1.5)d_s$

$n = 0.5m_n$

图 6-51　轮辐式齿轮

图 6-52　焊接式齿轮结构

6.14　齿轮传动的润滑

齿轮啮合传动时,必须要考虑齿轮的润滑,特别是高速齿轮的润滑更应给予足够的重视。良好的润滑可提高传动效率,减轻磨损,延长齿轮寿命,还可以起散热及防锈等作用。

1. 齿轮传动的润滑方式及选择

齿轮传动的润滑方式,主要取决于齿轮圆周速度的大小。对于开式齿轮传动,因速度低,一般采用定期人工加润滑油或润滑脂。

对于闭式齿轮传动,当齿轮圆周速度 $v\leqslant12$ m/s 时,多采用如图 6-53(a)所示的浸油润滑,即将大齿轮浸入油池中,靠大齿轮转动将油带入啮合区进行润滑。在多级齿轮传动中,当几个大齿轮直径不相等时,可以采用如图 6-53(b)所示的带油轮润滑。当 $v>12$ m/s 时,由于齿轮圆周速度过高,离心力较大,齿轮上的油大多被甩出去而无法到达啮合区,此时最好采用如图 6-53(c)所示的压力供油或喷油润滑,即用油泵将润滑油直接送到啮合区润滑。

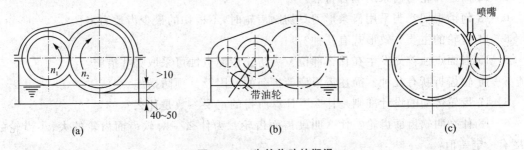

图 6-53　齿轮传动的润滑

2. 齿轮传动润滑剂(油)的选择

齿轮传动润滑剂多采用润滑油。润滑油的粘度通常根据齿轮的材料和圆周速度按表 6-14 选取。确定润滑油的运动粘度之后,可由有关的机械设计手册查出所需润滑油的牌号。对速度不高的开式齿轮也可采用脂润滑。

表 6-14　齿轮传动荐用的润滑油运动粘度

齿轮材料	强度极限 σ_b/MPa	圆周速度 v/(m·s^{-1})						
		<0.5	0.5～1	1～2.5	2.5～5	5～12.5	12.5～25	>25
		运动粘度/(mm^2·s^{-1})						
塑料、铸铁、青铜	—	320	220	150	100	68	46	—
钢	450～1 000	460	320	220	150	100	68	46
	1 000～1 250	460	460	320	220	150	100	68
渗碳或表面淬火钢	1 250～1 580	1 000	460	460	320	220	150	100

注：（1）运动粘度条件为 40 ℃。

　　（2）对于多级齿轮传动,应采用各级传动的平均值来选择润滑油粘度。

思考题与习题

6-1 齿轮传动的类型有哪些？试述齿轮传动的优缺点。

6-2 渐开线有哪些基本性质？

6-3 渐开线齿轮上哪一点的压力角为标准值？哪一点的压力角最大？哪一点的压力最小？

6-4 何谓齿轮的模数？它的大小说明了什么？模数的单位是什么？

6-5 什么叫分度圆？什么叫节圆？节圆与分度圆有何区别？

6-6 直齿圆柱齿轮的基本参数有哪些？

6-7 什么叫标准齿轮？

6-8 什么叫啮合线？什么叫啮合角？

6-9 渐开线直齿圆柱齿轮的正确啮合条件是什么？

6-10 在测量公法线长度时,应尽量使卡尺的两卡脚与齿廓的什么部位相切？为什么？

6-11 一对渐开线齿轮传动时,两基圆的哪四线重合？

6-12 简述齿轮与齿条的啮合特点。

6-13 何谓根切？当采用齿条形刀具切制齿轮时,不根切的最少齿数为多少？

6-14 齿轮的主要失效形式有几种？

6-15 齿面点蚀首先发生在什么部位？为防止齿面点蚀可采取哪些措施？

6-16 轮齿折断有几种？简述齿根疲劳折断的原因及其预防措施。

6-17 齿轮传动的设计准则是什么？计算所得的主要参数是什么？

6-18 什么叫软齿面齿轮？什么叫硬齿面齿轮？为什么一对软齿面齿轮的大、小齿轮的硬度有一定差值？

6-19 什么叫齿数比？

6-20 设计圆柱齿轮传动时,常取小齿轮的齿宽 b_1 大于大齿轮的齿宽 b_2,为什么？

6-21 一对圆柱齿轮传动,大、小两个齿轮的齿面接触应力哪个大？大、小齿轮的接触强度是否相等？为什么？一对圆柱齿轮传动,大、小两个齿轮的齿根弯曲应力哪个大？为什么？

6-22 与直齿轮比较,说明斜齿圆柱齿轮的啮合特点。

6-23 斜齿圆柱齿轮哪个面的参数为标准值?

6-24 斜齿圆柱齿轮传动正确啮合条件是什么?

6-25 什么叫斜齿轮的当量齿轮?

6-26 如何判断斜齿轮的受力方向?

6-27 为什么规定锥齿轮大端的模数和压力角为标准值?

6-28 如何判断锥齿轮的受力方向?

6-29 常用的圆柱齿轮结构和锥齿轮结构各有哪些形式,根据什么选取毛坯类型?

6-30 齿轮传动有哪些润滑方式?

6-31 已知一正常齿制标准直齿圆柱齿轮的齿数 $z=25$,齿顶圆直径 $d_{a1}=135$ mm,求该齿轮的模数。

6-32 已知一正常齿制标准直齿圆柱齿轮 $\alpha=20°$,$m=5$ mm,$z=40$。试分别求出分度圆半径、基圆半径、齿顶圆半径、齿顶圆上的压力角、齿顶圆上齿廓曲率半径、公法线长度及跨齿数。

6-33 已知一对外啮合标准直齿圆柱齿轮的标准中心距 $a=160$ mm,齿数 $z_1=20$,$z_2=60$,求模数和分度圆直径。

6-34 已知一对正常齿制渐开线标准直齿圆柱齿轮外啮合传动,大齿轮的齿数 $z_2=180$,压力角 $\alpha=20°$,传动比 $i_{12}=3$,标准中心距 $a=300$ mm,求:(1)小齿轮的齿数 z_1;(2)齿轮的模数 m;(3)大齿轮的几何尺寸 d_2、d_{a2}、d_{b2}。

6-35 有一对正常齿制的渐开线标准直齿圆柱齿轮外啮合传动,齿轮的齿数 $z_1=27$,$z_2=52$,模数 $m=2.5$ mm,压力角 $\alpha=20°$,求:(1)标准中心距 a;(2)大齿轮的几何尺寸 d_2、d_{a2}、d_{f2}、d_{b2}。

6-36 用卡尺量得一渐开线直齿圆柱齿轮跨测三个齿和两个齿时的公法线长度分别为 $W_3=61.83$ mm,$W_2=37.55$ mm,还测得 $d_a=208$ mm,$d_f=172$ mm,$z=24$,试确定该齿轮的 m、α、h_a^*、c^*。(注:$\alpha=15°$、$20°$ 或 $25°$)

6-37 一对正常齿制的标准直齿圆柱齿轮传动按标准中心距安装。已知:模数 $m=5$ mm,小齿轮的齿数 $z_1=18$,大齿轮的齿数 $z_2=36$,主动轮以 ω_1 逆时针转动。试求:

(1)两齿轮的分度圆直径 d_1 和 d_2,齿顶圆直径 d_{a1} 和 d_{a2},齿根圆直径 d_{f1} 和 d_{f2},基圆直径 d_{b1} 和 d_{b2},中心距 a。

(2)根据计算的尺寸,按比例作啮合图,画出两齿轮的分度圆、齿顶圆、齿根圆和基圆;标出节点 C,理论啮合线 N_1N_2,实际啮合线 B_1B_2,啮合角 α,齿顶圆压力角 α_{a1}、α_{a2},一对齿自开始啮合至终止啮合时,轮 1 转过的角度。

6-38 设计一带式运输机减速器的直齿圆柱齿轮传动,已知:$i_{12}=4$,$n_1=750$ r/min,传递功率 $P_1=5$ kW,单向传动,工作平稳。

6-39 一对正常齿标准斜齿圆柱齿轮传动,已知:齿数 $z_1=23$,$z_2=98$,法面模数 $m_n=4$ mm,中心距 $a=250$ mm。试计算这对齿轮的螺旋角 β,分度圆直径 d_1 和 d_2,及齿顶圆直径 d_{a1} 和 d_{a2}。

6-40 一对标准斜齿圆柱齿轮传动,已知 $z_1=25$,$z_2=75$,$m_n=5$ mm,$\alpha=20°$,$\beta=9°6'51''$。

(1)试计算该对齿轮传动的中心距 a;

(2)若要将中心距改为 255 mm,而齿数和模数不变,则应将 β 改为多少才可满足要求?

6-41 单级斜齿圆柱齿轮减速器如图 6-54(a)所示,Ⅰ为主动轴,转矩 $T_1=38\ 200$ N·mm,螺旋角 $\beta=12.239°$,转动方向如图中箭头所示。已知齿轮齿数 $z_1=22,z_2=65$,法面模数 $m_n=3$ mm,法面压力角 $\alpha_n=20°$。

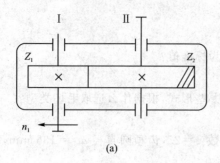
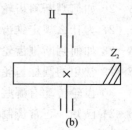

图 6-54　题 6-41 图

试求:

(1) 计算齿轮 1 的分度圆直径 d_1;

(2) 计算齿轮 2 在啮合点处所受的三个分力大小;

(3) 在图(b)中绘出齿轮 2 在啮合点处三个分力。

6-42 两级斜齿圆柱齿轮减速器如图 6-55(a)所示。已知:动力从Ⅰ轴输入,转向如图中箭头所示,Ⅲ轴为输出轴;齿轮 4 的螺旋线方向如图中斜线所示;齿轮 2 的参数: $m_{n2}=3$ mm,$z_2=57,\beta_2=14°$;齿轮 3 的参数:$m_{n3}=5$ mm,$z_3=21$,忽略摩擦损失。求:

(1) 为使Ⅱ轴所受轴向力最小,在图(a)中标示出各个齿轮的旋向;

(2) 在图(b)中分别画出齿轮 2 和 3 在啮合点处所受的圆周力、径向力和轴向力;

(3) 如果使Ⅱ轴的轴承不受轴向力作用,则齿轮 3 的螺旋角 β_3 应取多大值?

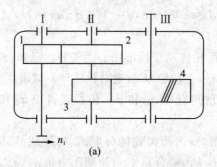
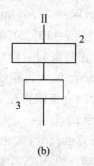

图 6-55　题 6-42 图

6-43 试设计一单级减速器中的标准斜齿圆柱齿轮传动,已知主动轴由电动机直接驱动,功率 $P_1=10$ kW,转速 $n_1=970$ r/min,传动比 $i_{12}=4.6$,工作载荷有中等冲击,单向工作。

6-44 一对等顶隙标准直齿圆锥齿轮传动,已知:两轴交角为 90°,齿数 $z_1=17,z_2=43$,大端模数 $m=3$ mm。试计算这对齿轮的分度圆直径、齿顶圆直径、齿根圆直径、锥距、分度圆锥角、齿顶圆锥角及齿根圆锥角。

6-45 圆锥-圆柱齿轮减速器如图 6-56 所示。若Ⅰ轴输入,转向如图示。试画出:

(1) 各轴的转向;

(2) 两斜齿轮 3 和 4 的螺旋线方向(使Ⅱ轴两轮所受轴向力方向相反);

（3）画出Ⅱ轴上齿轮 2 和 3 在啮合点处所受的圆周力、径向力和轴向力。

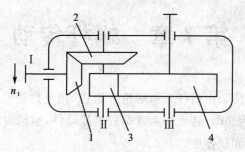

图 6－56　题 6－45 图

第7章 蜗杆传动

如图 7-1 所示,蜗杆传动由蜗杆 1 和蜗轮 2 组成,用于传递空间两交错轴之间的运动和动力,两轴线交错角一般为 90°。传动中通常蜗杆是原动件,蜗轮为从动件,做减速运动。蜗杆传动广泛应用于各种机器和仪器中。

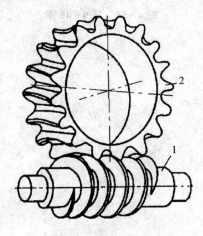

图 7-1 蜗杆传动

7.1 蜗杆传动的特点和类型

7.1.1 蜗杆传动的特点

蜗杆传动的主要特点是:传动比大,在动力传动中,一般传动比 $i=10\sim80$,在分度机构中,i 可达 1 000;能以单级传动获得较大的传动比,故结构紧凑;由于蜗杆的轮齿是连续不断的螺旋齿,故传动平稳、噪声低,且在一定条件下能自锁。但蜗杆传动由于啮合齿面间的相对滑动速度较大,摩擦发热量大,磨损较严重,故蜗杆传动效率低;蜗轮齿圈常用耐磨性能好的材料制造,成本较高。

7.1.2 蜗杆传动的类型

按蜗杆的不同形状,蜗杆传动可分为圆柱蜗杆传动[图 7-2(a)]、环面蜗杆传动[图 7-2(b)]和锥面蜗杆传动[图 7-2(c)]等。

在圆柱蜗杆传动中,按蜗杆螺旋齿面的形状分为阿基米德蜗杆传动、渐开线蜗杆传动和法向直廓蜗杆传动等多种。本章以阿基米德蜗杆传动为例,介绍圆柱蜗杆传动的基本知识及设计计算。

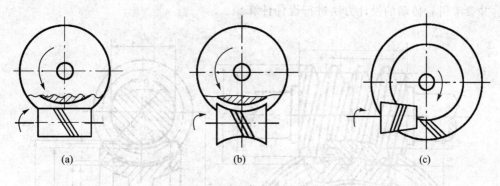

图 7-2　蜗杆传动的类型

　　阿基米德蜗杆的加工通常与车削梯形螺纹类似。如图 7-3 所示,加工时采用刀尖夹角为 $2\alpha=40°$的标准齿条形车刀,安装刀具时保证切削刀刃的顶平面通过蜗杆轴线。这样车出的蜗杆齿形,在通过轴线的剖面内,为侧边成直线的齿条,即蜗杆的轴面齿廓为直线;而在垂直于蜗杆轴线的截面内,即端面内的齿廓为阿基米德螺旋线。阿基米德蜗杆易车削难磨削,一般用于蜗杆不需要磨削加工的情况,多用在转速较低的场合。加工蜗轮时将刀具做成蜗杆状,用范成法切制蜗轮。

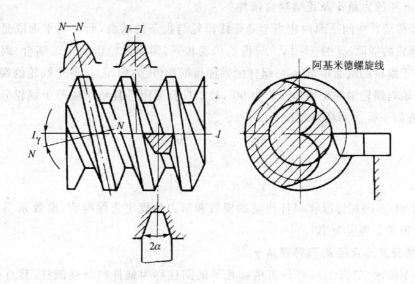

图 7-3　阿基米德蜗杆

7.2　蜗杆传动的基本参数和几何尺寸

7.2.1　蜗杆传动的基本参数

　　图 7-4 所示为阿基米德蜗杆传动,通过蜗杆轴线并垂直于蜗轮轴线的平面称为中间平面(主平面)。在中间平面内,蜗杆的齿廓为直线,蜗轮的齿廓为渐开线,故蜗轮与蜗杆的啮合相当于渐开线齿轮与齿条的啮合。为了设计和加工方便,规定中间平面的参数和几何尺寸为标

准值,并参考齿轮传动的设计方法进行设计计算。

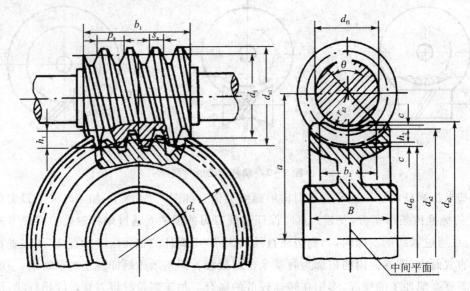

图 7-4　蜗杆传动的几何尺寸关系

1. 模数 m 和压力角 α 及正确啮合条件

由于蜗杆传动在中间平面内相当于渐开线齿轮与齿条的啮合,而中间平面既是蜗杆的轴向平面又是蜗轮的端面(见图 7-4)。与齿轮传动相同,为保证轮齿的正确啮合,蜗杆的轴面模数 m_{a1} 应等于蜗轮的端面模数 m_{t2};蜗杆的轴面齿形角(压力角)α_{a1} 应等于蜗轮的端面压力角 α_{t2};因为蜗杆轴与蜗轮轴的交错角通常为 $90°$,故蜗杆分度圆导程角 γ 应等于蜗轮分度圆螺旋角 β,且两者旋向一致。关系公式如下:

$$\left.\begin{array}{l} m_{a1} = m_{t2} = m \\ \alpha_{a1} = \alpha_{t2} = \alpha \\ \gamma = \beta \end{array}\right\} \qquad (7-1)$$

为了便于制造,国家标准将蜗杆传动的模数和压力角规定为标准值,模数 m 等基本参数见表 7-1,齿形角 α 规定为 $20°$。

2. 蜗杆的分度圆直径 d_1 和导程角 γ

如图 7-4 所示,蜗杆上齿厚与齿槽宽相等的圆柱称为蜗杆的分度圆柱,其直径以 d_1 表示。为了保证蜗杆与蜗轮正确啮合,用范成法切制蜗轮时,所用刀具为蜗杆状滚刀,其直径和齿形参数与蜗杆相当。为限制切制蜗轮的滚刀数量,对每一个模数值 m,国家标准规定了几个蜗杆分度圆直径 d_1。d_1 与 m 的匹配关系见表 7-1。

将蜗杆分度圆柱展开,如图 7-5 所示,蜗杆分度圆柱上的导程角 γ 为

$$\tan \gamma = \frac{z_1 p_{a1}}{\pi d_1} = \frac{z_1 m}{d_1} \qquad (7-2)$$

式中:p_{a1} 为蜗杆轴向齿距,mm;d_1 为蜗杆分度圆直径,mm。

表 7-1　蜗杆基本参数($\Sigma = 90°$)(摘自 GB/T 10085—1988)

模数 m/mm	分度圆直径 d_1/mm	蜗杆头数 z_1	直径系数 q	$m^2 d_1$/mm³	模数 m/mm	分度圆直径 d_1/mm	蜗杆头数 z_1	直径系数 q	$m^2 d_1$/mm³
1	18	1	18.000	18	6.3	(80)	1, 2, 4	12.698	3 175
1.25	20	1	16.000	31.25		112	1	17.778	4 445
	22.4	1	17.920	35		(63)	1, 2, 4	7.875	4 032
1.6	20	1, 2, 4	12.500	51.2	8	80	1, 2, 4, 6	10.000	5 376
	28	1	17.500	71.68		(100)	1, 2, 4	12.500	6 400
2	(18)	1, 2, 4	9.000	72		140	1	17.500	8 960
	22.4	1, 2, 4, 6	11.200	89.6	10	(71)	1, 2, 4	7.100	7 100
	(28)	1, 2, 4	14.000	112		90	1, 2, 4, 6	9.000	9 000
	35.5	1	17.750	142		(112)	1, 2, 4	11.200	11 200
2.5	(22.4)	1, 2, 4	8.960	140		160	1	16.000	16 000
	28	1, 2, 4, 6	11.200	175		(90)	1, 2, 4	7.200	14 062
	(35.5)	1, 2, 4	14.200	221.9	12.5	112	1, 2, 4	8.960	17 500
	45	1	18.000	281		(140)	1, 2, 4	11.200	21 875
3.15	(28)	1, 2, 4	8.889	278		200	1	16.000	31 250
	35.5	1, 2, 4, 6	11.27	352		(112)	1, 2, 4	7.000	28 672
	45	1, 2, 4	14.286	447.5	16	140	1, 2, 4	8.750	35 840
	56	1	17.778	556		(180)	1, 2, 4	11.250	46 080
4	(31.5)	1, 2, 4	7.875	504		250	1	15.625	64 000
	40	1, 2, 4, 6	10.000	640		(140)	1, 2, 4	7.000	56 000
	(50)	1, 2, 4	12.500	800	20	160	1, 2, 4	8.000	64 000
	71	1	17.750	1 136		(224)	1, 2, 4	11.200	89 600
5	(40)	1, 2, 4	8.000	1 000		315	1	15.750	126 000
	50	1, 2, 4, 6	10.000	1 250		(180)	1, 2, 4	7.200	112 500
	(63)	1, 2, 4	12.600	1 575	25	200	1, 2, 4	8.000	125 000
	90	1	18.000	2 250		(280)	1, 2, 4	11.200	175 000
6.3	(50)	1, 2, 4	7.936	1 985		400	1	16.000	250 000
	63	1, 2, 4, 6	10.000	2 500					

注：(1) 表中模数和分度圆直径仅列出了第一系列的较常用数据；
　　(2) 括号内的数字尽可能不用。

当蜗杆头数 z_1、模数 m 及 d_1 值确定后，即可求出导程角 γ。蜗杆的螺旋线分为左旋和右旋，一般多为右旋。

由式(7-2)得：

$$d_1 = m \frac{z_1}{\tan \gamma} = mq \tag{7-3}$$

式中：$q = \dfrac{z_1}{\tan \gamma} = \dfrac{d_1}{m}$，称为蜗杆的直径系数，当 m、d_1 一定时，q 为导出值。

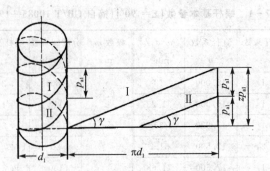

图 7-5 蜗杆分度圆柱上的导程角 γ

3. 传动比 i

蜗杆传动的传动比 i 等于蜗杆转速 n_1 与蜗轮转速 n_2 之比。若蜗杆 1 为主动件,当蜗杆回转一周时,蜗轮被蜗杆推动转过 z_1 个齿,或转过 z_1/z_2 周,因此传动比为

$$i = \frac{n_1}{n_2} = \frac{z_2}{z_1} \tag{7-4}$$

式中:z_1 为蜗杆头数,z_2 为蜗轮齿数。

一般,圆柱蜗杆传动的传动比 i 推荐按下列数值选取:5、7.5、10、12.5、15、20、25、30、40、50、60、70、80。其中,10、20、40、80 为基本传动比,应优先选用。

4. 蜗杆头数 z_1 和蜗轮齿数 z_2

蜗杆头数 z_1 为蜗杆螺旋线的数目。通常蜗杆的头数 z_1 在数值 1、2、4、6 中选取。当要得到大传动比或要求自锁时,可取 $z_1 = 1$,但传动效率较低;当传递功率较大时,为提高效率可采用多头蜗杆,但蜗杆头数过多,加工精度难以保证。

蜗轮齿数 z_2 过少,蜗轮轮齿会发生根切;z_2 过大,蜗轮直径增大,与之相应的蜗杆长度增加,导致结构尺寸过大,会使蜗杆刚度和啮合精度下降。一般推荐蜗轮齿数在 27~80 范围内选取。

具体 z_1、z_2 值可根据传动比 i 按表 7-2 选取。

5. 齿面间相对滑动速度 v_s

蜗杆传动中蜗杆的螺旋齿面和蜗轮齿面之间有较大的相对滑动。如图 7-6 所示,相对滑

表 7-2 z_1 和 z_2 的推荐值

i	z_1	z_2
7~8	4	28~32
9~13	3~4	27~52
14~24	2~3	28~72
25~27	2~3	50~81
28~40	1~2	28~80
>40	1	>40

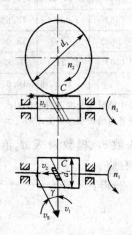

图 7-6 蜗杆的相对滑动速度

动速度 v_s 沿蜗杆螺旋线的切线方向，v_1 为蜗杆的圆周速度，v_2 为蜗轮的圆周速度，作速度三角形得：

$$v_s = \sqrt{v_1^2 + v_2^2} = \frac{v_1}{\cos \gamma} = \frac{\pi d_1 n_1}{60 \times 1\,000 \cos \gamma} \quad (\text{m/s}) \tag{7-5}$$

由于齿面间相对滑动速度 v_s 较大，使得蜗杆传动发热量大、齿面的润滑条件变差、传动效率降低。对失效形式也有很大的影响。

7.2.2 几何尺寸

标准圆柱蜗杆传动的几何关系和尺寸计算公式见图 7-4 及表 7-3。

表 7-3 阿基米德蜗杆传动的几何尺寸计算

名　称	计算公式	
	蜗　杆	蜗　轮
齿顶高和齿根高	$h_{a1} = h_{a2} = m,\ h_{f1} = h_{f2} = 1.2m$	
分度圆直径	$d_1 = mq$	$d_2 = mz_2$
齿顶圆直径	$d_{a1} = d_1 + 2m$	$d_{a2} = d_2 + 2m$
齿根圆直径	$d_{f1} = d_1 - 2.4m$	$d_{f2} = d_2 - 2.4m$
顶隙	$c = 0.2m$	
蜗杆轴面齿距和蜗轮端面齿距	$p_{a1} = p_{t2} = \pi m$	
蜗杆分度圆导程角 蜗轮分度圆螺旋角	$\gamma = \arctan(z_1 m / d_1)$	$\beta = \gamma$
中心距	$a = \dfrac{1}{2}(d_1 + d_2)$	
蜗杆宽度	$z_1 = 1, 2,\ b_1 \geqslant (11 + 0.06z_2)m$ $z_1 = 3, 4,\ b_1 \geqslant (12.5 + 0.09z_2)m$	—
蜗轮轮缘宽度	—	$z_1 = 1, 2,\ b_2 \leqslant 0.75d_{a1}$ $z_1 = 4 \sim 6,\ b_2 \leqslant 0.67d_{a1}$
蜗轮齿顶圆弧半径	—	$r_{g2} = a - \dfrac{1}{2}d_{a2}$
蜗轮外圆直径	—	$z_1 = 1,\ d_{e2} \leqslant d_{a2} + 2m$ $z_1 = 2, 3,\ d_{e2} \leqslant d_{a2} + 1.5m$ $z_1 = 4 \sim 6,\ d_{e2} \leqslant d_{a2} + m$
蜗轮轮齿包角		$\theta = 2\arcsin(b_2 / d_1)$ 一般动力传动 $\theta = 70° \sim 90°$ 高速动力传动 $\theta = 90° \sim 130°$ 分度传动 $\theta = 45° \sim 60°$

国家标准对一般蜗杆减速器中心距的推荐值为：40、50、63、80、100、125、160、(180)、200、(225)、250、(280)、315、(355)、400、(450)、500。括号内的值尽量不用。在设计蜗杆传动时，中心距应尽量按上述标准圆整。

7.3 蜗杆传动的失效形式、设计准则、材料和结构

7.3.1 蜗杆传动的失效形式和设计准则

1. 失效形式

蜗杆传动工作时,齿面间相对滑动速度大、摩擦导致发热严重,使润滑油粘度下降,润滑条件变坏,所以主要失效形式为齿面胶合、磨损和点蚀,还有轮齿折断等失效形式。由于蜗杆的齿是连续的螺旋齿,因而失效多发生在蜗轮轮齿上。

2. 设计准则

蜗杆传动的设计准则:对闭式蜗杆传动,按蜗轮轮齿的齿面接触疲劳强度进行设计,必要时校核齿根弯曲疲劳强度,为避免胶合还必须进行热平衡计算;对开式蜗杆传动,通常只需按齿根弯曲疲劳强度设计。对闭式蜗杆传动,当载荷平稳无冲击时,若蜗轮齿数 z_2 为 $80\sim100$,易出现轮齿弯曲强度不足而折断。所以在齿数小于以上数值时,弯曲强度校核可不考虑。

7.3.2 蜗杆、蜗轮的材料和结构

1. 蜗杆、蜗轮的材料选择

根据蜗杆传动的失效特点,蜗杆和蜗轮材料要具有良好的减摩性、耐磨性、跑合性和抗胶合能力,还要有足够的强度。

1) 蜗杆的材料

蜗杆一般用碳钢或合金钢制造。蜗杆常用材料和应用见表 7-4。

表 7-4 蜗杆常用材料和应用

材料牌号	热处理方式	齿面硬度	表面粗糙度 $Ra/\mu m$	应 用
15CrMn,20CrNi,20Cr,20CrMnTi	渗碳淬火	58~63HRC	1.6~0.8	高速、重载、重要传动
40Cr,38SiMnMo,40CrNi,40CrMo	表面淬火	45~55HRC	1.6~0.8	中速、中载、一般传动
45	调质	220~270HBS	6.3	低速、轻载、中载、不重要传动

2) 蜗轮的材料

蜗轮常用材料为铸造锡青铜、铸造铝青铜、灰铸铁等。蜗轮常用材料和应用见表 7-5,可参考相对滑动速度 v_s 等来选择。

表 7-5 蜗轮常用材料和应用

材料	牌 号	适用的滑动速度 $v_s/(m \cdot s^{-1})$	特 性	应 用
铸造锡青铜	ZCuSn10P1	≤25	抗胶合性、耐磨性、跑合性好,易加工,强度较低,价格较高	连续工作的高速、重载、重要传动
	ZCuSn5Pb5Zn5	≤12		速度较高的轻、中、重载传动
铸造铝青铜	ZCuAl10Fe3	≤6	耐冲击,强度较高,易加工,抗胶合能力较差,价格较低	速度较低的重载传动
灰铸铁	HT150 HT200 HT250	≤2	铸造性能好,易加工,价格低,抗点蚀和抗胶合能力强,弯曲强度低,冲击韧性低	低速、轻载或不重要的传动

2. 蜗杆、蜗轮的结构

蜗杆与轴常制成一体,称为蜗杆轴,如图7-7所示。图7-7(a)所示蜗杆的轮齿部分为车制,图7-7(b)所示蜗杆的轮齿部分为铣制。

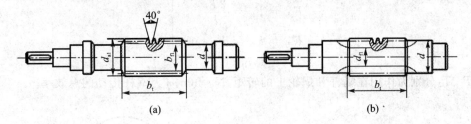

图 7-7　蜗杆轴结构

蜗轮的结构形式很多,如图7-8所示。图(a)为整体式蜗轮,主要用于直径很小的青铜蜗轮或铸铁蜗轮。图(b)为齿圈式蜗轮,轮芯用铸铁制造,齿圈用青铜材料,两者采用过盈配合,并沿配合面安装4~8个紧定螺钉,螺钉孔的中心线均向材料较硬的一边偏移2~3 mm,以便于钻孔。该结构用于中等尺寸而且工作温度变化较小的场合。图(c)为螺栓连接式蜗轮,齿圈和轮芯用普通螺栓或铰制孔螺栓连接,拆装方便,常用于尺寸较大的蜗轮。图(d)为镶铸式蜗轮,在铸铁轮芯上加铸青铜轮缘,然后切齿,适用于批量生产的中等尺寸蜗轮。

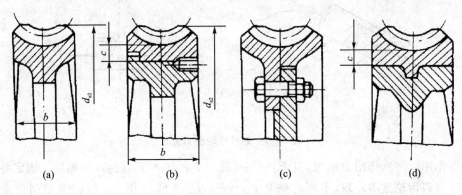

图 7-8　蜗轮结构

7.4　蜗杆传动的受力分析和强度计算

7.4.1　蜗杆传动的受力分析

1. 转向的判定

分析蜗杆传动作用力之前,应先按照"主动轮左、右手定则"确定蜗杆或蜗轮的转向。主动轮左旋用左手,主动轮右旋用右手。如图7-9所示,判定时四个手指顺着主动轮旋转方向,握住主动轮轴线,拇指伸直的反方向即为从动轮在接触点处的线速度及圆周力的方向,据此并根据转动中心的位置就可判断出从动轮的转向。

2. 轮齿上的力分析

蜗杆传动受力分析与斜齿圆柱齿轮传动的受力分析类似,如图7-9所示,不计齿面上的摩擦,节点 C 处的法向力 F_n 可分解为相互垂直的三个分力:圆周力 F_t、轴向力 F_a 和径向力 F_r。

当蜗杆主动时,根据作用力与反作用力原理,蜗杆和蜗轮所受的各分力的大小和对应关系为

$$F_{t1} = F_{a2} = \frac{2T_1}{d_1}$$

$$F_{a1} = F_{t2} = \frac{2T_2}{d_2}$$

$$F_{r1} = F_{r2} = F_{t2}\tan\alpha$$

$$T_2 = T_1 i\eta$$

$$(7-6)$$

式中:T_1、T_2分别为作用在蜗杆和蜗轮上的转矩,N·mm;η为蜗杆传动的总效率。

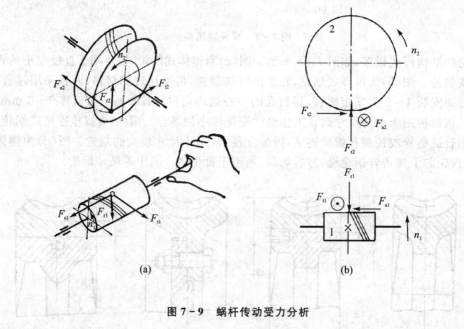

(a)　　　　　　　　　　　(b)

图 7-9　蜗杆传动受力分析

根据作用力与反作用力原理,有 $F_{t1} = F_{a2}$,$F_{a1} = F_{t2}$,$F_{r1} = F_{r2}$,且方向相反。确定各分力方向的方法与斜齿轮基本一致,不同之处是 $F_{t1} = F_{a2}$,$F_{a1} = F_{t2}$。图 7-9(b)为空间力系的平面表示法。

7.4.2　强度计算

根据蜗杆传动的主要失效形式及现有成熟的强度计算方法,蜗轮齿面接触疲劳强度计算是蜗杆传动强度计算必须要考虑的问题。钢制蜗杆与青铜蜗轮或铸铁蜗轮配对时,齿面接触疲劳强度公式如下:

校核公式为

$$\sigma_H = 500\sqrt{\frac{KT_2}{d_1 d_2^2}} \leqslant [\sigma_H] \quad (\text{MPa}) \qquad (7-7)$$

设计公式为

$$m^2 d_1 \geqslant \left(\frac{500}{z_2[\sigma_H]}\right)^2 KT_2 \quad (\text{mm}^3) \qquad (7-8)$$

式中:σ_H为蜗轮齿面接触应力,MPa;T_2为作用在蜗轮上的转矩,N·mm;K为载荷系数,$K = 1\sim1.4$,当载荷平稳,相对滑动速度较小时,K取较小值,反之 K取较大值;d_1为蜗杆分度圆直

径,mm;$[\sigma_H]$ 为蜗轮材料的许用接触应力,MPa,查表 7 - 6 或表 7 - 7。

表 7 - 6　锡青铜蜗轮的基本许用接触应力$[\sigma_H]$

MPa

蜗轮材料	铸造方法	适用的滑动速度 $v_s/(\mathrm{m \cdot s^{-1}})$	蜗杆齿面硬度	
			≤350HB	>45HRC
ZCuSn10P1	砂　型	≤12	180	200
	金属型	≤25	200	220
ZCuSn5Pb5Zn5	砂　型	≤10	110	125
	金属型	≤12	135	150

表 7 - 7　铸铝青铜及铸铁蜗轮的许用接触应力$[\sigma_H]$

MPa

蜗轮材料	蜗杆材料及热处理	滑动速度 $v_s/(\mathrm{m \cdot s^{-1}})$						
		0.5	1	2	3	4	6	8
ZCuAl10Fe3	钢　淬火	250	230	210	180	160	120	90
HT150,HT200	钢　渗碳	130	115	90	—	—	—	—
HT150	钢　调质	110	90	70	—	—	—	—

对闭式蜗杆传动,当载荷平稳无冲击时,若蜗轮齿数 $z_2 < 80$,则很少出现蜗轮轮齿因弯曲强度不足而折断的情况,故一般不需要进行弯曲强度计算。在其他条件下,如强烈冲击载荷、蜗轮采用脆性材料等,则需要计算弯曲强度,具体计算方法可参考有关文献。

7.5　蜗杆传动的效率、润滑和热平衡计算

7.5.1　蜗杆传动的效率

如图 7 - 10 所示,闭式蜗杆传动的功率损耗一般分为三个部分:轮齿啮合摩擦损耗、轴承摩擦损耗以及搅动油池内润滑油时的损耗。

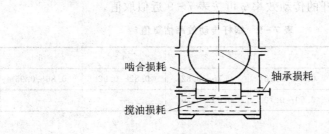

啮合损耗　　　　轴承损耗

搅油损耗

图 7 - 10　蜗杆传动功率损耗示意图

因此,闭式蜗杆传动的总效率 η 包括啮合效率 η_1、轴承效率 η_2 和搅油效率 η_3,即

$$\eta = \eta_1 \eta_2 \eta_3 \qquad (7-9)$$

式(7-9)中等号右侧后两项数值不大,$\eta_2 \eta_3$ 为 0.95～0.97。η_1 是最主要部分,当蜗杆为主动件时,啮合效率可按螺旋传动公式求出,蜗杆传动的总效率为

$$\eta = (0.95 \sim 0.97) \frac{\tan \gamma}{\tan(\gamma + \rho_v)} \qquad (7-10)$$

式中：ρ_v 为当量摩擦角，其值查表 $7-8$。

表 7-8　蜗杆传动的当量摩擦角

蜗轮材料	锡青铜		铝青铜	灰铸铁	
蜗杆齿面硬度	≥45HRC	<45HRC	≥45HRC	≥45HRC	<45HRC
滑动速度 $v_s/(\text{m} \cdot \text{s}^{-1})$	ρ_v	ρ_v	ρ_v	ρ_v	ρ_v
0.01	6°17′	6°51′	10°12′	10°12′	10°45′
0.05	5°09′	5°43′	7°58′	7°58′	9°05′
0.10	4°34′	5°09′	7°24′	7°24′	7°58′
0.25	3°43′	4°17′	5°43′	5°43′	6°51′
0.50	3°09′	3°43′	5°09′	5°09′	5°43′
1.00	2°35′	3°09′	4°00′	4°00′	5°09′
1.50	2°17′	2°52′	3°43′	3°43′	4°34′
2.00	2°00′	2°35′	3°09′	3°09′	4°00′
2.50	1°43′	2°17′	2°52′	—	—
3.00	1°36′	2°00′	2°35′	—	—
4.00	1°22′	1°47′	2°17′	—	—
5.00	1°16′	1°40′	2°00′	—	—
8.00	1°02′	1°29′	1°43′	—	—
10.0	0°55′	1°22′	—	—	—
15.0	0°48′	1°09′	—	—	—
24.0	0°45′	—	—	—	—

注：对于硬度 ≥45HRC 的蜗杆，ρ_v 值指蜗杆齿面经过磨削，并经跑合及有充分润滑的情况。

由式(7-10)可知，增大导程角 γ 可提高传动效率，故传递动力时常用多头蜗杆以增大导程角。但导程角过大，会造成蜗杆加工困难，所以设计时一般都使 $\gamma < 27°$。

在初步设计计算时，蜗杆的传动效率 η 可按表 $7-9$ 近似取值。

表 7-9　蜗杆传动效率估算值

蜗杆头数 z_1	1	2	4	6
闭式传动	0.70～0.75	0.75～0.82	0.82～0.92	0.86～0.95
开式传动	0.60～0.70	0.60～0.70	—	—

7.5.2　蜗杆传动的润滑

润滑对蜗杆传动极为重要，良好的润滑可以降低工作温度，减轻磨损，避免胶合，提高传动效率。闭式蜗杆传动的润滑油粘度和润滑方法可参考表 $7-10$ 选择。开式蜗杆传动应采用粘度较高的齿轮油或润滑脂进行润滑。

表 7 - 10　蜗杆传动的润滑油粘度及润滑方法

滑动速度 v_s/(m·s^{-1})	≤1	1~2.5	2.5~5	5~10	10~15	15~25	>25
工作条件	重载	重载	中载	—	—	—	—
运动粘度/(mm^2·s^{-1})	1000	680	320	220	150	100	68
润滑方法	浸油			浸油或喷油	压力喷油润滑		

注：运动粘度条件为 40 ℃。

闭式蜗杆传动采用油池浸油润滑，在 v_s≤5 m/s 时一般采用下置蜗杆，浸油深度约为一个齿高，但油面不得超过蜗杆轴承的最低滚动体中心；若采用上置蜗杆，油面允许达到蜗轮半径 1/3 处。对 v_s>10 m/s 的蜗杆传动，应采用压力喷油润滑，此时也应使蜗杆或蜗轮少量浸在油中。

7.5.3　蜗杆传动的热平衡计算

1. 热平衡计算原因

由于蜗杆传动发热量大，若不及时散热，会引起箱体内油温升高、润滑失效，导致轮齿齿面失效。因此蜗杆传动要维持热平衡，即应保证在单位时间内产生的热量能在同一时间内散发出去，使温升不超过许用值。

2. 热平衡计算

对连续工作的闭式蜗杆传动，热平衡计算公式如下：

$$t_1 = \frac{1\,000(1-\eta)P_1}{K_S A} + t_0 \leqslant [t_1] \tag{7-11}$$

式中：t_1 为箱体内润滑油的工作温度；t_0 为周围空气温度，通常取 t_0=20 ℃；$[t_1]$ 为允许的润滑油的工作温度，一般取 $[t_1]$=70~75 ℃；P_1 为蜗杆传动的输入功率，kW；η 为蜗杆传动总效率；K_S 为箱体表面散热系数，W/(m^2·℃)，根据箱体周围通风条件确定，在自然通风良好的地方，取 K_S=14~17.5 W/(m^2·℃)；通风不好时，取 K_S=8.5~10.5 W/(m^2·℃)；A 为散热面积，m^2，指箱体内壁被油浸着或能被油飞溅到，而外壁又被周围空气所冷却的箱体表面面积，凸缘及散热片面积按 50% 计算。

3. 散热措施

在设计时，如果油温 t_1 超过许用温度 $[t_1]$，可采取下列措施：

（1）在箱体外增加散热片，增加散热面积 A；

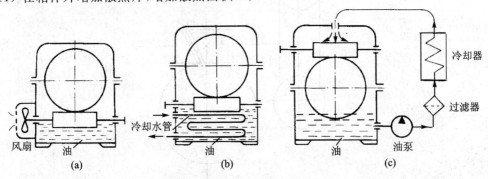

图 7 - 11　蜗杆传动的冷却方法

（2）在蜗杆轴上加装风扇，见图 7-11(a)，此时可取表面传热系数 $K_S = 21 \sim 28$ W/(m²·℃)；

（3）在箱体内设置冷却水管，用循环水冷却，见图 7-11(b)；

（4）采用压力供油循环润滑，见图 7-11(c)。

<h1 style="text-align:center">思考题与习题</h1>

7-1 蜗杆传动有哪些特点？适用于什么场合？

7-2 何谓蜗杆传动的中间平面？

7-3 为什么对每一个模数规定几个标准蜗杆分度圆直径？

7-4 轴交角为 90° 的蜗杆传动，其正确啮合条件是什么？

7-5 蜗杆传动的主要失效形式有哪些？

7-6 蜗杆和蜗轮的常用材料有哪些？

7-7 如何确定蜗杆、蜗轮的转向？

7-8 蜗杆传动的啮合效率与哪些因素有关？

7-9 为什么对连续工作的闭式蜗杆传动要进行热平衡计算？若蜗杆传动的温度过高，应采取哪些措施？

7-10 已知一蜗杆减速器中蜗杆的参数为：$z_1 = 2$（右旋），$d_{a1} = 48$ mm，$p_{a1} = 12.56$ mm，中心距 $a = 100$ mm，试计算蜗轮的齿数 z_2 及几何尺寸 d_2、d_{a2}、d_{f2}、β。

7-11 在图 7-12 中，若蜗杆为主动件，请标出未注明蜗杆或蜗轮的旋向及转向，并绘出蜗杆和蜗轮在啮合点处所受的作用力，用三个分力表示。

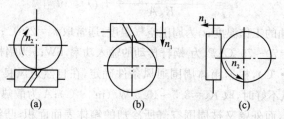

图 7-12 题 7-11 图

7-12 在图 7-13 所示的双级蜗轮传动中，已知蜗杆 1 和 3 均为右旋，且蜗杆 1 为主动件，转向如图。试判断其余各轮的旋向及转向，分别绘出各轮在啮合点处所受的三个力。

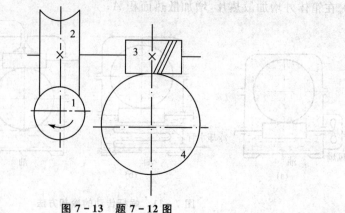

图 7-13 题 7-12 图

第8章 带传动和链传动

带传动和链传动都是利用中间挠性件(带或链)把主动轴的运动和动力传给从动轴,适用于两轴中心距较大的传动,并且具有结构简单、成本低等优点。因此,带传动和链传动获得了广泛应用。

8.1 带传动的类型、特点和应用

带传动一般由固定在主动轴上的主动带轮1和固定在从动轴上的从动带轮3,以及张紧在两带轮上的环形传动带2组成(图8-1),运转时靠带与带轮之间的摩擦力,将动力由主动轮传递给从动轮。

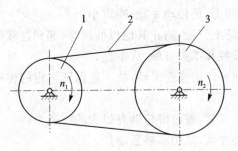

图 8-1 带传动示意图

8.1.1 带传动的类型

根据工作原理不同,带传动分为摩擦型和啮合型两大类。

摩擦型带传动是利用带和带轮接触面间的摩擦力来进行传动的,应用广泛。这类带传动按带的截面形状的不同可分为平带传动、V带传动、多楔带传动、圆带传动等类型。平带传动[图8-2(a)],带的截面为扁平矩形,结构简单,其工作表面为内表面,平带挠曲性好,易于加工,在传动中心距较大场合应用较多。V带传动[图8-2(b)],带的截面为梯形,其工作表面为两侧面;与平带相比,在相同的正压力作用下V带的当量摩擦系数大,故能传递较大的功率;V带结构紧凑,再加上V带已标准化,因此,其应用比平带更广泛。多楔带传动[图8-2(c)],靠楔面摩擦工作,是在平带基体上由若干根V带组成的传动带;兼有平带挠曲性好及V带传动能力强等优点,可以避免当使用多根V带时长度不等、受力不均匀等缺点;但其结构复杂,制造不便,主要应用于要求结构紧凑且传递功率较大的场合。圆带传动[图8-2(d)],带的截面为圆形,多用于低速、小功率传动场合,如缝纫机等。

啮合型带传动是利用带与带轮上齿的啮合作用来进行传动的,可分为同步带传动和齿孔带传动,目前应用较多的是同步带传动[图8-2(e)]。同步带传动中带和带轮间无滑动,既有缓冲吸振性,又具有传动能力大、传动比恒定、效率较高等优点,但制造和安装的精度要求较

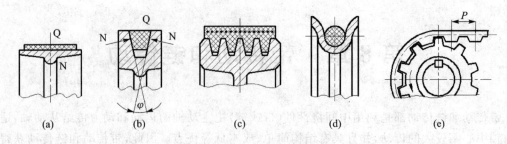

图 8-2　带传动的类型

高,常用于要求传动平稳、传动比要求准确的场合,在计算机、数控机床及内燃机等设备中都有同步带传动的应用。

8.1.2　带传动的特点和应用

带是弹性元件,因此带传动有以下特点:

(1) 适用于两轴中心距较大的传动;

(2) 能吸收振动,缓和冲击,使传动平稳,噪声小;

(3) 过载时,带会在带轮上打滑,防止其他机件损坏,起到过载保护作用;

(4) 结构简单,制造、安装和维护方便,成本低;

(5) 带与带轮之间存在一定的弹性滑动,故不能保证恒定的传动比,传动精度和传动效率较低;

(6) 由于带工作时需要张紧,带对带轮轴有很大的压轴力;

(7) 带传动装置外廓尺寸大,结构不够紧凑;

(8) 带的寿命较短,需要经常更换;

(9) 不适用于高温、易燃及有腐蚀介质的场合。

摩擦带传动适用于要求传动平稳、传动比要求不高、中小功率的远距离传动。一般情况下,带传动的传递功率 $P \leqslant 100$ kW,带速 $v = 5 \sim 25$ m/s,传动比 $i \leqslant 7$,传动效率 $\eta = 0.92 \sim 0.97$。

8.2　V 带与 V 带轮

V 带传动根据所用传动带的结构尺寸不同,又分为普通 V 带、窄 V 带、宽 V 带、汽车 V 带、大楔角 V 带等传动类型,其中普通 V 带应用最为广泛,而窄 V 带的使用近年来也日益广泛。

8.2.1　普通 V 带的结构和尺寸

普通 V 带俗称三角带,它由伸张层、强力层、压缩层和包布层组成,见图 8-3。强力层是带的主要承载部分,该部分有帘布芯[图 8-3(a)]和线绳芯[图 8-3(b)]两种结构形式。帘布结构的 V 带制造方便,抗拉强度高,应用较广;线绳结构的 V 带柔韧性好,抗弯强度高,适用于带轮直径较小、转速较高的场合。拉伸层和压缩层在带绕入带轮时,分别处于拉伸和压缩状态,由橡胶制成。包布层是直接承受磨损部分,并有保护带的其他部分的作用,由橡胶帆布制成。

普通 V 带已经标准化(GB/T 13575.1—2008)了。标准的普通 V 带按截面尺寸由小到大

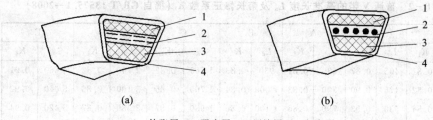

1—伸张层；2—强力层；3—压缩层；4—包布层

图 8-3　普通 V 带的结构

有 Y、Z、A、B、C、D、E 共 7 种型号，具体尺寸见表 8-1。

普通 V 带均为无接头的环形结构。带绕在带轮上产生弯曲，伸张层部分受拉长度变长，压缩层部分受压长度变短，而在带的各厚度层中必有一层既不受拉也不受压、长度不变，即为中性层，在机械设计中将该层称为节面。节面在带的横截面内的宽度称为节宽，用 b_p 表示。V 带的节面位于带的强力层部分，某一型号带的节宽 b_p 数值不随带的弯曲程度的大小而发生变化。与节宽处在同一位置的带轮槽形轮廓的宽度，称为轮槽基准宽度。轮槽基准宽度处的带轮直径，称为基准直径，用 d_d 表示。V 带在规定的张紧力下，位于带轮基准直径上的 V 带周线长度，称为基准长度，用 L_d 表示。V 带在受到弯曲时，只有带的基准长度 L_d 不变，所以它是 V 带的计算长度。在标准中，每种型号的 V 带都规定了若干种不同的基准长度，见表 8-2。普通 V 带的标记，通常压印在 V 带的外表面上，以供识别和选购。其标记方法为：

　　型号-基准长度　标准号

例如，按 GB/T 13575.1—2008 制造的基准长度为 1 430 mm 的 A 型普通 V 带标记为：A-1430 GB/T 13575.1—2008。

表 8-1　V 带的截面尺寸及质量

截　　型		节宽 b_p/mm	顶宽 b/mm	高度 h/mm	截面面积 A/mm²	每米质量 q/（kg·m⁻¹）	楔角 φ/(°)
普通 V 带	窄 V 带						
Y		5.3	6	4	18	0.04	40
Z	SPZ	8.5 / 8	10	6 / 8	47 / 57	0.06 / 0.07	
A	SPA	11.0	13	8 / 10	81 / 94	0.1 / 0.12	
B	SPB	14.0	17	11 / 14	138 / 167	0.17 / 0.20	
C	SPC	19.0	22	14 / 18	230 / 276	0.30 / 0.37	
D		27.0	32	19	476	0.60	
E		32.0	38	23	692	0.87	

表 8-2 普通 V 带的基准长度 L_d 及带长修正系数 K_L(摘自 GB/T 13575.1—2008)

Y		Z		A		B		C		D		E	
L_d	K_L	L_d	K_L	L_d	K_L	L_d	K_L	L_d	K_L	L_d	K_L	L_d	K_L
200	0.81	405	0.87	630	0.81	930	0.83	1 565	0.82	2 740	0.82	4 660	0.91
224	0.82	475	0.90	700	0.83	1 000	0.84	1 760	0.85	3 100	0.86	5 040	0.92
250	0.84	530	0.93	790	0.85	1 100	0.86	1 950	0.87	3 330	0.87	5 420	0.94
280	0.87	625	0.96	890	0.87	1 210	0.87	2 195	0.90	3 730	0.90	6 100	0.96
315	0.89	700	0.99	990	0.89	1 370	0.90	2 420	0.92	4 080	0.91	6 850	0.99
355	0.92	780	1.00	1 100	0.91	1 560	0.92	2 715	0.94	4 620	0.94	7 650	1.01
400	0.96	920	1.04	1 250	0.93	1 760	0.94	2 880	0.95	5 400	0.97	9 150	1.05
450	1.00	1 080	1.07	1 430	0.96	1 950	0.97	3 080	0.97	6 100	0.99	12 230	1.11
500	1.02	1 330	1.13	1 550	0.98	2 180	0.99	3 520	0.99	6 840	1.02	13 750	1.15
		1 420	1.14	1 640	0.99	2 300	1.01	4 060	1.02	7 620	1.05	15 280	1.17
		1 540	1.54	1 750	1.00	2 500	1.03	4 600	1.05	9 140	1.08	16 800	1.19
				1 940	1.02	2 700	1.04	5 380	1.08	10 700	1.13		
				2 050	1.04	2 870	1.05	6 100	1.11	12 200	1.16		
				2 200	1.06	3 200	1.07	6 815	1.14	13 700	1.19		
				2 300	1.07	3 600	1.09	7 600	1.17	15 200	1.21		
				2 480	1.09	4 060	1.13	9 100	1.21				
				2 700	1.10	4 430	1.15	10 700	1.24				
						4 820	1.17						
						5 370	1.20						
						6 070	1.24						

8.2.2　带轮的结构和材料

设计带轮时,应使其结构易于制造,质量分布均匀,质量轻,避免由于铸造产生过大的内应力。$v > 5$ m/s 时需进行静平衡;$v > 25$ m/s 时需进行动平衡。轮槽工作表面应光滑,以减少 V 带的磨损。

V 带轮由轮缘、轮腹和轮毂三部分组成。当带轮基准直径 d_d 为 $(2.5 \sim 3)d$(d 为轴的直径)时,采用实心式结构,见图 8-4(a);当 $d_d \leqslant 300$ mm 时,采用腹板式结构,见图 8-4(b);当 $d_d - 2(h_f + \delta) - (1.8 \sim 2)d \geqslant 100$ mm 时,采用带孔的腹板结构(h_f 及 δ 值见表 8-3),见图 8-4(c);当 $d_d > 300$ mm 时,采用轮辐式结构,见图 8-4(d)。V 带轮的轮缘尺寸见表 8-3。普通 V 带轮的基准直径系列见表 8-4。

轮缘上制有轮槽,普通 V 带的楔角均为 40°,但由于 V 带绕在带轮上弯时,截面形状会发生变化,宽边受拉变窄,窄边受压变宽,使 V 带楔角变小。为使 V 带变形后的两侧工作面仍能与轮槽侧面紧密贴合,将轮槽角规定为 32°、34°、36° 和 38° 四种。带轮直径越小,槽角也越小。

带轮的常用材料是灰铸铁,圆周速度 $v \leqslant 25$ m/s 的 V 带轮,常用灰铸铁 HT150 或 HT200 制造,v 为 $25 \sim 45$ m/s 时宜用铸钢铸造,也可用钢板焊接而成。小功率传动可用铸铝或塑料带轮。

表 8-3　V 带轮轮缘尺寸

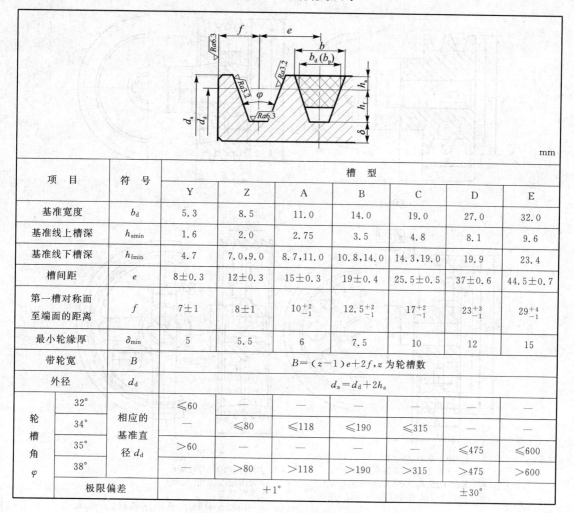

mm

项　目	符　号	槽　型						
		Y	Z	A	B	C	D	E
基准宽度	b_d	5.3	8.5	11.0	14.0	19.0	27.0	32.0
基准线上槽深	h_{amin}	1.6	2.0	2.75	3.5	4.8	8.1	9.6
基准线下槽深	h_{fmin}	4.7	7.0,9.0	8.7,11.0	10.8,14.0	14.3,19.0	19.9	23.4
槽间距	e	8±0.3	12±0.3	15±0.3	19±0.4	25.5±0.5	37±0.6	44.5±0.7
第一槽对称面至端面的距离	f	7±1	8±1	10^{+2}_{-1}	12.5^{+2}_{-1}	17^{+2}_{-1}	23^{+3}_{-1}	29^{+4}_{-1}
最小轮缘厚	δ_{min}	5	5.5	6	7.5	10	12	15
带轮宽	B	$B=(z-1)e+2f$，z 为轮槽数						
外径	d_d	$d_a=d_d+2h_a$						
轮槽角 φ	32°	相应的基准直径 d_d	≤60	—	—	—	—	—	—
	34°		—	≤80	≤118	≤190	≤315	—	—
	35°		>60	—	—	—	—	≤475	≤600
	38°		—	>80	>118	>190	>315	>475	>600
极限偏差		+1°				±30°			

表 8-4　普通 V 带轮基准直径系列

带　型	基准直径 d_d/mm
Y	20,22.4,25,28,31.5,35.5,40,45,50,56,80,90,100,112,125
Z	50,56,63,71,75,80,90,100,112,125,132,140,150,160,180,200,224,250,280,315,355,400,500,630
A	75,80,85,90,95,100,106,112,118,125,132,140,150,160,180,200,224,250,280,315,355,400,450,500,560,630,710,800
B	125,132,140,150,160,170,180,200,224,250,280,315,355,400,450,500,560,600,630,710,750,800,900,1 000,1 120
C	200,212,224,236,250,265,280,300,315,335,355,400,450,500,560,600,630,710,750,800,900,1 000,1 120,1 250,1 400,1 600,2 000
D	355,375,400,425,450,475,500,560,600,630,710,750,800,900,1 000,1 060,1 120,1 250,1 400,1 500,1 600,1 800,2 000
E	500,530,560,600,630,670,710,800,900,1 000,1 120,1 250,1 400,1 500,1 600,1 800,2 000,2 240,2 500

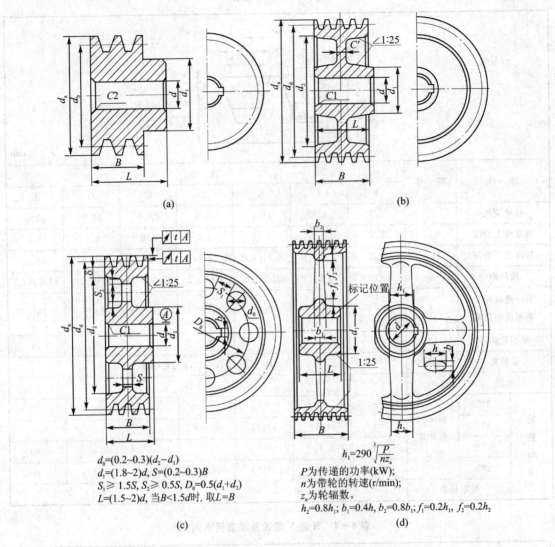

$d_0 = (0.2 \sim 0.3)(d_2 - d_1)$
$d_1 = (1.8 \sim 2)d$, $S = (0.2 \sim 0.3)B$
$S_1 \geqslant 1.5S$, $S_2 \geqslant 0.5S$, $D_0 = 0.5(d_1 + d_2)$
$L = (1.5 \sim 2)d$, 当 $B < 1.5d$ 时, 取 $L = B$

(c)

$h_1 = 290\sqrt[3]{\dfrac{P}{nz_a}}$

P 为传递的功率(kW);
n 为带轮的转速(r/min);
z_a 为轮辐数。
$h_2 = 0.8h_1$; $b_1 = 0.4h$, $b_2 = 0.8b_1$; $f_1 = 0.2h_1$, $f_2 = 0.2h_2$

(d)

图 8-4 V 带轮的结构

8.3 带传动的受力分析和应力分析

8.3.1 带传动的受力分析

在带传动中,带必须以一定的初拉力张紧在带轮上。不工作时,带轮两边带的拉力是相等的,而且都等于初拉力 F_0[图 8-5(a)]。工作时,由于带与带轮接触面间摩擦力的作用,两边带的拉力就不再相等[图 8-5(b)]。即将进入主动轮的一边,拉力由 F_0 增至 F_1,称为紧边;即将进入从动轮的一边,拉力由 F_0 减为 F_2,称为松边。设带的总长度不变,则紧边拉力的增加量 $F_1 - F_0$ 应等于松边拉力的减少量 $F_0 - F_2$,即

$$F_0 = \frac{1}{2}(F_1 + F_2) \tag{8-1}$$

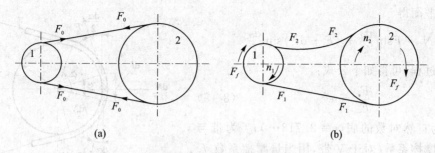

图 8 - 5　带传动的工作原理

在图 8 - 6 中(径向箭头表示带轮作用于带上的正压力),当取主动轮一端的带为分离体时,则摩擦力 F_f 和两边拉力对轴心力矩的代数和为 0,即

$$F_f \frac{d_{d1}}{2} - F_1 \frac{d_{d1}}{2} + F_2 \frac{d_{d1}}{2} = 0 \tag{8-2}$$

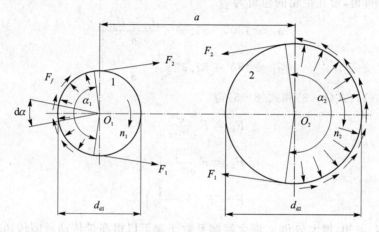

图 8 - 6　带与带轮的受力分析

由式(8-2)可得

$$F_f = F_1 - F_2$$

两边拉力之差称为带传动的有效拉力 F_e,在带传动中,有效拉力并不是作用于某固定点的集中力,而是带和带轮接触面上各点摩擦力的总和,即带所传递圆周力 F_f。公式如下:

$$F_e = F_f = F_1 - F_2 \tag{8-3}$$

有效拉力 F_e(N)、带速 v(m/s)及传递功率 P(kW)之间的关系为

$$P = \frac{F_e v}{1\,000} \tag{8-4}$$

由式(8-3)、式(8-4)知,当传递的功率增大时,带的两边拉力的差值也要相应地增大,即有效拉力要相应地增大。带的两边拉力的这种变化,反映了带和带轮接触面上摩擦力的变化,这个摩擦力是有极限值的,这个极限值限制着带传动的传动能力。带传动中,当带有打滑趋势时,摩擦力即达到极限值,这时带传动的有效拉力亦达到最大值。

现以平带传动为例,分析带在即将打滑时紧边拉力 F_1 与松边拉力 F_2 的关系。如图 8 - 7 所示,由平带上截取一微弧段 dl,对应的包角为 $d\alpha$。设微弧段两端的拉力分别为 F 和 $F+dF$,带轮给微弧段的正压力为 dN,带与轮面间的极限摩擦力为 fdN。若不考虑带的离心力,由法

向各力的平衡得

$$dN = F\sin\frac{d\alpha}{2} + (F + dF)\sin\frac{d\alpha}{2}$$

略去推证过程，可得如下公式：

$$\frac{F_1}{F_2} = e^{f\alpha} \qquad (8-5)$$

式中：e 为自然对数的底（e＝2.718…）；f 为带与轮面间的摩擦系数（对于 V 带，用当量摩擦系数 f_v 代替 f）；α 为带轮的包角，rad。

式（8-5）是欧拉（L. Euler）在 1775 年建立的，故称为欧拉公式。它表明紧边和松边拉力之比，取决于包角和摩擦系数。迄今，古典的欧拉公式仍然是挠性件摩擦的理论基础。

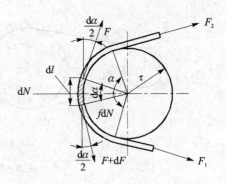

图 8-7　取小带轮为分离体

由图 8-6 可得，带在带轮的包角为

$$\left.\begin{aligned}
\alpha_1 &\approx 180° - 57.3° \times \frac{d_{d2} - d_{d1}}{\alpha} \\
\alpha_2 &\approx 180° + 57.3° \times \frac{d_{d2} - d_{d1}}{\alpha}
\end{aligned}\right\} \qquad (8-6)$$

联解式（8-1）、式（8-3）和式（8-5）得

$$\left.\begin{aligned}
F_1 &= F\frac{e^{f\alpha}}{e^{f\alpha} - 1} \\
F_2 &= F\frac{1}{e^{f\alpha} - 1} \\
F &= F_1\left(1 - \frac{1}{e^{f\alpha}}\right)
\end{aligned}\right\} \qquad (8-7)$$

由式（8-7）可知：增大包角 α、增大摩擦系数 f 都可以提高带传动所能传递的圆周力。

由式（8-1）和式（8-7）得带传动所必需的初拉力为

$$F_0 = \frac{1}{2}(F_1 + F_2) = \frac{F}{2}\left(\frac{e^{f\alpha} + 1}{e^{f\alpha} - 1}\right) \qquad (8-8)$$

将式（8-7）代入式（8-5）中整理后，可得出带所能传递的最大有效拉力 F_{emax} 为

$$F_{emax} = 2F_0\frac{e^{f\alpha_1} - 1}{e^{f\alpha_1} + 1} \qquad (8-9)$$

由式（8-9）可知，最大有效拉力 F_{emax} 与初拉力、包角和摩擦系数几个因素有关。

1. 初拉力 F_0

F_{emax} 与 F_0 成正比。F_0 越大，则带与带轮间的正压力越大，传动时的摩擦力就越大，F_{emax} 也就越大。但 F_0 过大，将导致带的磨损加剧和带的拉应力增大，带的寿命降低，也会增大轴和轴承上的压力。若 F_0 过小，带的工作能力不能充分发挥，工作时易跳动和打滑。

2. 包角 α

F_{emax} 随 α 的增大而增大。因为包角增大，将使带与带轮在整个接触弧上的摩擦力总和增大，从而可提高传动能力。所以对于水平或近似水平布置的带传动，应将松边放在上边，以增大包角。由于小带轮包角 α_1 总是小于大带轮的包角 α_2，因此一般要求 $\alpha_1 \geqslant 120°$，特殊情况下允许 $\alpha_{1\ min} = 90°$。

3. 摩擦系数 f

f 越大,摩擦力就越大,F_{emax} 也就越大。f 与带轮的材料、表面状况及工作条件等有关。

此外,欧拉公式是在忽略离心力影响下导出的。若 v 较大,产生的离心力就大,将会降低带与带轮间的正压力,致使 F_{emax} 减小。

8.3.2　带传动的应力分析

传动时,带中应力由拉应力、离心应力和弯曲应力三部分组成。

1. 拉应力
紧边拉应力

$$\sigma_1 = \frac{F_1}{A} \quad (\text{N/mm}^2)$$

松边拉应力

$$\sigma_2 = \frac{F_2}{A} \quad (\text{N/mm}^2)$$

式中:F_1、F_2 为紧、松边的拉力,N;A 为带的横截面积,mm^2。

2. 离心应力
当带以切线速度 v 沿带轮轮缘做圆周运动时,带本身的质量将引起离心力。由于离心力的作用,带受到的离心拉力所产生的离心应力 σ_c 将作用于带的全长范围内,其数值可用下式计算

$$\sigma_c = \frac{qv^2}{A} \quad (\text{MPa}) \tag{8-10}$$

式中:q 为带每米长的质量,kg/m(见表 8-1);A 为带的横截面积,mm^2;v 为带的线速度,m/s。

3. 弯曲应力
带绕在带轮时要引起弯曲应力,它只出现在带与带轮相接触的部分,带的弯曲应力为

$$\sigma_b \approx \frac{Eh}{d_d} \quad (\text{MPa}) \tag{8-11}$$

式中:h 为带的高度,mm;d_d 为带轮的基准直径,mm;E 为带的弹性模量,N/mm^2。

显然,两轮直径不相等时,带在两轮上的弯曲应力也不相等。为了避免弯曲应力过大,带轮直径就不能过小,V 带带轮的最小计算直径见表 8-5。

表 8-5　V 带带轮最小计算直径

带　型	Y	Z	A	B	C	D	E
D_{min}/mm	20	50	75	125	200	355	500

图 8-8 所示为带工作时的应力分布情况。带中最大应力发生在紧边开始绕上小带轮处,最大应力可近似地表示为

$$\sigma_{max} \approx \sigma_1 + \sigma_{b1} + \sigma_c \tag{8-12}$$

由图 8-8 可知,带上某点的应力随其位置不同而变化,即带是处于变应力状态下工作的,当应力循环次数达到一定数值后,将引起带的疲劳破坏。

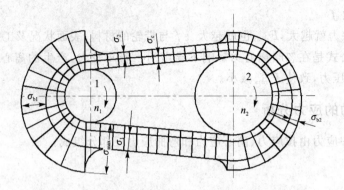

图 8-8　带传动时应力分布情况示意图

8.4　带传动的弹性滑动和传动比

8.4.1　带的弹性滑动和打滑

带传动在工作时,带受到拉力后要产生弹性变形。但由于紧边和松边的拉力不同,因而弹性变形也不同。当紧边在 A_1 点绕上主动轮(图 8-9)时,其所受拉力为 F_1,此时带的线速度 v 和主动轮的圆周速度 v_1 相等。在带由 A_1 点运动到 B_1 点的过程中,带所受的拉力由 F_1 逐渐降低到 F_2,带的弹性变形也逐渐减小,因而带沿带轮的运动是一面绕进,一面向后收缩,所以带的速度便过渡到逐渐低于主动轮的圆周速度 v_1。这说明,带在绕经主动轮缘的过程中,在带与主动轮缘之间发生相对滑动。相对滑动现象也发生在从动轮上,但情况恰恰相反。当带绕经从动轮时,拉力由 F_2 增大到 F_1,带的弹性变形也逐渐增加,因而带沿带轮的运动是一面绕进,一面向前伸长,所以带的速度便过渡到逐渐高于从动轮的圆周速度 v_2,亦即带与从动轮间也发生相对滑动。这种由于带的弹性变形而引起的带与带轮间的滑动,称为带传动的弹性滑动。

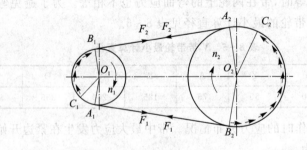

图 8-9　带的弹性滑动示意图

在正常情况下,带的弹性滑动并不是发生在相对于全部包角的接触弧上。当有效拉力较小时,弹性滑动只发生在带由主、从动轮上离开以前的那一部分接触弧上,例如 $\overset{\frown}{C_1B_1}$ 和 $\overset{\frown}{C_2B_2}$(图 8-9),并把它们称为滑动弧,所对的中心角叫滑动角;而未发生弹性滑动的接触弧 $\overset{\frown}{A_1C_1}$、

$\overset{\frown}{A_2 C_2}$ 则称为静弧,所对的中心角叫静角。随着有效拉力的增大,弹性滑动的区段也将扩大。当弹性滑动区段扩大到整个接触弧时,带传动的有效拉力即达到最大值 F_{emax}。如果工作载荷再进一步增大,则带与带轮间就会发生显著的相对滑动,即产生打滑。打滑将会使带的磨损加剧,从动轮转速急剧降低,甚至使转动失效。

弹性滑动和打滑是两个截然不同的概念。打滑是指由过载引起的全面滑动,应当避免。弹性滑动是由拉力差引起的,只要传递圆周力,必然会发生弹性滑动。

8.4.2 带传动的传动比

设 d_{d1} 和 d_{d2} 分别为主、从动轮的直径,mm;n_1 和 n_2 分别为主、从动轮的转速,r/min,则两轮的圆周速度分别为

$$v_1 = \frac{\pi d_{d1} n_1}{60 \times 1\,000} \qquad v_2 = \frac{\pi d_{d2} n_2}{60 \times 1\,000} \qquad (\text{m/s})$$

由于弹性滑动是不可避免的,所以 v_2 总是低于 v_1,其相对降低率称为滑动系数 ε,即

$$\varepsilon = \frac{v_1 - v_2}{v_1} = \frac{d_{d1} n_1 - d_{d2} n_2}{d_{d1} n_1}$$

由此得带传动的传动比为

$$i = \frac{n_1}{n_2} = \frac{d_{d2}}{d_{d1}(1-\varepsilon)} \qquad (8-13)$$

或从动轮的转速为

$$n_2 = \frac{n_1 d_{d1}(1-\varepsilon)}{d_{d2}} \qquad (8-14)$$

一般 V 带传动的滑动系数 $\varepsilon = 0.01 \sim 0.02$,其值甚微,在一般计算中可不予考虑。

8.5 普通 V 带传动设计计算

8.5.1 带传动的失效形式和设计准则

带传动的主要失效形式是打滑和带的疲劳破坏。因此,带传动的计算准则是:在保证不打滑的前提下,带具有足够的疲劳强度和寿命。

8.5.2 单根 V 带的基本额定功率

根据既不打滑又有一定疲劳寿命这两个条件,在特定的试验条件下得到的单根 V 带所能传递的功率称为单根 V 带的基本额定功率。在包角为 $180°(i=1)$、特定基准长度、载荷平稳的特定条件下,由试验得到的单根普通 V 带的基本额定功率 P_1 见表 8-6。单根普通 V 带基本额定功率的增量 ΔP_1 见表 8-7。

表 8-6　单根普通 V 带的基本额定功率 P_1

kW

带　型	小带轮的基准直径 d_{d1}/mm	小带轮转速 n_1/(r·min⁻¹)									
		400	700	800	950	1 200	1 450	1 600	2 000	2 400	2 800
Z	50	0.06	0.09	0.10	0.12	0.14	0.16	0.17	0.20	0.22	0.26
	56	0.06	0.11	0.12	0.14	0.17	0.19	0.20	0.25	0.30	0.33
	63	0.08	0.13	0.15	0.18	0.22	0.25	0.27	0.32	0.37	0.41
	71	0.09	0.17	0.20	0.23	0.27	0.30	0.33	0.39	0.46	0.50
	80	0.14	0.20	0.22	0.26	0.30	0.35	0.39	0.44	0.50	0.56
	90	0.14	0.22	0.24	0.28	0.33	0.36	0.40	0.48	0.54	0.60
A	75	0.26	0.40	0.45	0.51	0.60	0.68	0.73	0.84	0.92	1.00
	90	0.39	0.61	0.68	0.77	0.93	1.07	1.15	1.34	1.50	1.64
	100	0.47	0.74	0.83	0.95	1.14	1.32	1.42	1.66	1.87	2.05
	112	0.56	0.90	1.00	1.15	1.39	1.61	1.74	2.04	2.30	2.51
	125	0.67	1.07	1.19	1.37	1.66	1.92	2.07	2.44	2.74	2.98
	140	0.78	1.26	1.41	1.62	1.96	2.28	2.45	2.87	3.22	3.48
	160	0.94	1.51	1.69	1.95	2.63	2.73	2.54	3.42	3.80	4.06
	180	1.09	1.76	1.97	2.27	2.74	3.16	3.40	3.93	4.32	4.54
B	125	0.84	1.30	1.44	1.64	1.93	2.19	2.33	2.64	2.85	2.96
	140	1.05	1.64	1.82	2.08	2.47	2.82	3.00	3.42	3.70	3.85
	160	1.32	2.09	2.32	2.66	3.17	3.62	3.86	4.40	4.75	4.89
	180	1.59	2.53	2.81	3.22	3.85	4.39	4.68	5.30	5.67	5.76
	200	1.85	2.96	3.30	3.77	4.50	5.13	5.46	6.13	6.47	6.43
	224	2.17	3.47	3.86	4.42	5.26	5.97	6.33	7.02	7.25	6.95
	250	2.50	4.00	4.46	5.10	6.04	6.82	7.20	7.87	7.89	7.14
	280	2.89	4.61	5.13	5.85	6.90	7.76	8.13	8.60	8.22	6.80
C	200	2.41	3.69	4.07	4.58	5.29	5.84	6.07	6.34	6.02	5.01
	224	2.29	4.64	5.12	5.78	6.71	7.45	7.75	8.06	7.57	6.08
	250	3.62	5.64	6.23	7.04	8.21	9.04	9.38	9.62	8.75	6.56
	280	4.32	6.76	7.52	8.49	9.81	10.72	11.06	11.04	9.50	6.13
	315	5.14	8.09	8.92	10.05	11.53	12.46	12.72	12.14	9.43	4.16
	355	6.05	9.50	10.46	11.73	13.31	14.12	14.19	12.59	7.98	—
	400	7.06	11.02	12.10	13.48	15.04	15.53	14.24	11.95	4.34	—
	450	8.20	12.63	13.80	15.23	16.59	16.47	15.57	9.64	—	—
D	355	9.24	13.70	16.15	17.25	16.77	15.63	—	—	—	—
	400	11.45	17.07	20.06	21.20	20.15	18.31	—	—	—	—
	450	13.85	20.63	24.01	24.84	22.02	19.59	—	—	—	—
	500	16.20	23.99	27.50	26.71	23.59	18.88	—	—	—	—
	560	18.95	27.73	31.04	29.67	22.58	15.13	—	—	—	—
	630	22.05	31.68	34.19	30.15	18.06	6.25	—	—	—	—
	710	25.45	35.59	36.35	27.88	7.99	—	—	—	—	—
	800	29.08	39.11	36.76	21.32	—	—	—	—	—	—

注：本表摘自 GB/T 13575、1—2008。

表 8-7　单根普通 V 带基本额定功率的增量 ΔP_1

kW

带　型	传动比 i	小带轮转速 $n_1/(\mathrm{r \cdot min^{-1}})$									
		400	700	800	950	1 200	1 450	1 600	2 000	2 400	2 800
Z	1.00~1.01	0.00	0.00	0.00	0.00	0.00	0.00	0.00	0.00	0.00	0.00
	1.02~1.04	0.00	0.00	0.00	0.00	0.00	0.00	0.01	0.01	0.01	0.01
	1.05~1.08	0.00	0.00	0.00	0.00	0.01	0.01	0.01	0.01	0.02	0.02
	1.09~1.12	0.00	0.00	0.00	0.01	0.01	0.01	0.01	0.02	0.02	0.02
	1.13~1.18	0.00	0.00	0.01	0.01	0.01	0.01	0.01	0.02	0.02	0.03
	1.19~1.24	0.00	0.00	0.01	0.01	0.01	0.02	0.02	0.02	0.03	0.03
	1.25~1.34	0.00	0.01	0.01	0.01	0.02	0.02	0.02	0.03	0.03	0.03
	1.35~1.50	0.00	0.01	0.01	0.02	0.02	0.02	0.02	0.03	0.03	0.04
	1.51~1.99	0.01	0.01	0.02	0.02	0.02	0.02	0.03	0.03	0.04	0.04
	≥2.00	0.01	0.02	0.02	0.02	0.03	0.03	0.03	0.04	0.04	0.04
A	1.00~1.01	0.00	0.00	0.00	0.00	0.00	0.00	0.00	0.00	0.00	0.00
	1.02~1.04	0.01	0.01	0.01	0.01	0.02	0.02	0.02	0.03	0.03	0.04
	1.05~1.08	0.01	0.02	0.02	0.03	0.03	0.04	0.04	0.06	0.07	0.08
	1.09~1.12	0.02	0.03	0.03	0.04	0.05	0.06	0.06	0.08	0.10	0.11
	1.13~1.18	0.02	0.04	0.04	0.05	0.07	0.08	0.09	0.11	0.13	0.15
	1.19~1.24	0.03	0.05	0.05	0.06	0.08	0.09	0.11	0.13	0.16	0.19
	1.25~1.34	0.03	0.06	0.06	0.07	0.10	0.11	0.13	0.16	0.19	0.23
	1.35~1.50	0.04	0.07	0.08	0.08	0.11	0.13	0.15	0.19	0.23	0.26
	1.51~1.99	0.04	0.08	0.09	0.10	0.13	0.15	0.17	0.22	0.26	0.30
	≥2.00	0.05	0.09	0.10	0.11	0.15	0.17	0.19	0.24	0.29	0.34
B	1.00~1.01	0.00	0.00	0.00	0.00	0.00	0.00	0.00	0.00	0.00	0.00
	1.02~1.04	0.01	0.02	0.03	0.03	0.04	0.05	0.06	0.07	0.08	0.10
	1.05~1.08	0.03	0.05	0.06	0.07	0.08	0.10	0.11	0.14	0.17	0.20
	1.09~1.12	0.04	0.07	0.08	0.10	0.13	0.15	0.17	0.21	0.25	0.29
	1.13~1.18	0.06	0.10	0.11	0.13	0.17	0.20	0.23	0.28	0.34	0.39
	1.19~1.24	0.07	0.12	0.14	0.17	0.21	0.25	0.28	0.35	0.42	0.49
	1.25~1.34	0.08	0.15	0.17	0.20	0.25	0.31	0.34	0.42	0.51	0.59
	1.35~1.50	0.10	0.17	0.20	0.23	0.30	0.36	0.39	0.49	0.59	0.69
	1.51~1.99	0.11	0.20	0.23	0.26	0.34	0.40	0.45	0.56	0.68	0.79
	≥2.00	0.13	0.22	0.25	0.30	0.38	0.46	0.51	0.63	0.76	0.89
C	1.00~1.01	0.00	0.00	0.00	0.00	0.00	0.00	0.00	0.00	0.00	0.00
	1.02~1.04	0.04	0.07	0.08	0.09	0.12	0.14	0.16	0.20	0.23	0.27
	1.05~1.08	0.08	0.14	0.16	0.19	0.24	0.28	0.31	0.39	0.47	0.55
	1.09~1.12	0.12	0.2	0.23	0.27	0.35	0.42	0.47	0.59	0.70	0.82
	1.13~1.18	0.16	0.27	0.31	0.37	0.47	0.58	0.63	0.78	0.94	1.10
	1.19~1.24	0.20	0.34	0.39	0.47	0.59	0.71	0.78	0.98	1.18	1.37
	1.25~1.34	0.23	0.41	0.47	0.56	0.70	0.85	0.94	1.17	1.41	1.64
	1.35~1.50	0.27	0.48	0.55	0.65	0.82	0.99	1.10	1.37	1.65	1.92
	1.51~1.99	0.31	0.55	0.63	0.74	0.94	1.14	1.25	1.57	1.88	2.19
	≥2.00	0.35	0.62	0.71	0.83	1.06	1.27	1.41	1.76	2.12	2.47

带 型	传动比 i	小带轮转速 n_1/(r·min^{-1})									
		400	700	800	950	1 200	1 450	1 600	2 000	2 400	2 800
D	1.00~1.01	0.00	0.00	0.00	0.00	0.00	0.00	0.00	—	—	—
	1.02~1.04	0.14	0.24	0.28	0.33	0.42	0.51	0.56	—	—	—
	1.05~1.08	0.28	0.49	0.56	0.66	0.84	1.01	1.11	—	—	—
	1.09~1.12	0.42	0.73	0.83	0.99	1.25	1.51	1.67	—	—	—
	1.13~1.18	0.56	0.97	1.11	1.32	1.67	2.02	2.23	—	—	—
	1.19~1.24	0.70	1.22	1.39	1.60	1.09	2.52	2.78	—	—	—
	1.25~1.34	0.83	1.46	1.67	1.92	2.50	3.02	3.33	—	—	—
	1.35~1.50	0.97	1.70	1.95	2.31	2.92	3.52	3.89	—	—	—
	1.51~1.99	1.11	1.95	2.22	2.64	3.34	4.03	4.45	—	—	—
	≥2.00	1.25	2.19	2.50	2.97	3.75	4.53	5.00	—	—	—

8.5.3 普通 V 带传动设计计算的过程

1. 原始数据及设计内容

通常情况下,设计 V 带传动时已知的原始数据有:①传递的功率 P;②主动轮、从动轮的转速 n_1、n_2;③传动的用途和工作条件;④传动的位置要求,原动机种类等。

设计内容主要包括:带的型号、基准长度、根数、传动中心距、带轮直径及结构尺寸、轴上压力等。

2. 设计步骤及参数选择

1) 确定设计功率

根据传递的功率 P、载荷的性质和每天工作的时间等因素来确定设计功率:

$$P_{ca} = K_A P \tag{8-15}$$

式中:P_{ca} 为设计功率,kW;P 为传递的额定功率,kW;K_A 为工作情况系数,见表 8-8。

表 8-8　工作情况系数 K_A

工作情况		空、轻载启动			重载启动		
		每天工作小时数/h					
		<10	10~16	>16	<10	10~16	>16
载荷变动微小	液体搅拌机,通风机和鼓风机(≤7.5 kW),离心式水泵和压缩机,轻型输送机	1.0	1.1	1.2	1.1	1.2	1.3
载荷变动小	带式输送机(不均匀负荷)、通风机(>7.5 kW)、旋转式水泵和压缩机(非离心式)、发电机、金属切削机床、印刷机,旋转筛、锯木机和木工机械	1.1	1.2	1.3	1.2	1.3	1.4
载荷变动较小	制砖机、斗式提升机、往复式水泵和压缩机、起重机、磨粉机、冲剪机床、橡胶机械、振动筛、纺织机械、重载输送机	1.2	1.3	1.4	1.4	1.5	1.6
载荷变动很大	破碎机(旋转式、颚式等)、磨碎机(球磨、棒磨、管磨)	1.3	1.4	1.5	1.5	1.6	1.8

2）选择带型

设计功率 P_{ca} 和小带轮转速 n_1 通过图 8-10 选定带型。

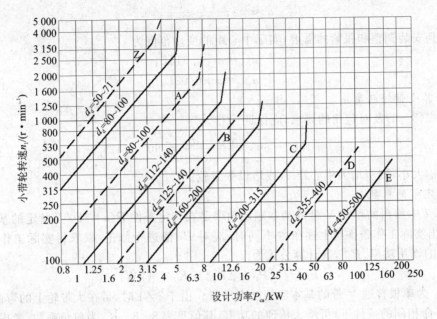

图 8-10　普通 V 带选型图

3）确定带轮的基准直径 d_{d1} 和 d_{d2}

（1）初选小带轮的基准直径 d_{d1}

带轮直径越小，结构越紧凑，但带的弯曲应力增大，寿命降低，而且带的速度也降低，单根带的基本额定功率减小，所以小带轮的基准直径 d_{d1} 不宜选得太小。

小带轮的基准直径可根据带的型号，参考表 8-4 选取。

（2）验算带的速度 v

根据式 $v = \dfrac{\pi d_{d1} n_1}{60 \times 1\,000}$（m/s）来计算带的速度 v，并满足 5 m/s $\leqslant v \leqslant v_{max}$。对于普通 V 带，$v_{max} = 25 \sim 30$ m/s；对于窄 V 带，$v_{max} = 35 \sim 40$ m/s。如果 $v > v_{max}$，则离心力过大，即应减小 d_{d1}；如果 v 过小（$v < 5$ m/s），这将使所需的有效圆周力 F_e 过大，即所需带的根数过多，于是带轮的宽度、轴径及轴承的尺寸都要随之增大，故 v 过小时应增大 d_{d1}。

（3）计算从动轮的基准直径 d_{d2}

$d_{d2} = i d_{d1}$，并按 V 带轮的基准直径系列（表 8-4）进行圆整。

4）确定中心距 a 和带的基准长度 L_d

带传动的中心距如果过大，会引起带的抖动，且传动尺寸也不紧凑，中心距如果过小、带的长度越短，带的应力变化也就越频繁，会加速带的疲劳破坏，当传动比较大时，中心距太小将导致包角过小，降低传动能力。

如果中心距未给出，可根据传动的结构需要按下式给定的范围初定中心距 a_0：

$$0.7(d_{d1} + d_{d2}) \leqslant a_0 \leqslant 2(d_{d1} + d_{d2}) \tag{8-16}$$

a_0 取定后，根据带传动的几何关系，按下式计算所需带的基准长度：

$$L_{d0} = 2a_0 + \frac{\pi}{2}(d_{d1} + d_{d2}) + \frac{(d_{d2} - d_{d1})^2}{4a_0} \tag{8-17}$$

根据 L_{d0} 由表 8-2 选取相近的基准长度 L_d，再根据 L_d 来计算实际中心距。

由于带传动的中心距一般是可以调整的，故可用下式近似计算：

$$a \approx a_0 + \frac{L_d - L_{d0}}{2} \tag{8-18}$$

考虑到安装调整和张紧的需要，实际中心距的变动范围为

$$a_{min} = a - 0.015 L_d$$

$$a_{max} = a + 0.03 L_d$$

5）验算小带轮包角 α_1

根据式（8-6）及对包角的要求，应保证

$$\alpha_1 \approx 180° - 60° \times \frac{d_{d2} - d_{d1}}{a} \approx 90° \sim 120°$$

如果 α_1 太小，则应增大中心距 a，或增设张紧轮。

6）确定带的根数 z

表 8-7 中给出的单根 V 带的基本额定功率是在特定条件下（$\alpha = 180°$ 及特定的基准长度）得出的。当实际工作条件与上述条件不同时，应对 P_1 值进行修正，以求得实际工作条件下，单根 V 带的许用功率 $[P_1]$，其计算公式为

$$[P_1] = (P_1 + \Delta P_1) K_\alpha K_L \quad (kW) \tag{8-19}$$

式中：ΔP_1 为单根普通 V 带的基本额定功率增量。由于 $i \neq 1$ 时，带在大带轮上的弯曲应力较小，故在寿命相同的条件下，可增大传递的功率，其值见表 8-8。K_α 为包角系数，考虑 $\alpha \neq 180°$ 时对传动能力的影响，见表 8-9。K_L 为带长修正系数，考虑带的基准长度不为特定长度时对传动能力的影响，见表 8-2。

表 8-9　包角系数 K_α

小轮包角 α_1	180°	175°	170°	165°	160°	155°	150°	145°	140°	135°	130°	125°	120°	110°	100°	90°
K_α	1	0.99	0.98	0.96	0.95	0.93	0.92	0.91	0.89	0.88	0.86	0.84	0.82	0.78	0.74	0.69

V 带的根数可用下式计算：

$$z = \frac{P_{ca}}{[P_1]} = \frac{P_{ca}}{(P_1 + \Delta P_1) K_\alpha K_L} \tag{8-20}$$

在确定 V 带的根数时，为了使各根 V 带受力均匀，根数不应过多，一般以不超过 8~10 根为宜，否则应改选带的型号，重新计算。

7）确定带的初拉力

单根 V 带所需的初拉力为

$$F_0 = 500 \frac{P_{ca}}{zv} \left(\frac{2.5}{K_\alpha} - 1 \right) + qv^2 \tag{8-21}$$

式中各符号的意义同前。

由于新带容易松弛，所以对非自动张紧的带传动，安装新带时的初拉力应为上述初拉力的 1.5 倍。

初拉力的测定，通常在带与两轮切点距离之中点处加一垂直带边的载荷 G，如图 8-11 所示，使带沿跨距每 100 mm 处产生挠度 $y = 1.6$ mm 时的初拉力 F_0 作为合适值。确定合适初拉力所需 G 值，见表 8-10。

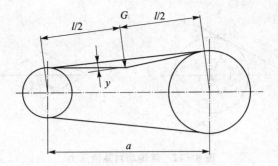

图 8 - 11　初拉力的测定

表 8 - 10　确定合适初拉力所需的垂直力 G

N/根

V 带型号		小带轮基准直径 d_{d1}/mm	带速 v/(m·s^{-1})		
			0~10	10~20	20~30
普通 V 带	Z	50~100	5~7	4.2~6	3.5~5.5
		>100	7~10	6~8.5	5.5~7
	A	75~140	9.5~14	8~12	6.5~10
		>140	14~21	12~18	10~15
	B	125~200	18.5~28	15~22	12.5~18
		>200	28~42	22~33	18~27
	C	200~400	36~54	30~45	25~38
		>400	54~85	45~70	38~56
	D	355~600	74~108	62~94	50~75
		>600	108~162	94~140	75~108
	E	500~800	145~217	124~186	100~150
		>800	217~325	186~280	150~225

注：高值用于新安装的 V 带传动或须保持较高张紧的传动。

8）计算对轴的压力 F_Q

为了设计安装带传动的轴和轴承，必须确定带传动作用在轴上的径向压力 F_Q。如果不考虑带的两边拉力差，则压轴力可近似地按带两边的初拉力的合力来计算，由图 8 - 12 可得

$$F_Q = 2zF_0 \sin \frac{\alpha_1}{2} \tag{8-22}$$

式中各参数的意义同前。

9）带轮的结构设计

确定带轮的材料、结构尺寸和加工要求，绘制带轮零件图。

例 8 - 1　设计一鼓风机用普通 V 带传动。原动机为 Y 系列三相异步电动机，功率 $P = 70\ kW$，转速 $n_1 = 730\ r/min$，鼓风机转速 $n_2 = 500\ r/min$。该机启动负荷较小，工作平稳，载荷变动小，每天工作 16 小时。

解：（1）确定设计功率

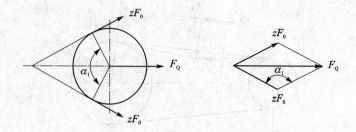

图 8-12　带传动对轴的压力

根据式(8-15),查表8-8,取工作系数 $K_A = 1.2$,则

$$P_{ca} = K_A P = 1.2 \times 70 \text{ kW} = 84 \text{ kW}$$

(2)选 V 带型号

根据 P_{ca} 和 n_1 值,查图8-10,选 D 型普通 V 带。

(3)确定带轮直径

由表8-4,取小带轮基准直径 $d_{d1} = 355$ mm。传动比为

$$i = n_1/n_2 = 730/500 = 1.46$$

大带轮基准直径为

$$d_{d2} = i d_{d1} = 1.46 \times 355 \text{ mm} = 518 \text{ mm}$$

取 $d_{d2} = 500$ mm,则实际传动比为

$$i = \frac{d_{d2}}{d_{d1}} = \frac{500}{355} = 1.41$$

从动轮转速为

$$n_2 = \frac{n_1}{i} = \frac{730 \text{ r/min}}{1.41} = 518 \text{ r/min}$$

转速误差为

$$\Delta n_2 = \left| \frac{518 - 500}{500} \times 100\% \right| = 3.6\% < 5\% \quad (允许)$$

(4)验算带速

$$v = \frac{\pi d_{d1} n_1}{60 \times 1\,000} = \frac{\pi \times 355 \times 730}{600 \times 1\,000} \text{ m/s} = 13.6 \text{ m/s} \quad (合适)$$

(5)确定带的基准长度和传动中心距

由 $0.7(d_{d1} + d_{d2}) \leqslant a_0 \leqslant 2(d_{d1} + d_{d2})$ 初定中心距:

$$a_0 = 1\,400 \text{ mm}$$

由式(8-17),带的基准长度为

$$L_{d0} = 2a_0 + \frac{\pi}{2}(d_{d2} + d_{d1}) + \frac{(d_{d2} - d_{d1})^2}{4a_0} =$$

$$\left[2 \times 1\,400 + \frac{\pi}{2}(500 + 355) + \frac{(500 - 355)^2}{4 \times 1\,400} \right] \text{ mm} = 4\,146 \text{ mm}$$

查表8-2,取 $L_d = 4\,080$ mm。

(6)验算小带轮包角

由式(8-18),实际中心距为

$$a \approx a_0 + \frac{L_d - L_{d0}}{2} = 1\ 400\ \text{mm} + \frac{4\ 080 - 4\ 146}{2}\ \text{mm} = 1\ 367\ \text{mm}$$

由式(8-6)：

$$\alpha_1 \approx 180° - 60° \times \frac{d_{d2} - d_{d1}}{a} =$$

$$180° - 60° \times \frac{500 - 355}{1\ 367} \approx 173.6° > 120° \quad (合适)$$

（7）计算带的根数

由 $d_{d1} = 355\ \text{mm}, n_1 = 730\ \text{r/min}$，查表 8-6，$P_1 = 14.435$。

由 $i = 1.49, n_1 = 730\ \text{r/min}$，查表 8-7，$\Delta P_1 = 1.775$。

由 $\alpha_1 = 173.6°$，查表 8-9，$K_a = 0.987$。

查表 8-2，由 $L_d = 4\ 080\ \text{mm}$，得 $K_L = 0.91$。

将值代入式(8-20)，可得：

$$z = \frac{P_{ca}}{(P_1 + \Delta P_1) K_a \cdot K_L} = \frac{84}{(14.435 + 1.775) \times 0.987 \times 0.91} = 5.77$$

取 $z = 6$ 根。

（8）计算初拉力

由式(8-21)，查表 8-1，D 型带，$q = 0.60\ \text{kg/m}$，

$$F_0 = 500 \times \frac{(2.5 - K_a) P_{ca}}{K_a z v} + q v^2 =$$

$$\left[500 \times \frac{(2.5 - 0.987) \times 84}{0.987 \times 6 \times 13.6} + 0.6 \times 13.6^2 \right]\ \text{N} = 899.98\ \text{N}$$

（9）计算对轴的拉力

由式(8-22)：

$$F_Q = 2 z F_0 \sin \frac{\alpha_1}{2} = \left[2 \times 6 \times 899.98 \times \sin \frac{173.6°}{2} \right]\ \text{N} = 10\ 782.9\ \text{N}$$

（10）带轮结构设计，绘工作图（略）

8.6　同步带传动简介

同步带传动是一种啮合型带传动，同步带以聚氨脂或橡胶为基体，其强力层沿带纵向贯以钢丝绳或玻璃纤维绳，如图 8-13 所示。其工作原理是靠同步带内的凸齿与带轮外缘上的齿槽侧面啮合传动。由于强力层受载后变形很小，能保持同步带的周节 p 不变，故带与带轮间没有相对滑动，传动比恒定。

同步带传动的优点：能保持准确的传动比；仅需较小的初拉力，轴和轴承上所受的载荷也较小；能吸收振动，传动时噪声小；带的柔性好，可用较小直径的带轮，结构紧凑。其主要缺点是制造和安装精度要求较高，中心距要求较严格。

同步带薄而且轻，故可用于较高速度传动，线速度可达 40 m/s，传递功率可达 100 kW，传动比可达 10，传动效率为 98%。同步带传动多用于轻载、高速、要求传动比较准确的机械中，如计算机、放映机、录音机、纺织机械等。

同步带的主要参数是齿的周节 p（图 8-14）。由于强力层在工作时长度不变，所以把它的

中心线位置定为同步带的节线,并以节线周长 L 作为齿形带的公称长度。同步带上相邻两齿对应点沿节线量度的弧长定义为周节 p,模数为 $m=\dfrac{p}{\pi}$。国产同步带采用模数制,目前尚无统一标准。其设计计算方法可查阅有关资料。

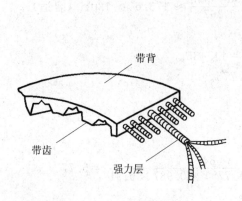

图 8 - 13　同步带的结构

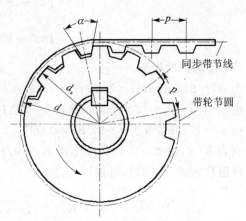

图 8 - 14　同步带的主要参数

8.7　带传动的张紧、安装与维护

8.7.1　带传动的张紧

为了保证带传动正常工作,应使带具有一定的初拉力。同时,带传动在工作一段时间后,带因产生塑性变形而松弛,从而降低初拉力,影响带传动正常工作。因此,在设计带传动时应考虑张紧装置,常用的张紧方法有变更中心距的张紧方法和附加张紧轮的方法。

1. 变更中心距的张紧方法

在这种带传动中,两轴之一可以移动或摆动,用定期改变中心距的方法来调整带的初拉力,或者也可用电动机自重来调整带的初拉力。图 8 - 15(a)为定期张紧装置,装有带轮的电动机安装在滑轨上,通过调整螺丝改变中心距。它适用于水平或接近水平的带传动。图 8 - 15(b)为带摆架张紧装置,通过调整螺母,使安装在摆架上的电动机随摆架一起绕摆架支点摆动,以改变传动的中心距。这种装置适用于垂直或接近垂直的带传动。图 8 - 15(c)是一种自动张紧装置,利用电动机、托架的自重,使带轮随电动机绕固定轴 O_1 摆动,以自动保持张紧力。

2. 附加张紧轮的方法

当带传动的中心距不能改变时,可附加张紧轮以保持带一定的初拉力。图 8 - 15(d)为带张紧轮张紧装置,张紧轮一般放在松边内侧,使带只受单向弯曲。张紧轮应尽量靠近大带轮,以免过分减小小带轮上的包角。

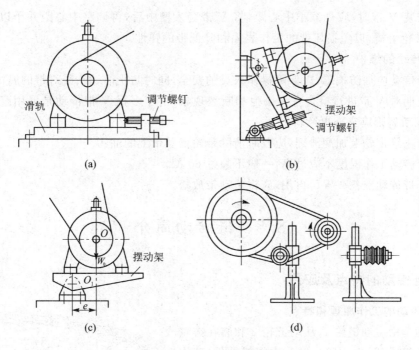

图 8 − 15　带传动的张紧装置

8.7.2　带传动的安装与维护

正确安装、使用和妥善保养,是保证带传动正常工作、延长带寿命的有效措施。一般应注意以下几点:

1. 带传动的安装

(1) 选用 V 带时要注意型号和长度,型号应和带轮轮槽尺寸相符合。新旧不同的 V 带不能同时使用。

(2) 安装时,两带轮的轴线应平行,两轮相对应轮槽的中心线应重合(图 8 − 16),以防带侧面磨损加剧。

(3) 安装 V 带时应按规定的初拉力张紧。也可凭经验,对于中等中心距的带传动,带的张紧程度以大拇指按下 15 mm 为宜(图 8 − 17)。

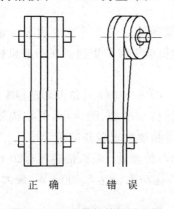

正　确　　　错　误

图 8 − 16　两带轮的相对位置

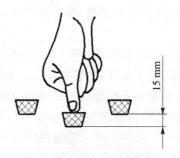

图 8 − 17　V 轮的张紧程度

(4) 安装 V 带时,应先缩小中心距,将 V 带套入槽中后,再调整中心距并予以张紧,不应将带硬往带轮上撬,以免损坏带的工作表面和降低带的弹性。

2. 带传动的维护

(1) 带传动应加防护罩,以保障操作人员的安全,同时防止油、酸、碱对带的腐蚀。

(2) 定期对 V 带进行检查有无松弛和断裂现象,由于多根 V 带传动是采用配组带,如有一根松弛或断裂则应全部更换新带。

(3) 禁止给带轮上加润滑剂,应及时清除带轮槽及带上的油污。

(4) 带传动工作温度不应过高,一般不超过 60 ℃。

(5) 若带传动准备久置后再用,应将传动带放松。

8.8　链传动简介

8.8.1　链传动的特点及应用

1. 链传动的工作原理和特点

链传动是由主动链轮 1、从动链轮 2 和装在链轮上的链条 3 组成(图 8 - 18)。链为中间挠性件,工作时通过链条的链节与链轮轮齿的啮合来传递运动和动力。

链传动与其他传动相比,主要有以下特点:

(1) 与带传动相比,没有滑动现象,能保持准确

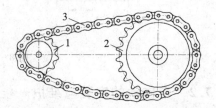

图 8 - 18　链传动

的平均传动比;链条不需太大的张紧力,对轴压力较小;传递的功率较大,效率较高,低速时能传递较大的圆周力。

(2) 与齿轮传动相比,链传动的结构简单,安装方便,成本低廉,传动中心距适用范围较大(中心距最大可达十多米),能在高温、多尘、油污等恶劣的条件下工作。

(3) 由于链条进入链轮后形成多边形折线,从而使链条速度忽大忽小地周期性变化,并伴有链条的上下抖动。因此链传动的瞬时传动比不恒定,传动平稳性较差,工作时振动、冲击、噪声较大,不宜用于载荷变化很大、高速和急速反转的场合。

2. 链传动的类型和应用

根据用途的不同,链传动分为传动链、起重链和输送链。传动链主要用来传递动力,起重链主要用在起重机中提升重物,输送链主要用在运输机械中移动重物。在一般机械传动中,常用的是传动链。

根据结构的不同,常用的传动链又可分为滚子链[图 8 - 19(a)]和齿形链[图 8 - 19(b)]。滚子链结构简单,磨损较轻,故应用较广。齿形链虽然传动平稳、噪声小,但结构复杂、质量较大且价格较高,主要用于高速($v\geqslant30$ m/s)传动和运动精度要求较高的传动中。

一般链传动的应用范围为:传递功率 $P\leqslant100$ kW;传动比 $i\leqslant8$;链速 $v\leqslant20$ m/s;中心距 $a\leqslant6$ m;效率 $\eta=0.92\sim0.97$。目前,链传动的最大传递功率已达 5 000 kW,最大的传动比达到 15,最高链速可达 40 m/s,最大中心距达 8 m。

链传动主要用在中心距较大、要求平均传动比准确以及工作环境恶劣的场合。目前在农

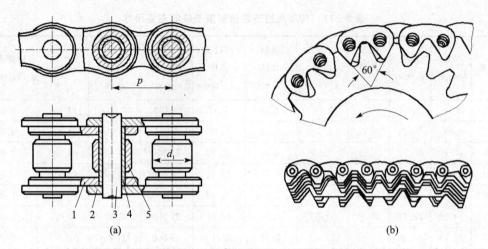

(a)　　　　　　　　　　　　　　　　(b)

1—内链板；2—外链板；3—销轴；4—套筒；5—滚子

图 8 - 19　滚子链和齿形链

业、矿山、建筑、石油、化工和起重运输等机械中得到广泛的应用。

8.8.2　滚子链和链轮

1. 滚子链的结构和标准

滚子链的结构如图 8 - 19(a)所示，它由内链板 1、外链板 2、销轴 3、套筒 4 和滚子 5 组成。内链板与套筒之间、外链板与销轴之间为过盈配合。这样，外链板与销轴构成一个个外链节，内链板与套筒则构成一个个内链节；滚子与套筒、套筒与销轴之间为间隙配合。当内、外链节间相对曲伸时，套筒可绕销轴自由转动。而当链条与链轮啮合时，活套在套筒上的滚子沿链轮齿廓滚动，可以减轻链和链轮轮齿的磨损。链板制成"8"字形，是为了使链板各横截面趋于等强度，同时也减轻了链的质量和运动时的惯性力。链条上相邻两销轴中心的距离称为节距，用 p 表示。节距 p 是滚子链的主要参数，p 值越大，链条各零件尺寸越大，所能传递的功率也越大。当链轮齿数 z 一定时，节距 p 越大，则链轮直径随之增大。为减小链轮直径，当载荷较大时，可用节距较小的双排链(图 8 - 20)或多排链，但由于制造和安装精度的影响，各排载荷分布不易均匀，故排数不宜过多。

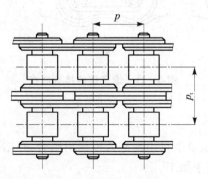

图 8 - 20　双排滚子链

滚子链已标准化，有 A、B 两种系列产品。A 系列用于重载、较高速度和重要的传动，B 系列用于一般传动。常用的 A 或 B 系列滚子链的基本参数和尺寸见表 8 - 11。

表 8-11 传动用短节距精密滚子链的主要尺寸

链 号	节距 p/mm	排距 p_t/mm	滚子外径 d_1/mm	内链节内宽 b_1/mm	销轴直径 d_2/mm	内链板高度 h_2/mm	极限拉伸载荷			单排质量 q/(kg·m^{-1})
							单排 Q/N	双排 Q/N	三排 Q/N	
05B	8.00	5.64	5.00	3.00	2.31	7.11	4 400	7 800	11 100	0.18
06B	9.525	10.24	6.35	5.72	3.28	8.26	8 900	16 900	24 900	0.40
08A	12.70	14.38	7.95	7.85	9.96	12.07	13 800	27 600	41 400	0.60
08B	12.70	14.38	8.51	7.75	4.45	11.81	17 800	31 100	44 500	0.70
10A	15.875	18.11	10.16	9.40	5.08	15.09	21 800	43 600	65 400	1.00
12A	19.05	22.78	11.91	12.57	5.94	18.08	31 100	62 300	93 400	1.50
16A	25.40	19.29	15.88	15.75	7.92	24.13	55 600	111 200	166 800	2.60
20A	31.75	35.76	19.05	18.90	9.53	30.18	86 700	173 500	260 200	3.80
24A	38.10	45.44	22.23	25.22	11.10	36.20	124 600	249 100	373 700	5.60
28A	44.45	48.87	25.40	25.22	12.70	42.24	169 000	338 100	507 100	7.50

注:过渡链节取 Q 值的 80%。

滚子链的标记如下:

链号—排数×整链链节数　国标编号

例如:08A—1×88　GB/T 1243—2006 表示:A 系列、节距 p＝12.7 mm、单排、88 节的滚子链。

链条在使用时,需连接成封闭的环形,链条以链节为组成单位,故链长用链节数表示,当链节数为偶数时,接头处可用开口销[图 8-21(a)]或弹性卡片[图 8-21(b)]来固定。一般开口销用于大节距链,弹性卡片用于小节距链;当链节数为奇数时,需采用过渡链节[图 8-21(c)]。链条受拉时,过渡链节的弯链板受到附加的弯矩作用,故设计时,链节效应尽量取偶数。

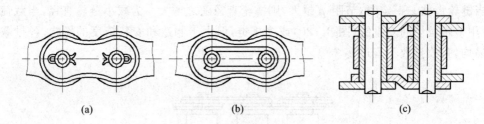

(a)　　　　　　　　(b)　　　　　　　　(c)

图 8-21 滚子链的接头形式

2. 滚子链链轮

1) 链轮的齿形

链轮轮齿的齿形应保证链节能自由地进入或退出啮合,在啮合时应保证良好的接触,同时它的形状应尽可能地简单,便于加工。

根据 GB/T 1243—2006 的规定,链轮端面齿形如图 8-22(a)所示。齿槽各部分尺寸的计算公式列于表 8-12。这种齿形的轮齿工作时,啮合处的应力较小,因而具有较高的承载能力。链轮齿廓可用标准刀具加工,因此,按标准齿形设计的链轮,其端面齿形无须在工作图上画出,只须注明"齿形按 GB/T 1243—2006 制造"即可。

链轮轴向齿廓采用圆弧状[图 8 - 22(b)],以使链节进入和退出啮合比较方便,设计时可按 GB/T 1243—2006 规定进行。

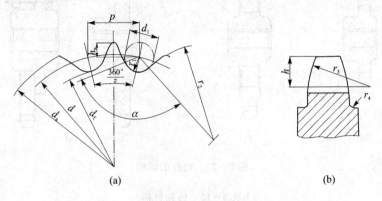

(a)　　　　　　　　　　　　　　(b)

图 8 - 22　链轮齿形

表 8 - 12　滚子链链轮的齿槽尺寸计算公式

名　　称	代　号	计算公式	
		最大齿槽形状	最小齿槽形状
齿面圆弧半径/mm	r_e	$r_{emin}=0.008d_1(z^2+180)$	$r_{emax}=0.12d_1(z+2)$
齿沟圆弧半径/mm	r_a	$r_{amax}=0.505d_1+0.069\sqrt[3]{d_1}$	$r_{amin}=0.505d_1$
齿沟角/(°)	α	$\alpha_{min}=120°-\dfrac{90°}{z}$	$\alpha_{max}=140°-\dfrac{90°}{z}$

链轮的基本参数是节距 p、滚子外径 d_1、齿数 z 及排距 p_t。链轮的分度圆直径 d、齿顶圆直径 d_a 及齿根圆直径 d_f 是链轮的主要尺寸,计算公式为

$$d = p/\sin\frac{180°}{z}　（\text{mm}） \tag{8-23}$$

$$d_a = p\left(0.54 + \cot\frac{180°}{z}\right)　（\text{mm}） \tag{8-24}$$

$$d_f = d - d_0 \tag{8-25}$$

式中:z 为链轮齿数;d_0 为滚子外径,mm。

2)链轮的结构

直径较小的链轮可制成整体式[图 8 - 23(a)];直径中等的链轮可制成腹板式或孔板式[图 8 - 23(b)],直径较大的链轮可制成组合式[图 8 - 23(c)],常采用可更换的齿圈用螺栓连接在轮芯上。

3)链轮的材料

链轮的材料应能保证轮齿具有足够的耐磨性和强度。由于小链轮轮齿的啮合次数比大链轮轮齿的啮合次数多,所受冲击也较严重,故小链轮材料一般优于大链轮。

链轮常用材料和应用范围见表 8 - 13。

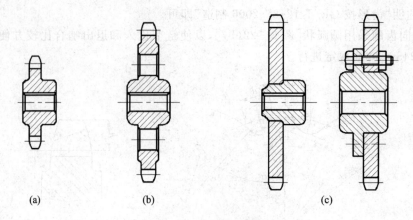

(a) (b) (c)

图 8 - 23　链轮的结构

表 8 - 13　链轮材料

材　料	齿面硬度	应用范围
15,20	渗碳淬火 50～60HRC	$z \leqslant 25$ 的高速、重载、有冲击载荷的链轮
35	正火 160～200HB	$z > 25$ 的低速、轻载、平稳传动的链轮
45,50,ZG45	淬火 40～45HRC	低、中速,中载,无剧烈冲击、振动和易磨损工作条件下的链轮
15Cr,20Cr	渗碳淬火 50～60HRC	$z < 25$ 的大功率传动链轮,高速、重载的重要链轮
35SiMn,35CrMo,440Cr	淬火 40～45HRC	高速、重载、有冲击、连续工作的链轮
Q235,Q275	140HB	中速、传递中等功率的链轮;较大链轮
灰铸铁(不低于 HT200)	260～280HB	载荷平稳、速度较低、齿数较多($z > 50$)的从动链轮

8.8.3　链传动的布置、张紧和润滑

1. 链传动的布置

链传动的布置是否合理,对其工作能力、使用寿命都有较大的影响。链传动合理布置的原则如下:

(1) 保证链传动的正确啮合,两链轮应位于同一铅垂面内,且两轴线平行,如图 8 - 24(a)所示。

(2) 两链轮中心线最好水平布置或者使其与水平线夹角 $\varphi \leqslant 45°$,如图 8 - 24(b)所示,尽量避免 $\varphi = 90°$。

(3) 一般链传动的紧边布置在上或下都可以,但紧边在上好些。对于中心距 $a < 30p$、传动比 $i > 2$ 或 $a < 60p$、$i < 1.5$ 的水平传动,则必须使紧边在上、松边在下,这样可以防止咬链或链条两边相互碰撞。

(4) 必须采用垂直传动时,两链轮应偏置,使两链轮中心不在同一铅垂面内[图 8 - 24(c)],否则应采用张紧装置。

2. 链传动的张紧

链传动的张紧目的,主要是为了增大链条与链轮的包角和避免因链条垂度过大而产生啮合不良以及振动现象。当两链轮中心连线与水平线夹角 φ 大于 60°时,通常设有张紧装置。链传动的张紧方法很多,常用的张紧方法有以下几种。

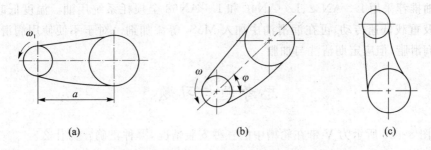

图 8-24　链传动的布置

（1）调整中心距　此法与带传动张紧方法一样。

（2）用张紧装置　当中心距不可调整时应采用此法,张紧轮直径稍小于小链轮直径,并将张紧轮安装在松边靠小链轮一侧。张紧轮可用链轮,也可用滚轮,还可用托板,如图 8-25 所示。当双向传动时,应在两边都设有张紧装置。

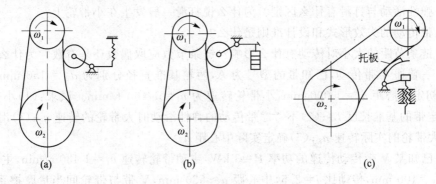

图 8-25　链传动的张紧装置

3. 链传动的润滑

链传动的润滑十分重要,良好的润滑可以缓冲冲击、减轻磨损、延长链条的寿命。表 8-14 给出了滚子链常用润滑方式。

表 8-14　滚子链的润滑方式

方　式	润滑方法	供油量
人工润滑	用刷子或油壶定期在链条松边内、外链板间隙中注油	每班注油一次
滴油润滑	装有简单外壳,用油杯滴油	单排链,每分钟供油 5~20 滴,速度高时取大值
油浴供油	采用不漏油的外壳,使链条从油槽中通过	链条浸入油面过深,搅油损失大,油易发热变质,一般浸油深度为 6~12 mm
飞溅润滑	采用不漏油的外壳,在链轮侧边安装甩油盘,飞溅润滑。甩油盘圆周速度 $v > 3$ m/s。当链条宽度大于 125 mm 时,链轮两侧各装一个甩油盘	甩油盘浸油深度为 12~35 mm
压力供油	采用不漏油的外壳,油泵强制供油,喷油管口设在链条啮入处,循环油可起冷却作用	每个喷油口供油量可根据链节距及链速大小查阅有关手册

注:开式传动和不易润滑的链传动,可定期拆下用煤油清洗,干燥后,浸入 70~80 ℃的润滑油中,待铰链间隙中充满油后安装使用。

润滑油推荐采用 L—AN32、L—AN46 和 L—AN68 全损耗系统用油。温度低时取前者。对于开式及重载低速传动，可在润滑油中加入 MoS_2 等添加剂。对于不便使用润滑油的场合可以涂抹润滑脂，但应定期清洗与加脂。

思考题与习题

8-1 图 8-26 所示为 V 带在轮槽中的三种安装情况，哪种正确？为什么？

图 8-26 题 8-1 图

8-2 弹性活动与打滑有什么区别？为什么说打滑一般发生在小带轮上？

8-3 带传动的失效形式和设计准则是什么？

8-4 链条节距的大小对传动有什么影响？链条节数应取偶数还是奇数？为什么？

8-5 一普通 V 带传动，已知带的型号为 A，两轮基准直径分别为 $d_{d1}=150$ mm 和 $d_{d2}=400$ mm，初定中心距 $a_0=1\ 000$ mm，小带轮转速为 $n_1=1\ 460$ r/min。试求：(1)小带轮包角 α_1；(2)选定带的基准长度 L_d；(3)不考虑带传动的弹性滑动时大带轮的转速 n_2；(4)滑动率 $\varepsilon=0.015$ 时大带轮的实际转速 n_2；(5)确定实际中心距 a。

8-6 已知某 V 带传动传递的功率 $P=3$ kW，主动带轮转速 $n_1=1\ 430$ r/min，主动带轮基准直径 $d_{d1}=100$ mm，传动比 $i=2.5$，中心距 $a\approx530$ mm，V 带与带轮间当量摩擦系数 $f_v=0.45$，求带长及紧边拉力。

8-7 设计带式输送机中的普通 V 带传动。已知用一台三相异步电动机直接驱动，其额定功率 $P=11$ kW，转速 $n_1=970$ r/min，大带轮转速 $n_2=330$ r/min，载荷有轻微振动，两班制工作。

8-8 设计轻型输送机的普通 V 带传动。已知电动机的额定功率为 3 kW，转速 $n_1=1\ 420$ r/min，传动比 $i=2.5$，传动中心距 $a\approx400$ mm，两班制工作。

第9章 轮 系

由一对齿轮组成的机构是齿轮传动的最简单形式。但在实际机械中,往往需要把多个齿轮、链传动等组合在一起来传动,以满足传递运动和动力的要求。这种由一系列齿轮组成的传动系统称为轮系。轮系可以分为三种类型:定轴轮系、行星轮系和组合轮系。

9.1 定轴轮系及传动比

9.1.1 定轴轮系的组成

当轮系运转时,若其中各个齿轮的轴线相对机架都是固定的,则这种轮系称为定轴轮系。图 9-1 所示的轮系是由圆柱齿轮组成的平行轴定轴轮系。图 9-2 中包含有圆锥齿轮及蜗轮、蜗杆等齿轮,是空间定轴轮系。

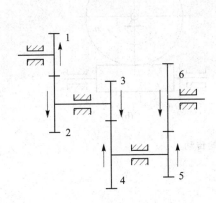

图 9-1 平面定轴轮系

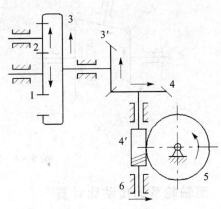

图 9-2 空间定轴轮系

9.1.2 一对齿轮的传动比

轮系中,两齿轮(轴)的转速或角速度之比称为轮系的传动比。求轮系的传动比不仅要计算它的数值,而且还要确定两轮的转向关系。

最简单的定轴轮系是由一对齿轮组成的,如图 9-3 所示的圆柱齿轮传动,设齿轮 1 的转速为 n_1,齿数为 z_1,齿轮 2 的转速为 n_2,齿数为 z_2,则传动比为

$$i_{12} = \frac{n_1}{n_2} = \pm \frac{z_2}{z_1} \tag{9-1}$$

式中:"±"适用于平行轴的齿轮传动,"−"号用于外啮合圆柱齿轮传动[图 9-3(a)],表示两轮转向相反;"+"号用于内啮合圆柱齿轮传动[图 9-3(b)],表示两轮转向相同。两轮的相对转向关系,也可采用画箭头的方法表示。外啮合箭头相反,内啮合箭头相同,如图 9-3 所示。

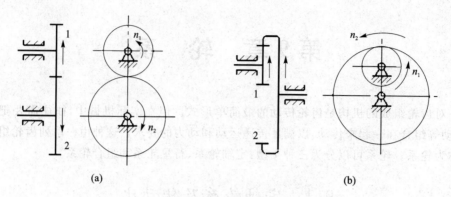

图9-3 一对平行轴圆柱齿轮传动

对圆锥齿轮传动、蜗杆传动等空间齿轮传动机构,因其轴线不平行,不能用正、负号说明其转向,只能用画箭头的方法在图上标注转向。图9-4(a)为圆锥齿轮传动,图9-4(b)为蜗杆传动。

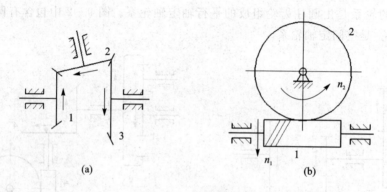

图9-4 空间齿轮传动

9.1.3 定轴轮系的传动比计算

图9-5所示为平面定轴轮系。设各轮的齿数为$z_1,z_2,\cdots$,各轮的转速为$n_1,n_2,\cdots$,则该轮系的传动比i_{15}可由各对啮合齿轮的传动比求出。

如前所述,该轮系中各对啮合齿轮的传动比分别为

$$i_{12}=\frac{n_1}{n_2}=-\frac{z_2}{z_1} \qquad i_{2'3}=\frac{n_{2'}}{n_3}=+\frac{z_3}{z_{2'}}$$

$$i_{3'4}=\frac{n_{3'}}{n_4}=-\frac{z_4}{z_{3'}} \qquad i_{45}=\frac{n_4}{n_5}=-\frac{z_5}{z_4}$$

将以上各等式两边连乘,并考虑到$n_2=n_{2'}$,$n_3=n_{3'}$,可得:

$$i_{12}\cdot i_{2'3}\cdot i_{3'4}\cdot i_{45}=\frac{n_1 n_2 n_{3'} n_4}{n_2 n_3 n_4 n_5}=(-1)^3\frac{z_2 z_3 z_4 z_5}{z_1 z_{2'} z_{3'} z_4}$$

$$i_{15}=\frac{n_1}{n_5}=i_{12}\cdot i_{2'3}\cdot i_{3'4}\cdot i_{45}=(-1)^3\frac{z_2 z_3 z_4 z_5}{z_1 z_{2'} z_{3'} z_4} \tag{9-2}$$

式(9-2)表明,定轴轮系传动比的大小等于该轮系的各对啮合齿轮传动比的连乘积,也等于各对啮合齿轮中所有从动轮齿数的乘积与所有主动轮齿数乘积之比。"—"号表示齿轮1和齿轮5的

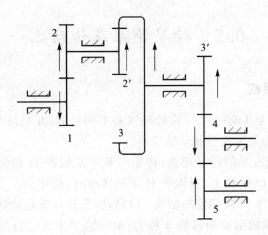

图 9 - 5　平面定轴轮系

转向相反。

　　在该轮系中,齿轮 4 同时和两个齿轮啮合,它既是前一级的从动轮,又是后一级的主动轮,其齿数不影响传动比的大小。这种不影响传动比的大小,只起改变转向或调整中心距作用的齿轮称为惰轮或过桥齿轮。

　　以上结论可推广到一般情况。设轮 A 为计算时的首轮,轮 K 为计算时的末轮,则定轴轮系首末两轮传动比计算的普遍公式为

$$i_{AK} = \frac{n_A}{n_K} = \pm \frac{\text{A 至 K 间各对啮合齿轮从动轮齿数的连乘积}}{\text{A 至 K 间各对啮合齿轮主动轮齿数的连乘积}} \qquad (9-3)$$

　　对于平行轴轮系,首、末两轮的相对转向关系可以用传动比的正负号表示。i_{AK} 为负时,说明首、末两轮的转动方向相反;i_{AK} 为正时,说明首、末两轮的转动方向相同。正负号根据轮 A 与轮 K 之间外啮合齿轮的对数确定:单数为负,双数为正。也可用画箭头的方法来表示首、末两轮转向关系。

　　对于空间定轴轮系,若首、末两轮的轴线平行,先用画箭头的方法逐对标出转向,若首、末两轮的转向相同,则等式右边取正号,否则取负号。正负号的含义同上。若首、末两轮的轴线不平行,只能用画箭头的方法判断两轮的转向,传动比恒取正号,但这个正号并不表示转向关系。

　　例 9 - 1　如图 9 - 2 所示的空间定轴轮系,设 $z_1 = z_2 = z_{3'} = 20, z_3 = 80, z_4 = 40, z_{4'} = 2$(右旋),$z_5 = 40, n_1 = 1\,450$ r/min,求蜗轮 5 的转数 n_5 及各轮的转向。

　　解:因为该轮系为空间定轴轮系,所以用式(9-3)计算其传动比的大小。

$$i_{15} = \frac{n_1}{n_5} = \frac{z_2 \cdot z_3 \cdot z_4 \cdot z_5}{z_1 \cdot z_2 \cdot z_{3'} \cdot z_{4'}} = \frac{20 \times 80 \times 40 \times 40}{20 \times 20 \times 20 \times 2} = 160$$

蜗轮 5 的转数为

$$n_5 = \frac{n_1}{i_{15}} = \frac{1\,450}{160} \text{ r/min} = 9.063 \text{ r/min}$$

　　各轮的转向如图 9 - 2 中箭头所示。该例中齿轮 2 为惰轮,它不改变传动比的大小,只改变从动轮的转向。

9.2 行星轮系及传动比

9.2.1 行星轮系的组成

轮系在运转过程中,至少有一个齿轮的轴线是不固定的,而是绕其他齿轮轴线转动的轮系,称为行星轮系,亦称为周转轮系或动轴轮系。

图9-6(a)所示为最常见的行星轮系,齿轮1和3及构件H都绕固定的轴线OO转动。齿轮2空套在构件H的O_1O_1轴上,当构件H定轴转动时,齿轮2一方面绕自己的轴线O_1O_1转动(自转),同时又随构件H绕固定的轴线OO转动(公转),其运动情况犹如天体中的行星,兼有自转和公转。故把轴线运动的齿轮2称为行星轮,用来支持行星轮的构件H称为行星架、系杆或转臂,与行星轮相啮合且轴线固定的齿轮1和3称为中心轮或太阳轮。同时要注意,行星架与中心轮的回转轴线必须重合,否则不能转动。

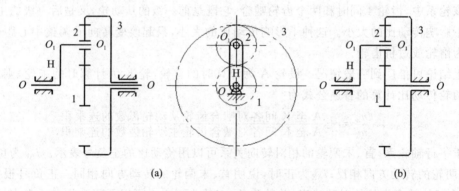

(a)   (b)

图9-6 行星轮系的组成

根据机构自由度的不同,行星轮系分为差动轮系和简单行星轮系两种。机构自由度为1的行星轮系称为简单行星轮系,机构自由度为2的行星轮系称为差动轮系。如图9-6(a)所示,$F=3n-2P_L-P_H=3\times4-2\times4-2=2$,该机构为差动轮系。图9-6(b)所示亦为一行星轮系,与图9-6(a)不同之处在于齿轮3固定不动,机构的自由度为$F=3n-2P_L-P_H=3\times3-2\times3-2=1$,则该机构是简单行星轮系。

9.2.2 行星轮系的传动比计算

在图9-7(a)所示的行星轮系中,齿轮1和3为中心轮,齿轮2为行星轮,构件H为行星架。由于行星轮2的运动不是简单的定轴转动,所以不能直接用求定轴轮系传动比的公式来求行星轮系的传动比。

为了求出行星轮系的传动比,可以采用"反转法",也叫转化机构法。假想给整个行星轮系加上一个与行星架的转速大小相等而方向相反的公共转速$-n_H$,由相对运动原理可知,轮系中各构件之间的相对运动关系并不因此改变,但此时行星架变为相对静止不动,齿轮2的轴线O_1O_1也随之相对固定,行星轮系转化为假想的"定轴轮系"。这个经转化后得到的假想定轴轮系,称为该行星轮系的转化轮系。即将图9-7(a)转化为图9-7(b)。借助于转化轮系,利用求解定轴轮系传动比的方法,就可以将行星轮系的传动比求出来。

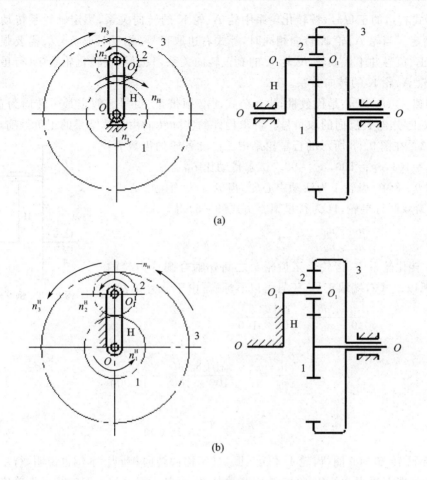

(a)

(b)

图 9-7　行星轮系

现将各构件在转化前后的转速列于表 9-1。

转化轮系中，各构件的转速 n_1^H、n_2^H、n_3^H、n_H^H 右上方加的角标 H，表示这些转速是各构件相对行星架 H 的转速。

根据求定轴轮系传动比的方法，可得图 9-7 所示行星轮系的转化轮系的传动比为

表 9-1　各构件转化前后的转速

构件代号	原来的转速 （绝对转速）	转化后的转速 （相对转速）
1	n_1	$n_1^H = n_1 - n_H$
2	n_2	$n_2^H = n_2 - n_H$
3	n_3	$n_3^H = n_3 - n_H$
H	n_H	$n_H^H = n_H - n_H$

$$i_{13}^H = \frac{n_1^H}{n_3^H} = \frac{n_1 - n_H}{n_3 - n_H} = -\frac{z_3}{z_1} \quad (9-4)$$

在式(9-4)中，若已知各轮的齿数及两个转速，则可求得另一个转速。若 $n_H = 0$，即行星架不动，则变成定轴轮系。

将以上分析推广，设轮 A 为计算时的首轮，转速为 n_A，轮 K 为计算时的末轮，转速为 n_K，行星架 H 的转速为 n_H，则行星轮系传动比计算的一般公式为

$$\frac{n_A - n_H}{n_K - n_H} = \pm \frac{\text{A 至 K 间各对啮合齿轮从动轮齿数的连乘积}}{\text{A 至 K 间各对啮合齿轮主动轮齿数的连乘积}} \quad (9-5)$$

应用式(9-5)求行星轮系传动比时必须注意：

(1) 公式只适用于轮 A、轮 K 和行星架 H 的轴线相互平行的情况。

（2）等式右边的正负号，按转化轮系中轮 A、轮 K 的转向关系，用定轴轮系传动比的转向判断方法确定。当轮 A、轮 K 转向相同时，等式右边取正号，相反时取负号。需要强调说明的是：这里的正、负号并不代表轮 A、轮 K 的真正转向关系，只表示在转化轮系中（行星架相对静止不动时）轮 A、轮 K 的转向关系。

（3）转速 n_A、n_K 和 n_H 是代数量，代入公式时必须带正、负号。假定某一转向为正号，则与其同向的取正号，与其反向的取负号。待求构件的实际转向由计算结果的正负号确定。

例 9-2 在图 9-8 所示的行星轮系中。已知各轮的齿数为：$z_1=100$，$z_2=101$，$z_{2'}=100$，$z_3=99$。试求传动比 i_{H1}。

解： 图 9-8 中，齿轮 1 为活动中心轮，齿轮 3 为固定中心轮。齿轮 2-2′ 为双联行星轮，H 为行星架。由式（9-5）得

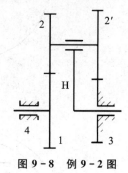

图 9-8 例 9-2 图

$$\frac{n_1-n_H}{n_3-n_H}=(+)\frac{z_2 \cdot z_3}{z_1 \cdot z_{2'}}$$

因为在转化轮系中，齿轮 1 至齿轮 3 之间外啮合圆柱齿轮的对数为 2，所以上式右端取正号（正号可以不标）。由于 $n_3=0$，故

$$\frac{n_1-n_H}{0-n_H}=\frac{101 \times 99}{100 \times 100}$$

解方程得

$$i_{1H}=\frac{n_1}{n_H}=1-\frac{101 \times 99}{100 \times 100}=\frac{1}{10\ 000}$$

或者

$$i_{H1}=\frac{n_H}{n_1}=\frac{1}{i_{1H}}=10\ 000$$

即当行星架 H 转 10 000 圈，齿轮 1 才转 1 圈，且两构件转向相同。本例也说明，行星轮系用少数几个齿轮就能获得很大的传动比，结构非常紧凑、简单。但这种类型的行星齿轮传动用于减速时，减速比越大，机械效率越低。因此，它一般只适用于作辅助装置的传动机构，不宜传递大功率。如果将它用作增速传动，传动比较大时可能会发生自锁。

若将 z_3 由 99 改为 100，则

$$i_{1H}=\frac{n_1}{n_H}=1-\frac{101 \times 100}{100 \times 100}=-\frac{1}{100} \qquad i_{H1}=\frac{n_H}{n_1}=-100$$

由此结果可见，同一种结构形式的行星轮系，由于某一齿轮的齿数略有变化（本例中仅差一个齿），其传动比会发生很大的变化，同时转向也会改变。这与定轴轮系大不相同。

例 9-3 在图 9-9 所示的差动轮系中，已知各轮的齿数分别为：$z_1=15$，$z_2=25$，$z_{2'}=20$，$z_3=60$，转速为：$n_1=200$ r/min，$n_3=50$ r/min。试求行星架 H 的转速 n_H 和转向。

解： 根据公式（9-5）列方程可以得到

$$\frac{n_1-n_H}{n_3-n_H}=-\frac{z_2 z_3}{z_1 z_{2'}}$$

因为齿轮 1 至齿轮 3 之间外啮合圆柱齿轮的对数为 1，所以上式右端取负号。根据图 9-9 中表示转向的箭头方向，齿轮 1 和齿轮 3 的转向相反，设齿轮 1 的转速 n_1 为正，则齿轮 3 的转速 n_3 为负，从而

$$\frac{200-n_H}{-50-n_H}=-\frac{25 \times 60}{15 \times 20}$$

解得 $n_H = -8.33$ r/min，负号表示行星架 H 的转向与齿轮 3 相同。

例 9 - 4 在图 9 - 10(a)所示由锥齿轮组成的行星轮系中，各齿轮的齿数为：$z_1 = 20, z_2 = 30, z_{2'} = 50, z_3 = 80$，转速 $n_1 = 100$ r/min，转向如图所示，试求行星架 H 的转速 n_H 和转向。

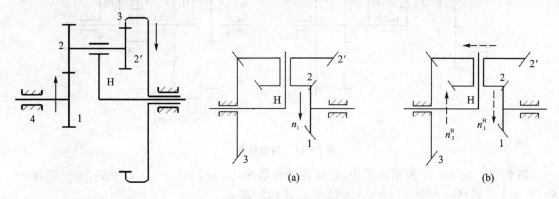

图 9 - 9 例 9 - 3 图   图 9 - 10 例 9 - 4 图

解：在该轮系中，齿轮 1 和 3 及行星架 H 的轴线相互重合，因此可用公式(9 - 5)计算传动比。在图 9 - 10(b)上画出转化轮系中各轮的转向，如虚线箭头所示。由式(9 - 5)得

$$\frac{n_1 - n_H}{n_3 - n_H} = -\frac{z_2 \cdot z_3}{z_1 \cdot z_{2'}}$$

上式中的"-"号是由齿轮 1 和齿轮 3 虚线箭头反向而确定的。设 n_1 的转向为正，则

$$\frac{100 - n_H}{0 - n_H} = -\frac{30 \times 80}{20 \times 50}$$

解得 $n_H = 29.41$ r/min。n_H 为正值，表示行星架 H 与齿轮 1 的转向相同。

注意：本例中双联行星轮 $2-2'$ 的轴线和齿轮 1、3 及行星架 H 的轴线不平行，所以不能用公式(9 - 5)来计算行星轮的转速 n_2。

9.3 组合轮系及传动比计算

如果一个轮系中既包含定轴轮系，又包含行星轮系，或者包含几个行星轮系，则称为组合轮系或混合轮系。图 9 - 11(a)是由定轴轮系和行星轮系串联在一起的组合轮系。图 9 - 11(b)为两个行星轮系串联在一起的组合轮系。

对于组合轮系，由于既不是单一的定轴轮系，也不是单一的行星轮系，所以不能用一个公式来求解其传动比。求解组合轮系传动比时，必须首先将组合轮系划分为各个单一的行星轮系和定轴轮系，然后分别列出各部分的传动比的计算公式，找出其相互关联，最后联立求解。

划分轮系的关键是先找出行星轮系。具体方法是：逐个齿轮观察，根据行星轮轴线不固定的特点找出行星轮，再找出支承行星轮的行星架与与行星轮相啮合的中心轮，这些行星轮、行星架及中心轮就构成一个单一的行星轮系。同理，再找出其他的行星轮系，如有剩下的就是定轴轮系。

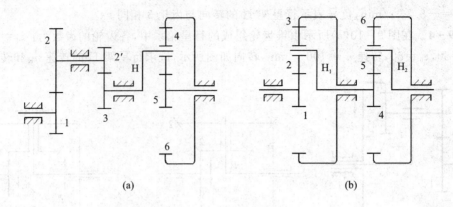

图 9 - 11　组合轮系

例 9 - 5　图 9 - 12 所示轮系中,已知各轮齿数为:$z_1 = 20, z_2 = 30, z_3 = 20, z_4 = 30, z_5 = 80$,齿轮 1 的转速 $n_1 = 900$ r/min。求行星架 H 的转速 n_H。

解:(1)划分轮系

由图 9 - 12 可知,齿轮 4 的轴线不固定,所以是行星轮,支撑它运动的构件 H 就是行星架,与齿轮 4 相啮合的齿轮 3 和 5 为中心轮,因此,齿轮 3、4、5 及行星架 H 组成了一个行星轮系。剩下的齿轮 1 和 2 是一个定轴轮系。二者合在一起便构成了一个组合轮系。

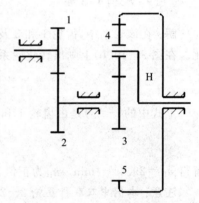

(2) 列出方程

定轴轮系部分的传动比为

$$i_{12} = \frac{n_1}{n_2} = -\frac{z_2}{z_1} \qquad (9-6)$$

行星轮系部分的传动比为

图 9 - 12　例 9 - 5 图

$$\frac{n_3 - n_H}{n_5 - n_H} = -\frac{z_4 z_5}{z_3 z_4} \qquad (9-7)$$

因为齿轮 2 及齿轮 3 为双联齿轮,所以有

$$n_2 = n_3 \qquad\qquad (9-8)$$

(3) 联立方程求解

将式(9-6)~式(9-8)三式联立求解,可得

$$n_H = -\frac{n_1}{\frac{z_2}{z_1}\left(1 + \frac{z_5}{z_3}\right)} = -\frac{900}{\frac{30}{20}\left(1 + \frac{80}{20}\right)} \text{ r/min} = -120 \text{ r/min}$$

n_H 为负值,表明与行星架与齿轮 1 的转动方向相反。

例 9 - 6　在图 9 - 13 所示的电动卷扬机中,已知各轮的齿数为:$z_1 = 24, z_2 = 48, z_{2'} = 30,$ $z_3 = 90, z_{3'} = 20, z_4 = 30, z_5 = 80$,转速 $n_1 = 1\ 500$ r/min,求卷筒的转速 n_H。

解:(1)划分轮系

逐个齿轮观察,由于双联齿轮 2—2′ 的轴线不固定,所以这两个齿轮是双联的行星轮,支承它运动的卷筒 H 就是行星架,与行星轮 2—2′ 相啮合的齿轮 1 和 3 为中心轮,因此齿轮 1、行星轮 2—2′、行星轮 3 和行星架 H 一起组成了差动轮系。其余齿轮 3′、4、5 各绕自身固定几何轴线转动,组成了定轴轮系。二者合在一起便构成了一个组合轮系。3—3′为双联齿轮,$n_3 = n_{3'}$,行星架 H 与齿轮 5 为同一构件,$n_5 = n_H$。

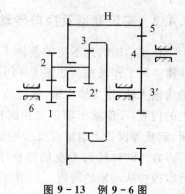

（2）列出方程

差动轮系部分的传动比为

$$\frac{n_1 - n_H}{n_3 - n_H} = -\frac{z_2 z_3}{z_1 z_{2'}} = -\frac{48 \times 90}{24 \times 30} = -6 \qquad (9-9)$$

定轴轮系部分的传动比为

$$i_{3'5} = \frac{n_{3'}}{n_5} = -\frac{z_4 z_5}{z_{3'} z_4} = -\frac{z_5}{z_{3'}} = -\frac{80}{20} = -4 \qquad (9-10)$$

又有

$$n_3 = n_{3'} \qquad (9-11)$$

$$n_5 = n_H \qquad (9-12)$$

图 9-13　例 9-6 图

（3）联立方程求解

联立式（9-9）～式（9-12）并代入数值,可解得

$$n_H = \frac{n_1}{i_{1H}} = \frac{1\,500 \text{ r/min}}{31} = 48.39 \text{ r/min}$$

n_H 为正值表明与卷筒 H 与齿轮 1 的转动方向相同。

9.4　轮系的应用

轮系广泛应用于各种机械设备及仪表中,主要有以下几个方面。

9.4.1　实现相距较远的两轴之间的传动

当两轴间距离较远时,如果仅用一对齿轮传动,如图 9-14 中虚线所示,则两轮的尺寸必然很大,机构总体尺寸也很大,结构不合理;如果采用一系列齿轮传动,如图 9-14 中实线所示,就可避免上述缺点。如汽车发动机曲轴的转动要通过一系列的减速传动才使运动传递到车轮上,如果只用一对齿轮传动是无法满足要求的。

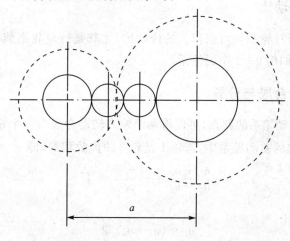

图 9-14　实现相距较远的两轴之间传动的定轴轮系

9.4.2 实现变速及换向传动

在主动轴转速不变的条件下,利用轮系可使从动轴获得多种工作转速。如图 9-15 所示的汽车变速箱,Ⅰ轴为输入轴,Ⅲ 为输出轴,通过改变齿轮 4 及齿轮 6 在轴上的位置,可使输出轴 Ⅲ 得到四种不同的转速。一般机床、起重等设备上也都需要这种变速传动。

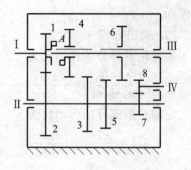

图 9-15 汽车的变速箱

在主动轴转向不变的条件下,利用轮系中的惰轮,可以改变从动轴的转向。如图 9-15 中Ⅳ轴上的齿轮 8 就是倒挡齿轮。再如图 9-16 所示为三星轮换向机构,搬动手柄转动三角形构件,使轮 1 与轮 2(或轮 3)啮合,可使轮 4 得到两种不同的转向。

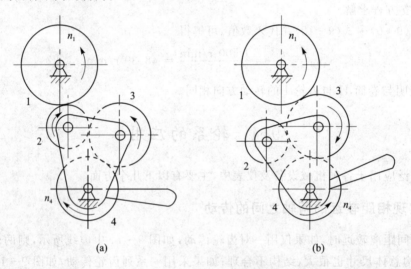

(a)   (b)

图 9-16 三星轮换向机构

9.4.3 获得大的传动比

采用定轴轮系或行星轮系均可获得大的传动比,尤其是行星轮系能在构件数量较少的情况下获得大的传动比,如例 9-2 中的轮系。

9.4.4 实现运动的合成与分解

利用行星轮系中差动轮系的特点,可以将两个输入转动合成为一个输出转动。在图 9-17 所示的由圆锥齿轮组成的差动轮系中,若轮 1 及轮 3 的齿数相等,即 $z_1 = z_3$,则

$$\frac{n_1 - n_H}{n_3 - n_H} = -\frac{z_3}{z_1} = -1$$

可得

$$n_H = (n_1 + n_3)/2$$

该轮系为差动轮系,有两个自由度。由上式可知,分别输入 n_1 和 n_3,可合成为一个输出的 n_H。

若 n_1 和 n_3 转向相同，则 n_H 为两个输入之和的 2 倍；若 n_1 和 n_3 转向相反，则 n_H 为两个输入之差的 2 倍。可见这种轮系可用作机械式加、减法机构，具有不受电磁干扰的特点，可用于处理敏感信号。其广泛应用于运算机构、机床等机械传动装置中。

差动轮系不仅可以将两个输入转动合成为一个输出转动，而且反过来就可以将一个输入转动分解为两个输出转动。如图 9 - 18 所示的汽车后桥上的差速器，就是用于运动分解的实例。

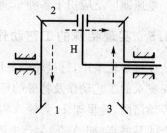

图 9 - 17　差动轮系

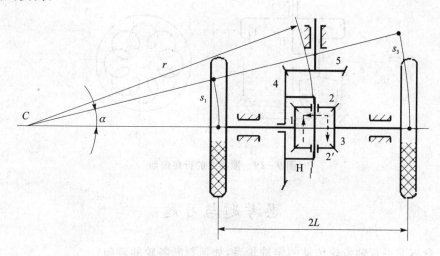

图 9 - 18　汽车后桥差速器

当汽车直线行驶时，左、右两轮转速相同，行星轮 2 和 2′ 不发生自转，齿轮 1、2、3 如同一个整体，一起随齿轮 4 转动，此时 $n_1 = n_3 = n_4$。

当汽车转弯时，例如向左转弯，为了保证两车轮与地面之间做纯滚动，以减少轮胎的磨损，就要求左轮转得慢一些，右轮转得快一些。此时，齿轮 1 与齿轮 3 之间发生相对转动，齿轮 2 除随齿轮 4 做公转外，还绕自身轴线回转。齿轮 2 是行星轮，齿轮 4 与行星架 H 固结在一起，齿轮 1、3 是中心轮。齿轮 1、2、3 及行星架 H 组成了差动轮系。根据式（9 - 5）及 $n_H = n_4$ 可得：

$$\frac{n_1 - n_4}{n_3 - n_4} = -\frac{z_3}{z_1} = -1$$

则有

$$n_4 = \frac{n_1 + n_3}{2}$$

又由图 9 - 18 可见，当汽车绕瞬时回转中心 C 转动时，左、右两车轮滚过的弧长 s_1 及 s_3 应与两车轮到瞬时回转中心 C 的距离成正比，即

$$\frac{n_1}{n_3} = \frac{s_1}{s_3} = \frac{\alpha(r - L)}{\alpha(r + L)} = \frac{r - L}{r + L}$$

当从发动机传过来的转速 n_4、轮距 $2L$ 和转弯半径 r 为已知时，即可由以上二式计算出转速 n_1 和 n_3。

由此可见，差速器可将齿轮 4 的一个输入转速 n_4，根据转弯半径 r 的变化，自动分解为左、右两后轮不同的转速 n_1 和 n_3。

差速器广泛应用于各种车辆、飞机等机械设备中。

9.4.5 实现特殊的工艺动作和轨迹

在行星轮系中,行星轮做平面运动,其上某些点的运动轨迹很特殊。利用这个特点,可以实现要求的工艺动作及特殊的运动轨迹。图 9-19(a)所示为某食品搅拌设备中搅拌头的行星传动简图,行星架 H 为输入构件,齿圈 1 固定,行星轮 2 带动搅拌桨 3 在容器内运动,搅拌桨上的某些点(如 A 点)会产生图 9-19(b)所示的曲线运动轨迹,可以满足将糖浆、面浆等物料搅拌调和均匀的要求。

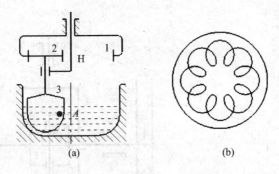

图 9-19 搅拌头的行星传动

思考题与习题

9-1 含有非平行轴齿轮传动的定轴轮系,如何判断各轮的转向?

9-2 定轴轮系和行星轮系的主要区别是什么?

9-3 何谓转化轮系?

9-4 如何计算行星轮系的传动比? 行星轮系中首、末两轮的轮向关系如何确定?

9-5 如何计算组合轮系的传动比?

9-6 图 9-20 所示的轮系中,已知 $z_1=15$,$z_2=25$,$z_3=15$,$z_4=30$,$z_5=15$,$z_6=30$,$z_7=2$(右旋),$z_8=60$,$z_9=20$($m=4$ mm),若 $n_1=500$ r/min,求齿条 10 移动线速度 v 的大小和方向。

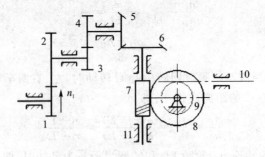

图 9-20 题 9-6 图

9-7 图 9-21 所示时钟系统齿轮的模数为 $m_B=m_C$,$z_1=15$,$z_2=12$,那么 z_B 和 z_C 各为多少?

9-8 图 9-22 所示为磨床砂轮进给机构,已知丝杠为右旋,导程 $S＝3$ mm,$z_1＝28$,$z_2＝56$,$z_3＝38$,$z_4＝57$,若手轮输入转速 $n_1＝50$ r/min,试求砂轮的进给速度和方向。

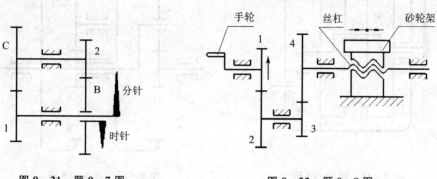

图 9-21　题 9-7 图　　　　　　　图 9-22　题 9-8 图

9-9 在图 9-23 所示的手动起重葫芦中,各齿轮的齿数为:$z_1＝12$,$z_2＝28$,$z_{2'}＝14$,$z_3＝54$,求手动链轮 S 和起重链轮 H 的传动比 i_{SH},并说明此轮系的类型及功能。

9-10 在图 9-24 所示的某螺旋桨发动机主减速器传动机构中,各齿轮的齿数分别为 z_1、z_2、z_3、z_4、z_5 及 z_6,且轮 1 为主动。求轮系的传动比 i_{1H}。

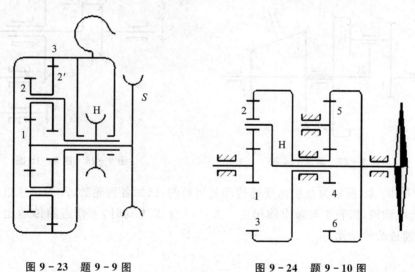

图 9-23　题 9-9 图　　　　　　　图 9-24　题 9-10 图

9-11 在图 9-25 所示的自行车里程表机构中,C 为车轮轴,已知:$z_1＝17$,$z_3＝23$,$z_4＝19$,$z_{4'}＝20$,$z_5＝24$,设轮胎受压变形后车轮的有效直径为 0.7 m,当自行车行 1 km 时,表上指针刚好回转一周,求齿轮 2 的齿数。

9-12 在图 9-4(a) 所示的轮系中,已知各轮齿数为 z_1,z_2,…,试求传动比 i_{15}。

9-13 如图 9-26 所示的传动机构中,各齿轮的齿数分别为:$z_1＝20$,$z_2＝30$,$z_3＝80$,$z_4＝25$,$z_5＝35$,$z_6＝95$,且轮 1 为主动,转速 $n_1＝960$ r/min。求行星架 H 的转速 n_H。

9-14 如图 9-27 所示组合轮系,已知 $z_1＝15$,$z_2＝25$,$z_3＝20$,$z_4＝60$,$z_5＝55$,$z_6＝30$,$z_7＝30$,若齿轮 7 的转速 $n_7＝50$ r/min,顺时针方向转动。试求齿轮 1 的转速 n_1 及转向。

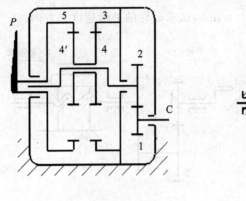

图 9-25 题 9-11 图

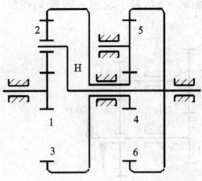

图 9-26 题 9-13 图

9-15 图 9-28 所示的轮系中,各轮齿数 $z_1=32$,$z_2=34$,$z_{2'}=36$,$z_3=64$,$z_4=32$,$z_5=17$,$z_6=24$。轮 1 按图示方向以 $n_1=1\,250$ r/min 的转速回转,而轮 6 按图示方向以 $n_6=600$ r/min 的转速回转,试求轮 3 的转速 n_3。

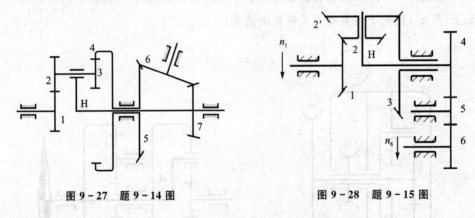

图 9-27 题 9-14 图   图 9-28 题 9-15 图

9-16 图 9-29 所示为某机床变速传动装置简图,已知各齿轮数,A 为快速进给电动机,B 为工作进给电动机,齿轮 4 与输出轴相连。求:(1)当 A 不动时,工作进给传动比 i_{64};(2)当 B 不动时,快速进给传动比 i_{14}。

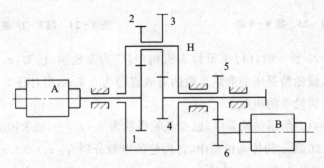

图 9-29 题 9-16 图

第 10 章 连 接

连接是将两个或两个以上的零(部)件连成一个整体的结构。通常,连接分为可拆连接和不可拆连接两大类。可拆连接在拆卸时不会损坏连接件和被连接件,如螺纹连接、键连接、销连接等;不可拆连接在拆卸时要损坏连接件或被连接件,如铆接、焊接等。可拆连接又分为静连接和动连接两种。所谓静连接是指被连接件间不产生相对移动的连接,如汽缸盖与缸体间所采用的紧螺栓连接;动连接是指被连接件间能实现相对运动的连接,如变速器中滑移齿轮与轴的花键连接。

10.1 螺 纹 连 接

在机械制造和工程结构中广泛应用着螺纹零件。利用螺纹零件(如螺栓和螺母)将两个或两个以上的零件相对固定起来的连接,称为螺纹连接。螺纹连接具有结构简单、拆装方便及连接可靠等优点。根据螺旋线所在的表面,螺纹可分为外螺纹和内螺纹。螺纹连接用的螺栓就是外螺纹;螺母为内螺纹。

10.1.1 螺纹连接的主要类型

螺纹连接由连接件和被连接件组成,连接的主要类型有螺栓连接、双头螺柱连接、螺钉连接和紧定螺钉连接。

1. 螺栓连接

1) 普通螺栓连接

如图 10-1 所示,被连接件不太厚,通孔不带螺纹,螺杆穿过通孔与螺母配合使用。装配后孔与螺栓杆间有间隙,结构简单,装拆方便,可多次装拆,应用较广。

2) 铰制孔用螺栓连接

图 10-2 所示为铰制孔用螺栓连接。被连接件上的孔需用铰刀进行精加工,螺栓杆需精制,二者之间常采用过渡配合。铰制孔用螺栓能精确固定连接件的相对位置并能承受横向载荷。

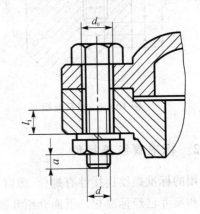

图 10-1 普通螺栓连接

2. 双头螺柱连接

双头螺柱旋紧在被连接件之一的螺孔中,用于因结构限制不能用螺栓连接的地方(如被连接件之一太厚)或希望结构较紧凑且经常装拆的场合,如图 10-3 所示。

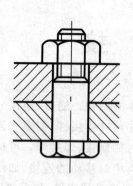
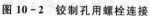

图 10-2　铰制孔用螺栓连接

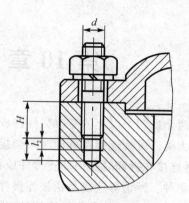

图 10-3　双头螺柱连接

3. 螺钉连接

螺钉连接适于被连接件之一较厚(上带螺纹孔),不需经常装拆;一端有螺钉头,不需螺母,适于受载较小的情况。

4. 紧定螺钉连接

拧入后,利用杆末端顶住另一零件表面或旋入零件相应的缺口中,以固定零件的相对位置。可传递不大的轴向力或扭矩。

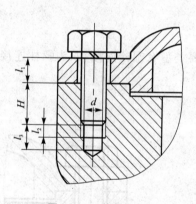

图 10-4　螺钉连接

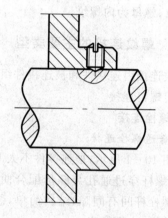

图 10-5　紧定螺钉连接

10.1.2　标准螺纹连接件

常用的标准螺纹连接件有螺栓、螺钉、双头螺柱、螺母、垫圈和防松零件等,这些零件的结构形式和尺寸已经标准化。下面介绍几种常用的连接件。

1. 螺　栓

按加工精度不同将螺栓分为 A、B、C 三级,通常多用 C 级。杆部可以是全螺纹或一段螺纹。

2. 双头螺柱

双头螺柱两端均有螺纹,其螺纹可以相同也可不同。双头螺柱的一端旋入较厚被连接件的螺纹孔中并固定,另一端穿过较薄被连接件的通孔,与螺母组合使用。

3. 螺　钉

螺钉头部形状有圆头、扁圆头、六角头、十字头、圆柱头和沉头等，其中，内外六角头螺钉可施加较大的拧紧力矩，而圆头和十字头螺钉不能施加太大的拧紧力矩。

4. 紧定螺钉

在结构上紧定螺钉头部和尾部的形式很多，头部为一字槽的紧定螺钉最常用。尾部形状有锥端、平端和圆柱端，锥端用于低硬度表面或不常拆卸处；平端用于高硬度表面或常拆卸处；圆柱端压入空心轴上的凹坑以紧定零件位置。

5. 螺　母

常用的为六角螺母，根据螺母的厚度不同分为标准螺母、厚螺母和薄螺母三种。薄螺母常用于受剪力的螺栓上或空间尺寸受限制的场合。螺母的制造精度和螺栓相同，分为 A、B、C 三级，分别与相同级别的螺栓配用。

6. 垫　圈

垫圈是螺纹连接中不可或缺的零件，被放置在螺母与被连接件之间，起保护支承面的作用。常用的形式有平垫圈、弹簧垫圈等，平垫圈可保护被连接件的表面不被划伤，弹簧垫圈用于摩擦防松。

10.1.3　螺纹连接的预紧和防松

1. 螺纹连接的预紧

螺纹连接根据工作时是否拧紧，可分为松连接和紧连接。松连接在装配时不拧紧，只有在承受外载时才受到力的作用；紧连接在装配时须拧紧，即在承载前，螺栓杆已预先受预紧力 F' 的作用。实际使用中绝大多数螺栓连接都是紧连接。

预紧的目的是增加连接刚度、紧密性，并提高防松能力。

对于预紧力大小的控制，螺栓连接可凭经验控制，重要螺栓连接通常要采用测力矩扳手或定力矩扳手来控制。对于常用的钢制 M10～M68 的粗牙普通螺纹，拧紧力矩 T 的经验公式为

$$T \approx 0.2 F'd \tag{10-1}$$

式中：T 为拧紧力矩，N·mm；F' 为预紧力，N；d 为螺纹的公称直径，mm。

直径小的螺栓在拧紧时容易过载被拉断，因此对于重要的螺栓连接不宜选用小于 M10～M14 的螺栓（与螺栓强度级别有关）。为避免拧紧应力过大而降低螺栓强度，在装配时应控制拧紧力矩。对于不控制拧紧力矩的螺栓连接，在计算时应取较大的安全系数。

对于重要的螺栓连接，应根据连接的紧密要求、载荷性质、被连接件刚度等工作条件决定所需拧紧力矩的大小，以便装配时控制。

2. 螺纹连接的防松

防松的目的是防止螺母与螺栓的相对转动。螺纹连接一般具有自锁性，且螺母与被连接件支承面间的摩擦力也能起到防松的作用，故在受静载荷并且温度变化不大时，连接螺母一般不会自行松脱。但如果温度变化较大，承受振动或冲击载荷，则连接螺母会逐渐松脱。螺母松动的后果有时是相当严重的，如引起机器的严重损坏或导致重大的人身事故等，所以设计时必须按照工作条件、可靠性要求、结构特点等考虑设置防松装置。螺纹防松装置是为了防止螺纹副产生相对运动，按其原理可分为摩擦防松、机械防松和不可拆防松三类。

1）摩擦防松

摩擦防松的原理是在螺纹副中产生不随外力变化的正压力，形成阻止螺旋副相对转动的摩擦力。

（1）弹簧垫圈防松，如图 10-6(a)所示，螺母拧紧后，弹簧垫圈被压平，其弹力使螺纹副在轴向上张紧，而且垫圈斜口方向也对螺母起防松作用。这种防松方法结构简单，使用方便，但垫圈弹力不均，因而防松也不十分可靠，一般多用于不太重要的连接。

（2）对顶螺母防松，如图 10-6(b)所示，两个螺母对顶拧紧，螺杆旋合段受拉而螺母受压，使螺纹副轴向张紧，从而达到防松的目的。这种防松方法用于平稳、低速和重载的连接，但轴向尺寸较大。

（3）自锁螺母防松，如图 10-6(c)所示，在螺母上端开缝后径向收口，拧紧胀开，靠螺母弹性锁紧，达到防松的目的。这种防松装置简单、可靠，可多次装拆而不降低防松能力，一般用于重要场合。

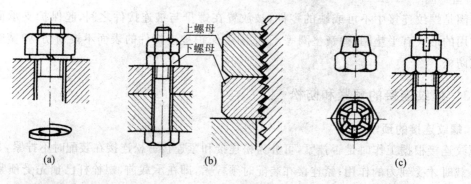

图 10-6　摩擦防松

2）机械防松

机械防松是利用各种止动件机械地限制螺纹副相对运动的方法，可分为以下三类：

（1）开口销防松，如图 10-7 所示，槽型螺母拧紧后，用开口销穿过螺栓尾部小孔和螺母槽，并将开口销尾部扳开，阻止螺母与螺栓的相对转动。这种防松装置防松可靠，一般用于受冲击或载荷变化较大的连接。

（2）止动垫圈防松，如图 10-8 所示，图（a）为单耳止动垫圈，一边弯起贴在螺母的侧面上，另一边弯下贴在被连接件的侧壁上，这种连接防松可靠；图（b）为圆螺母用止动垫圈，将内舌插入轴上的槽中，外舌之一弯起到圆螺母的缺口中，用于轴上螺纹的防松。

（3）串联钢丝防松，如图 10-9 所示，将钢丝插入各螺钉头部的孔内，将各螺钉串联起来使其相互制约，达到防松的目的，这种防松一般用于螺钉组的连接，连接可靠，但装拆不便。

3）不可拆防松

不可拆防松是指在螺旋副拧紧后，采用冲点[图 10-10(a)]、焊接[图 10-10(b)]、胶结接[图 10-10(c)]等方法，使螺纹连接不可拆卸。这种方法一般用于永久性连接，方法简单可靠。

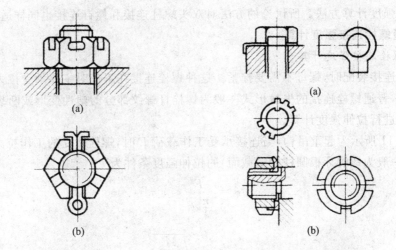

图 10 - 7 槽形螺母与开口销防松   图 10 - 8 止动垫圈防松

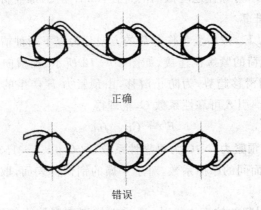

正确

错误

图 10 - 9 串联钢丝防松

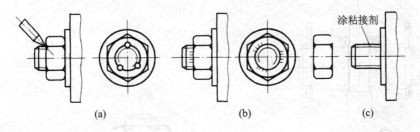

涂粘接剂

(a)   (b)   (c)

图 10 - 10 不可拆防松

10.1.4 螺栓连接的强度计算

　　螺栓连接所选用的零件多是标准件,强度计算的对象是螺栓杆,计算的目的是确定螺栓的公称直径。由于螺栓杆上的螺纹牙及其他连接件的标准是按等强度原则制定的,所以对螺纹牙一般不进行强度计算,而螺母、垫圈等则以螺纹的公称直径为依据,由相应的标准中选取即可。

　　螺纹连接包括螺栓连接、双头螺柱连接和螺钉连接等类型。下面以螺栓连接为代表讨论螺纹连接的强度计算方法。所讨论的方法对双头螺柱连接和螺钉连接也同样适用。

1. 普通螺栓连接强度计算

1）松螺栓连接强度计算

松螺栓连接装配时，螺母不需要拧紧。这种螺栓连接在工作时主要承受拉力，在轴向静载荷的作用下，普通螺栓连接的失效形式一般为螺栓杆螺纹部分的塑性变形或断裂，因此对普通螺栓连接要进行拉伸强度计算。

图 10-11 所示为起重吊钩，当连接承受工作载荷 F 时，螺栓所受的工作拉力为 F，则螺栓危险截面（一般为螺纹牙根圆柱的横截面）的拉伸强度条件为

$$\sigma = \frac{F}{\frac{\pi}{4}d_1^2} \leqslant [\sigma] \tag{10-2}$$

或

$$d_1 \geqslant \sqrt{\frac{4F}{\pi[\sigma]}} \tag{10-3}$$

式中：F 为工作拉力，N；d_1 为螺栓危险截面的直径，mm；$[\sigma]$ 为螺栓材料的许用拉应力，MPa。

2）紧螺栓连接强度计算

紧螺栓连接有预紧力 F'，按所受工作载荷的方向分为以下两种情况。

（1）仅受横向工作载荷的紧螺栓连接，如图 10-12 所示，在横向工作载荷 F_s 的作用下，被连接件接合面间有相对滑移趋势，为防止滑移，由预紧力 F' 产生的摩擦力应大于或等于横向载荷 F_s，即 $F'fm \geqslant F_s$。引入可靠性系数 C，整理得

$$F' = CF_s/fm \tag{10-4}$$

式中：F' 为螺栓所受轴向预紧力，N；C 为可靠性系数，取 $C=1.1\sim1.3$；F_s 为螺栓连接所受横向工作载荷，N；f 为接合面间的摩擦系数，对于干燥的钢铁件表面，取 $f=0.1\sim0.16$；m 为接合面的数目。

螺栓除受预紧力 F' 引起的拉应力 σ 外，还受螺旋副中摩擦力矩 T 起的扭转切应力 τ 作用。对于 M10～M68 的普通钢制螺栓，$\tau \approx 0.5\sigma$，根据第四强度理论，可知相当应力 $\sigma_e \approx 1.3\sigma$。

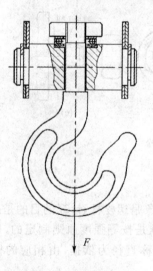

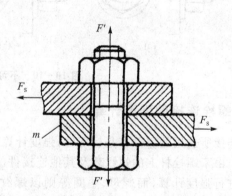

图 10-11　起重吊钩　　　　**图 10-12　受横向工作载荷的紧螺栓连接**

因此,螺栓的强度校核与设计计算公式分别为

$$\sigma_e = 1.3 \frac{F'}{\pi d_1^2 / 4} \leqslant [\sigma] \tag{10-5}$$

$$d_1 \geqslant \sqrt{\frac{4 \times 1.3 F'}{\pi [\sigma]}} \tag{10-6}$$

(2) 受轴向工作载荷的紧螺栓连接。这种紧螺栓连接常见于对紧密性要求较高的压力容器中,如汽缸、油缸中的缸体及缸盖法兰连接。工作载荷作用前,螺栓只受预紧力 F',接合面受压力 F',如图 10-13(a)所示;工作时,在轴向工作载荷 F 作用下,接合面有分离趋势,该处压力由 F' 减为 F'',F'' 称为残余预紧力,同时也作用于螺栓。因此,所受总拉力 F_Q 应为轴向工作载荷 F 与残余预紧力 F'' 之和,如图 10-13(b)所示,即

$$F_Q = F + F'' \tag{10-7}$$

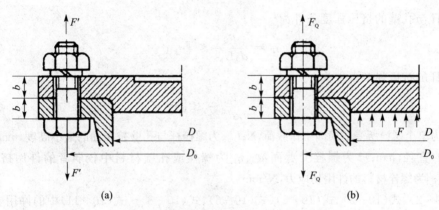

(a)   (b)

图 10-13 受轴向工作载荷的普通螺栓连接

为保证连接的紧固性与紧密性,残余预紧力 F'' 应大于零,表 10-1 列出了 F'' 的推荐值。

表 10-1 残余预紧力 F'' 用项

连接类型		残余预紧力 F''
一般坚固连接	工作拉力 F 无变化	$F'' = (0.2 \sim 0.6) F$
	工作拉力 F 有变化	$F'' = (0.6 \sim 1.0) F$
有密封要求紧密连接		$F'' = (1.5 \sim 1.8) F$

螺栓的强度校核与设计计算公式分别为

$$\frac{1.3 F_Q}{\frac{\pi d_1^2}{4}} \leqslant [\sigma] \tag{10-8}$$

$$d_1 \geqslant \sqrt{\frac{4 \times 1.3 F_Q}{\pi [\sigma]}} \tag{10-9}$$

2. 铰制孔用螺栓连接的强度计算

如图 10-14 所示,这种连接是将螺栓穿过与被连接件上的铰制孔并与之过渡配合。其受力形式为:在被连接件的接合面处螺栓杆受剪切;螺栓杆表面与孔壁之间受挤压。因此,应分别按挤压强度和抗剪强度计算。

这种连接所受的预紧力很小,所以在计算中不考虑预紧力和螺纹摩擦力矩的影响。

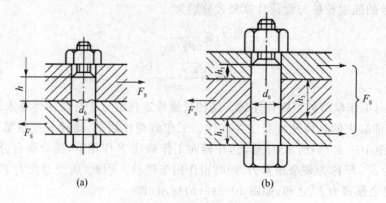

图 10-14 铰制孔螺栓连接

螺栓杆与孔壁的挤压强度条件为

$$\sigma_P = \frac{F_S}{d_0 L_{\min}} \leqslant [\sigma_p] \tag{10-10}$$

螺栓杆的抗剪强度条件为

$$\tau = \frac{F_S}{m \pi d_0^2 / 4} \leqslant [\tau] \tag{10-11}$$

式中：F_S 为单个螺栓所受的横向工作载荷，N；$L_{\min}$ 为螺栓杆与孔壁挤压面的最小高度，mm；d_0 为螺栓剪切面的直径，mm；m 为螺栓受剪面数；$[\sigma_p]$ 为螺栓或孔壁材料中较弱者的许用挤压应力，N/mm^2；$[\tau]$ 为螺栓材料的许用切应力，N/mm^2。

式(10-2)、式(10-3)、式(10-5)、式(10-6)、式(10-8)～式(10-11)中的许用应力可查表 10-2～表 10-4 确定。

表 10-2　螺纹紧固件常用材料的力学性能

钢号	Q215	Q235	35	45	40Cr
强度极限 $\sigma_b/(N \cdot mm^{-2})$	340～420	10～470	540	650	750～1 000
屈服极限 $\sigma_s/(N \cdot mm^{-2})$	220	240	320	360	650～900

表 10-3　螺纹连接的许用应力和安全系数

连接情况	受载情况	许用应力和安全系数
松连接	静载荷	$[\sigma] = \sigma_s / s$，$s = 1.2～1.7$
紧连接	静载荷	$[\sigma] = \sigma_s / s$，s 取值：控制预紧力时，$s = 1.2～1.5$；不严格控制预紧力时，s 查表 10-4
铰制孔用 螺栓连接	静载荷	$[\tau] = \sigma_s / 2.5$。连接件为钢时，$[\sigma_p] = \sigma_s / 1.25$；连接件为铁时，$[\sigma_p] = \sigma_s / (2～2.5)$
	变载荷	$[\tau] = \sigma_s / (3.5～5)$。$[\sigma_p]$ 按静载荷的 $[\sigma_p]$ 值降低 20%～30%

表 10-4　预紧螺栓连接的安全系数(不控制预紧力)

材料种类	静载荷			动载荷		
	M6～M16	M16～M30	M30～M60	M6～M16	M16～M30	M30～M60
碳钢	4～3	3～2	2～1.3	10～6.5	6.5	6.5～10
合金钢	5～4	4～2.5	2.5	7.5～5	5	6～7.5

10.1.5　螺纹组连接的结构设计

机器设备中螺纹连接件经常是成组使用的,其中螺栓组连接最为典型,螺栓组连接的结构设计应考虑以下几方面问题。

（1）螺栓组的布置应尽可能对称,以使接合面受力比较均匀。一般都将接合面设计成对称的简单几何形状,并应使螺栓组的对称中心与接合面的形心重合,如图 10-15 所示。

（2）当螺栓连接承受弯矩和转矩时,还需将螺栓尽可能地布置在靠近接合面边缘处,以减少螺栓中的载荷。如果普通螺栓连接受较大的横向工作载荷,则可用套筒、键、销等零件来分担横向工作载荷,以减小螺栓的预紧力和结构尺寸,如图 10-16 所示。

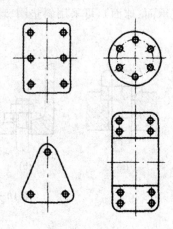

图 10-15　螺栓组的布置图

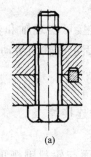 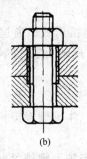 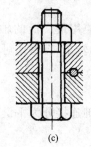

(a)　　　　　　　(b)　　　　　　　(c)

图 10-16　减荷装置

（3）分布在同一圆周上的螺栓数,应取为 3、4、6、8 等易于等分的数目,以便于钻孔时分度加工。

（4）在一般情况下,为了安装方便,同一组螺栓不论受力大小,均应采用同样的材料和规格尺寸,如螺栓直径和长度尺寸等。

（5）螺栓布局要有合理的距离。在布置螺栓时,螺栓中心线与机体壁之间以及螺栓相互之间的距离,要根据扳手活动所需的空间大小来决定,如图 10-17 所示。扳手空间的尺寸可查有关手册。

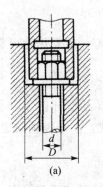 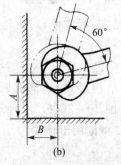 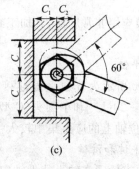

(a)　　　　　　　(b)　　　　　　　(c)

图 10-17　扳手空间

（6）避免承受附加弯曲应力。引起附加弯曲应力的因素很多,除因制造、安装上的误差及被连接件的变形等因素外,螺栓、螺母支承面不平或倾斜等都可能引起附加弯曲应力。支承面一般应为加工面,为了减少加工面,常将支承面做成凸台、凹坑。为了适应特殊的支承面(倾斜的支承面、球面),可采用斜垫圈、球面垫圈等,如图10-18所示。

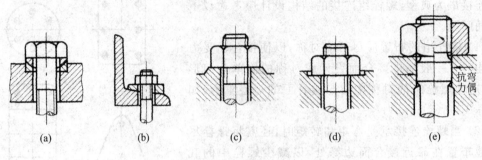

| (a) | (b) | (c) | (d) | (e) |

图 10-18 避免承受附加弯曲应力的措施

10.2 键连接与花键连接

键连接是一类应用最广泛的轴毂连接形式。通过键连接可实现轴和轮毂之间的周向固定,同时传递运动和转矩,有些还可以实现轴上零件的轴向固定或轴向滑动的导向。

10.2.1 键连接

按照结构特点键连接分为平键连接、半圆键连接和楔键连接等。

1. 平键连接

平键的横截面为矩形,平键的下面与轴上键槽紧贴,上面与轮毂键槽顶面留有间隙,两侧面为工作面,如图10-19所示。

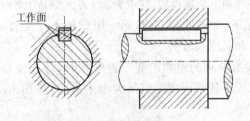

图 10-19 平键连接

平键连接应用非常广泛,其加工容易,装拆方便,对中性良好。根据用途可将其分为如下三种:

1）普通平键

图10-20所示为普通平键连接的结构形式,端部有圆头(A型)[图10-20(a)]、平头(B型)[图10-20(b)]和单圆头(C型)[图10-20(c)]三种形式。A型键轴向定位好,应用广泛,但键槽部位轴上的应力集中较大。C型键用于轴端。

2）导向平键和滑键

当工作要求轮毂在轴上能做轴向滑移时,可采用导向平键连接或滑键连接,如图10-21

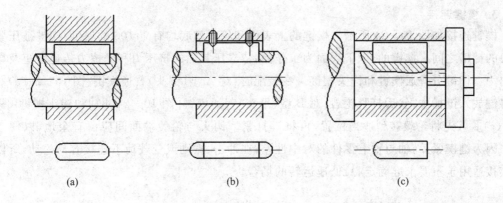

(a)   (b)   (c)

图 10 - 20   普通平键

所示。导向平键较长,用螺钉固定在轴上,键中间设有起键螺孔,以便拆卸。当轴上零件移动距离较大时,宜采用滑键连接,但因其键过长,制造、安装困难。如图 10 - 22 所示,滑键固定在轮毂上。零件在轴上移动,带动滑键在轴槽中做轴向移动,这种连接需要在轴上铣出较长的键槽,而键可以做得较短。

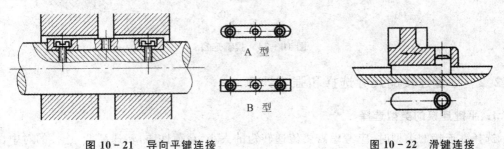

A 型

B 型

图 10 - 21   导向平键连接   图 10 - 22   滑键连接

2.半圆键连接

如图 10 - 23 所示,半圆键用于静连接,键的侧面为工作面。轴上键槽用半径与键相同的盘状铣刀铣出,因而键在槽中能摆动,以适应轮毂键槽的斜度。

半圆键用于静连接,键的侧面为工作面。这种连接的优点是工艺性较好,缺点是轴上键槽较深,对轴的削弱较大,故主要用于轻载荷和锥形轴端的连接。

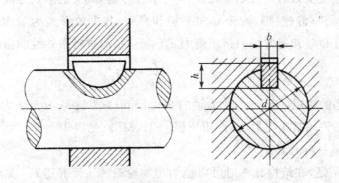

图 10 - 23   半圆键连接

3. 楔键连接

楔键连接如图 10-24 所示。楔键的上表面和轮毂槽底均有 1:100 的斜度,楔键被压紧在轴毂的键槽之间。楔键的上、下表面为工作面,依靠压紧面的挤压力和摩擦力传递转矩及单向轴向力。楔键分普通楔键和钩头楔键。在装配时,对 A 型(圆头)普通楔键[图 10-24(a)],要先将键放入键槽中,然后打紧轮毂;对 B 型(平头)普通楔键[图 10-24(b)]和钩头楔键[图 10-24(c)],可先将轮毂装到适当位置,再将键打紧。钩头与轮毂端面间应留有余地,以便于拆卸。因为键楔紧后,轴与轴上零件的对中性差,在冲击、振动或变载荷下连接容易松动,所以楔键连接适用于不要求准确定心、低速运转的场合。

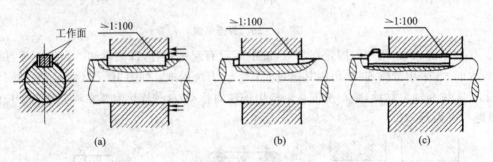

图 10-24 楔键连接

10.2.2 平键连接的尺寸选择和强度计算

1. 平键连接的类型选择

选择键连接的类型时,应考虑需要传递转矩的大小,载荷性质,转速高低,连接的对中性要求,是否要求轴向固定,轴向零件是否需要滑移及滑移的距离,以及键在轴上的安装位置等。

2. 平键连接的尺寸选择

键已标准化,键的截面尺寸(宽度 b 和高度 h)根据轴的直径从表 10-5 中选取,键的长度 L 应略小于轮毂的宽度 L_1,通常取 5~10 mm,并按表中提供的长度系列标准值圆整。

3. 平键连接的强度校核

键连接的主要失效形式有如下几种:对于普通平键,其失效形式为键、轴、轮毂三者中强度较弱工作面被压溃(静连接);对于导向平键和滑键,其失效形式为工作表面过度磨损(动连接)。因此,对于键连接通常按照挤压应力 σ_p(或压强 p)进行条件性的强度计算,校核公式为

$$\sigma_p = \frac{4T}{dhl} \leqslant [\sigma_p] \tag{10-12}$$

式中:T 为传递的转矩,N·mm;d 为轴的直径,mm;h 为键高,mm;l 为键的工作长度,mm;$[\sigma_p]$ 为键连接的许用挤压应力(或许用压强 $[p]$),MPa,见表 10-6。计算时应取连接键、轴、轮毂三者中最弱材料的值。

如果强度不足,在结构允许时可以适当增加轮毂的长度和键长,或者间隔 180°布置两个键。考虑载荷分布的不均匀性,双键连接按 1.5 个键进行强度校核。

表 10-5 普通平键键槽的尺寸与公差(摘自 GB/T 1095—2003、GB/T 1096—2003)

mm

轴直径 d	键尺寸 b×h	键槽 宽度 b 基本尺寸	正常连接 轴 N9	正常连接 毂 JS9	紧密连接 轴和毂 P9	松连接 轴 H9	松连接 毂 D10	深度 轴 t 基本尺寸	轴 t 极限偏差	毂 t1 基本尺寸	毂 t1 极限偏差	半径 r 最小值	半径 r 最大值
6~8	2×2	2	−0.004 −0.029	±0.0125	−0.006 −0.031	+0.025 0	+0.060 +0.020	1.2	+0.1 0	1.0	+0.1 0	0.08	0.16
8~10	3×3	3	−0.004 −0.029	±0.0125	−0.006 −0.031	+0.025 0	+0.060 +0.020	1.8		1.4		0.08	0.16
10~12	4×4	4	0 −0.030	±0.015	−0.012 −0.042	+0.030 0	+0.078 +0.030	2.5		1.8		0.16	0.25
12~17	5×5	5	0 −0.030	±0.015	−0.012 −0.042	+0.030 0	+0.078 +0.030	3.0		2.3		0.16	0.25
17~22	6×6	6	0 −0.030	±0.015	−0.012 −0.042	+0.030 0	+0.078 +0.030	3.5		2.8		0.16	0.25
22~30	8×7	8	0 −0.036	±0.018	−0.015 −0.051	+0.036 0	+0.098 +0.040	4.0		3.3		0.16	0.25
30~38	10×8	10	0 −0.036	±0.018	−0.015 −0.051	+0.036 0	+0.098 +0.040	5.0		3.3		0.16	0.25
38~44	12×8	12	0 0.043	±0.0215	−0.018 −0.061	+0.043 0	+0.120 +0.050	5.0	+0.2 0	3.3	+0.2 0	0.25	0.40
44~50	14×9	14	0 0.043	±0.0215	−0.018 −0.061	+0.043 0	+0.120 +0.050	5.5		3.8		0.25	0.40
50~58	16×10	16	0 0.043	±0.0215	−0.018 −0.061	+0.043 0	+0.120 +0.050	6.0		4.3		0.25	0.40
58~65	18×11	18	0 0.043	±0.0215	−0.018 −0.061	+0.043 0	+0.120 +0.050	7.0		4.4		0.25	0.40
65~75	20×12	20	0 0.052	±0.026	−0.022 −0.074	+0.052 0	+0.149 +0.065	7.5		4.9		0.40	0.60
75~85	22×14	22	0 0.052	±0.026	−0.022 −0.074	+0.052 0	+0.149 +0.065	9.0		5.4		0.40	0.60
85~95	25×14	25	0 0.052	±0.026	−0.022 −0.074	+0.052 0	+0.149 +0.065	9.0		5.4		0.40	0.60
95~110	28×16	28	0 0.052	±0.026	−0.022 −0.074	+0.052 0	+0.149 +0.065	10.0		6.4		0.40	0.60
键长系列	6,8,10,12,14,16,18,20,22,25,28,32,36,40,45,50,56,63,70,80,90,100,110,125,140,160,180,200,250,280,320,360												

注:(1) 在工作图中,轴槽深用 t 或 $d-t$ 标注,轮毂槽深用 $d+t_1$ 标注。

(2) $d-t$ 和 $d+t_1$ 两组组合尺寸的极限偏差按相应的 t 和 t_1 的极限偏差选取,但 $d-t$ 的极限偏差应取负值。

(3) 表中轴直径 d 不属于 GB/T 1095—2003、GB/T 1096—2003。

表 10-6 键连接的许用挤压应力(压强)

MPa

项 目	连接性质	键或轴、毂材料	载荷性质 静载荷	轻微冲击	冲 击
$[\sigma_p]$	静连接	钢	120~150	100~120	60~90
		铸铁	70~80	50~60	30~45
$[p]$	动连接	钢	50	40	30

4. 平键连接的公差配合

轮毂键槽深度为 t_2,轴上键槽深度为 t_1,它们的宽度与键的宽度相同。键连接按配合情况分为正常连接、紧密连接和松连接。据此从表 10-5 中可查出相应的公差并标注在图中。键槽的表面粗糙度一般规定为:轴槽、轮毂槽两侧面的表面粗糙度 Ra 值推荐为 $1.6\sim3.2\ \mu m$,轴槽、轮毂槽底面的表面粗糙度 Ra 值推荐为 $6.3\ \mu m$。

例 10-1 图 10-25 所示为某钢制输出轴与铸铁齿轮采用键连接,已知装齿轮处轴的直径 $d=45$ mm,齿轮轮毂长度 $L_1=80$ mm,该轴传递的转矩 $T=200$ kN·mm,载荷有轻微冲击。试设计该键连接。

解:(1) 选择键连接的类型

为保证齿轮传动啮合良好,要求轴毂对中性好,故选用 A 型普通平键连接。

（2）选择键的主要尺寸

按轴径 $d = 45$ mm,由表 10-4 查得键宽 $b = 14$ mm,键高 $h = 9$ mm,键长 $L = 80$ mm$-(5\sim10)$ mm$= (75\sim70)$ mm,取 $L = 70$ mm ,标记为：键 14×70 GB/T 1096—2003。

（3）校核键连接强度

由表 10-6 查铸铁材料$[\sigma_p] = 50\sim60$ MPa,由公式(10-12)计算键连接的挤压应力为

$$\sigma_p = \frac{4T}{dhl} = \frac{4\times200\ 000}{45\times9\times(70-14)} = 35.27 \leqslant [\sigma_p]$$

所选键连接强度足够。

（4）标注键连接的公差

轴、毂公差的标注如图 10-26 所示。

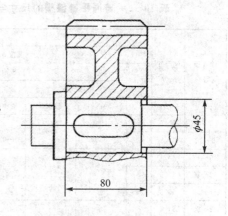

图 10-25 键连接

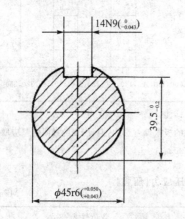
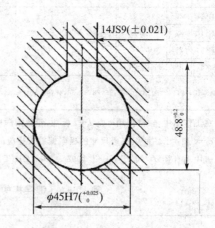

图 10-26 轴、毂公差标注

10.2.3 花键连接

花键连接由轴上加工出的外花键和轮毂孔内加工出的内花键组成,如图 10-27 所示。工作时靠键齿的侧面互相挤压来传递转矩。花键连接的优点是：键齿数多,承载能力强；键槽较浅,应力集中小,对轴和轮毂的强度削弱也小；键齿均布,受力均匀；轴上零件与轴的对中性好,导向性好。花键连接的缺点是加工成本较高。因此,花键连接用于定心精度要求较高和传递载荷较大的场合。

花键连接已标准化,按齿形的不同,分矩形花键和渐开线花键等。

1. 矩形花键

矩形花键的截面形状为矩形,矩形花键的齿侧为直线。按键

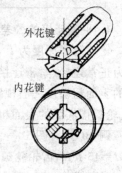

图 10-27 花 键

齿数和键高的不同,矩形花键分轻、中两个系列。对轻载的静连接,选用轻系列;对重载的静连接或动连接,选用中系列。

国家标准规定,矩形花键连接采用小径定心,如图 10-28 所示。这种定心方式的轴和毂的小经需经磨削,形成配合面,使定心精度高。

2. 渐开线花键

渐开线花键的齿廓为渐开线,如图 10-29 所示,工作时各齿均匀承载,强度高。渐开线花键可以用齿轮加工设备制造,工艺性好,加工精度高,互换性好。因此,渐开线花键连接常用于传递载荷较大、轴径较大、大批量生产的重要场合。

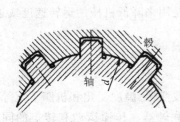
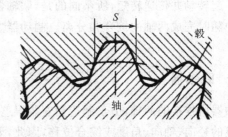

图 10-28 矩形花键连接   图 10-29 渐开线花键连接

渐开线花键的主要参数为模数 m、齿数 z、分度圆压力角 α 等。按分度圆压力角的大小可分为 30°、37.5°和 45°三种;按齿根形状可分为平齿根和圆齿根两种。圆齿根比平齿根应力集中小,平齿根比圆齿根便于制造。$\alpha=45$°的渐开线花键齿数多、模数小,多用于轻载和直径较小的静连接,特别适用于轴与薄壁零件的连接。

10.3 销连接

销主要用于固定零部件之间的相对位置,称为定位销,如图 10-30 所示。它是组合加工和装配时的重要辅助零件;也可用于连接,即连接销,如图 10-31 所示;还可充当过载剪断元件,即安全销,如图 10-32 所示。

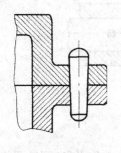
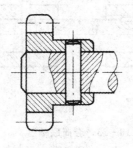
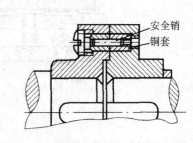

图 10-30 定位销   图 10-31 连接销   图 10-32 安全销

定位销一般不受载荷或只受很小的载荷,其直径按结构确定,数目不少于两个。连接销能传递较小的载荷,其直径也按结构及经验确定,必要时校核其挤压和剪切强度。安全销的直径应按销的剪切强度 τ_b 计算,当过载 20%～30% 时即应被剪断。销的常用材料为 35 钢、45 钢。

销按形状分为圆柱销、圆锥销和异形销三类。圆柱销靠过盈与销孔配合,为保证定位精度和连接的坚固性,不宜经常装拆。圆锥销具有 1:50 的锥度,小端直径为标准值,自锁性能好,定位精度高。圆柱销和圆锥销的销孔均需铰制。异形销种类很多,其中开口销工作可靠,拆卸方便,常与槽形螺母合用,锁定螺纹连接件。

10.4 联轴器、离合器和制动器

联轴器、离合器和制动器都是机械传动中的重要部件。联轴器、离合器可连接主、从动轴,使两轴一起转动并传递转矩,所不同的是,联轴器只能保持两轴的接合,而离合器却可在机器的工作中随时完成两轴的接合和分离。制动器主要是用来降低机械的运转速度或迫使机械停止运转。

10.4.1 联轴器

联轴器所连接的两轴,由于制造和安装误差、受载变形、温度变化和机座下沉等原因,可能产生轴线的径向、轴向、角度或综合位移,因此,要求联轴器在传递运动和转矩的同时,还应具有一定范围内补偿位移、缓冲吸振的能力。联轴器按内部是否包含弹性元件,分为刚性联轴器和弹性联轴器两大类。其中刚性联轴器按有无位移补偿能力,又分为固定式刚性联轴器和可移式刚性联轴器两类。下面介绍几种常用的联轴器。

1. 固定式刚性联轴器

固定式刚性联轴器对轴线的位移没有补偿能力,适用于载荷平稳、两轴对中性好的场合。常用的固定式刚性联轴器有套筒联轴器和凸缘联轴器等。

1)套筒联轴器

如图 10-33 所示,套筒联轴器利用套筒和连接零件(键或销)将两轴连接起来。图(a)为键连接,其中的螺钉用于轴向固定;图(b)为销连接,其中的锥销,当轴超载时会被剪断,可起到安全保护的作用。

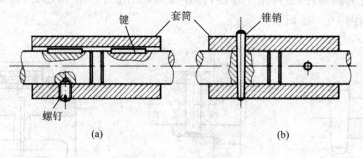

图 10-33 套筒联轴器

套筒联轴器结构简单,径向尺寸小,容易制造,适用于载荷不大、工作平稳、两轴严格对中、频繁启动的场合。

2)凸缘联轴器

如图 10-34 所示,凸缘联轴器由两个带凸缘的半联轴器和一组螺栓组成。这种联轴器有两种对中方式:一种是通过分别具有凸槽和凹槽的两个半联轴器的相互嵌合来对中,半联轴器之间采用普通螺栓连接,如图 10-34 上半部所示;另一种是通过铰制孔用螺栓与孔的紧配合对中,如图 10-34 下半部所示。当尺寸相同时后者传递的转矩较大,且装拆时轴不必做轴向移动。

凸缘联轴器的主要特点是结构简单,成本低,传递的转矩较大,要求两轴的同轴度要好。凸缘联轴器适用于刚性大、振动冲击小和低速大转矩的连接场合,是应用最广的一种固定式刚性联轴器。

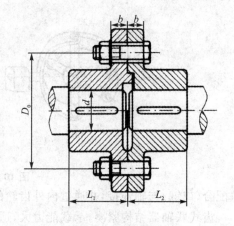

图 10-34 凸缘联轴器

2. 可移式刚性联轴器

可移式刚性联轴器也叫无弹性元件的挠性联轴器,常用的有十字滑块联轴器、万向联轴器和齿式联轴器等。

1)十字滑块联轴器

如图 10-35 所示,十字滑块联轴器由两个在端面上开有凹槽的半联轴器 1、3 和一个两端面均带有凸牙的中间盘 2 组成,中间盘两端面的凸牙位于互相垂直的两个直径方向上,并在安装时分别嵌入 1 和 3 的凹槽中。由于凸牙可在凹槽中滑动,故可补偿安装及运转时两轴间的径向位移和角位移。十字滑块联轴器适用于无冲击、低速和载荷较大的场合。

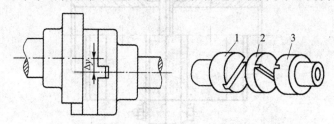

1、3—半联轴器;2—中间盘

图 10-35 十字滑块联轴器

由于半联轴器与中间盘组成移动副,不能相对转动,故主动轴与从动轴的角速度应相等。但在两轴间有偏移的情况下工作时,中间盘会产生很大的离心力,故其工作转速不宜过大。

2)万向联轴器

如图 10-36(a)所示,单万向联轴器是由分别装在两轴端的叉形接头 1 和 3 以及与叉头相连的十字轴 2 组成。这种联轴器允许两轴间有较大的夹角 α(最大可达 $35°\sim45°$),且机器工作时即使夹角发生改变仍可正常传动,但 α 过大会使传动效率显著降低。

单万向联轴器的缺点是当主动轴角速度为常数时,从动轴的角速度并不是常数,而是在一定范围内变化,这在传动中会引起附加载荷,所以一般将两个单万向联轴器成对使用,如图 10-36(b)所示。安装时应注意必须保证三个条件:①中间轴上两端的叉形接头在同一平面内;②使主、从动轴与中间轴的夹角相等,即 $\alpha_1=\alpha_3$,这样才可保证主、从动轴角速度相等;③主、从动轴与中间轴的轴线应共面。

3)齿式联轴器

齿式联轴器利用内外齿的啮合来实现两个半联轴器的连接。如图 10-37 所示,它由两个内齿圈 2、3 和两个外齿轮轴套 1、4 组成。安装时两内齿圈用螺栓连接,两外齿轮轴套通过过

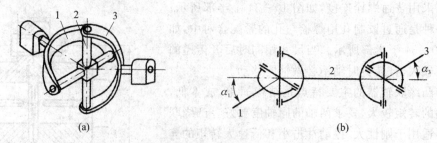

1、3—叉形接头;2—十字轴

图 10-36 万向联轴器

盈配合(或键)与轴连接,并通过内外齿轮的啮合传递转矩。

齿式联轴器结构紧凑,承载能力大,适用速度范围广,但制造困难,适用于重载高速的水平轴连接。为了使齿式联轴器具有良好的补偿两轴综合位移的能力,可将外齿顶制成球面,使齿顶与齿侧均留有较大的间隙,还可将外齿轮轮齿做成鼓形齿。

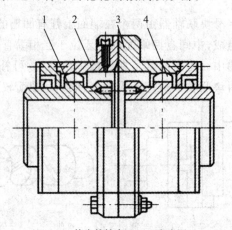

1、4—外齿轮轴套;2、3—内齿圈

图 10-37 齿式联轴器

3. 弹性联轴器

弹性联轴器是利用联轴器中弹性元件的变形进行偏移补偿的联轴器,它不仅能降低对联轴器安装的精确对中要求,还可利用其弹性元件的缓和冲击来避免发生严重的危险性振动。常用的弹性联轴器有弹性套柱销联轴器和弹性柱销联轴器等。

1) 弹性套柱销联轴器

如图 10-38 所示,弹性套柱销联轴器的构造与凸缘联轴器相似,只是用套有弹性套的柱销代替了连接螺栓,利用弹性套的弹性变形来补偿两轴的相对位移。这种联轴器质量轻、结构简单,但弹性套易磨损、寿命较短,用于冲击载荷小且启动频繁的中、小功率传动中。弹性套柱销联轴器已标准化(《弹性套柱销联轴器》GB/T 4323—2002)。

2) 弹性柱销联轴器

如图 10-39 所示,这种联轴器与弹性套柱销联轴器很相似,仅用弹性柱销(通常用尼龙制成)将两个半联轴器连接起来。它传递转矩的能力更大,结构更简单,耐用性好,用于轴向窜动较大、正反转或启动频繁的场合。

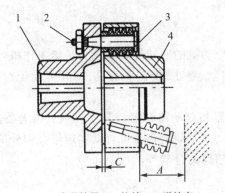

1、4—半联轴器;2—柱销;3—弹性套

图 10 - 38　弹性套柱销联轴器

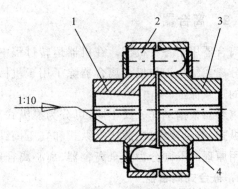

1、3—半联轴器;2—尼龙柱销;4—挡板

图 10 - 39　弹性柱销联轴器

4. 联轴器的选择

在选择联轴器时,首先应根据工作条件和使用要求确定联轴器的类型,然后再根据联轴器所传递的转矩、转速和被连接轴的直径确定其结构尺寸。对于已经标准化或虽未标准化但有资料和手册可查的联轴器,可按标准或手册中所列数据选定联轴器的型号和尺寸。若使用场合较特殊,无适当的标准联轴器可供选用时,可按照实际需要自行设计。另外,选择联轴器时有些场合还需要对其中个别的关键零件作必要的验算。

联轴器的计算转矩可按下式计算:

$$T_C = KT \tag{10 - 13}$$

式中:T_C 为计算转矩,N·m;T 为名义转矩,N·m;K 为工作情况系数,从表 10 - 7 中查取。

表 10 - 7　联轴器和离合器的工作情况系数 K

原动机	工作机	K
电动机	皮带运输机、鼓风机、连续运转的金属切削机床	1.25～1.5
	链式运输机、刮板运输机、螺旋运输机、离心泵、木工机床	1.5～2.0
	往复运动的金属切削机床	1.5～2.5
	往复式泵、往复式压缩机、球磨机、破碎机、冲剪机	2.0～3.0
	锤、起重机、升降机、轧钢机	3.0～4.0
汽轮机	发电机、离心泵、鼓风机	1.2～1.5
往复式发动机	发电机	1.5～2.0
	离心泵	3～4
	往复式工作机(如压缩机、泵)	4～5

注:(1) 刚性联轴器选用较大的 K 值,弹性联轴器选用较小的 K 值。

(2) 牙嵌离合器 $K = 2～3$,摩擦离合器 $K = 1.2～1.5$。

(3) 从动件的转动惯量小、载荷平衡时 K 取较小值。

在选择联轴器型号时,应同时满足以下条件:

$$\left.\begin{array}{l} T_C \leqslant T_m \\ n \leqslant [n] \end{array}\right\} \tag{10 - 14}$$

式中:T_m、$[n]$ 分别为联轴器的额定转矩(单位为 N·m)和许用转速(单位为 r/min),这两个值在相关手册中可查到。

10.4.2 离合器

离合器用于各种机械。在机器运转过程中,把原动机的回转运动和动力传给工作机,并可随时分离或结合工作机。离合器除了用于机械的启动、停止、换向和变速外,还可用于对机械零件的过载保护。

离合器根据动作方式不同,可分为操纵式离合器和自动离合器。其中操纵式离合器有机械操纵式、电磁操纵式、液压操纵式和气压操纵式等,而自动离合器可自动实现结合和分离,根据作用原理的不同分为安全离合器、离心离合器和超越离合器等。

1. 嵌合式离合器

嵌合式离合器是利用特殊形状的牙、齿、键等相互嵌合来传递转矩的。图 10 - 40 所示为嵌合式离合器,离合器左半部分 1 固定在主动轴上,右半部分 2 用导键或花键,与从动轴构成动连接,并借助操纵机械做轴向移动,使 1、2 端面的爪牙嵌合或分离。为便于两轴对中,设有对中环 3 嵌合式离合器的牙形有梯形[图 10 - 41(a)]、三角形[图 10 - 41(b)]、矩形[图 10 - 41(c)]等。三角形牙易结合,强度低,用于轻载;矩形牙嵌入与脱开难,牙磨损后无法补偿;梯形牙强度高,牙磨损后能自动补偿,冲击小,应用广。牙数一般取 3～60。牙数多,离合容易但受载不均,因此转矩大时,牙数宜少;要求接合时间短时,牙数宜多。

嵌合式离合器结构简单,主、从动轴能同步回转,外形尺寸小,传递转矩大,在嵌合时有刚性冲击,适用于停机或低速场合。

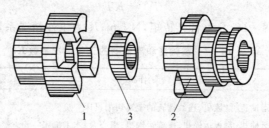

1—离合器左半部;2—对中环;3—离合器右半部
图 10 - 40　嵌合式离合器及牙形

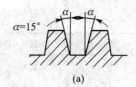 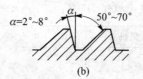 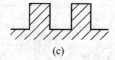

(a)　　　　　　　　　　(b)　　　　　　　　　　(c)

图 10 - 41　嵌合式离合器牙形

2. 摩擦式离合器

摩擦式离合器利用摩擦副的摩擦力传递转矩。为提高传递转矩的能力,通常采用多片摩擦片。

图 10 - 42(a)所示为多片式摩擦离合器及摩擦片,常用型号如 JPS 型湿式多片离合器(GB/T 10043—2003)。它有两组摩擦片,主动轴 1 与外壳 2 相连接,外壳内装有组外摩擦片 4,如图 10 - 42(b)所示,其外缘有凸齿插入外壳上的内齿槽内,与外壳一起转动,其内孔不与任何零件接触。从动轴 10 与套筒 9 相连接,套筒上装有一组内摩擦片 5,如图 10 - 42(c)所示,其外缘不与任何零件接触,随从动轴一起转动。滑环 7 由操纵机构控制,当滑环向左移动

时,使杠杆 8 绕支点顺时针转动,通过压板 3 将两组摩擦片压紧,实现接合。滑环 7 向右移动,则实现离合器分离。摩擦片间的压力由螺母 6 调节。

多片式摩擦离合器由于摩擦片增多,传递转矩的能力提高,但结构较为复杂。

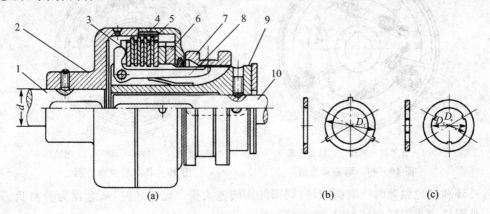

1—主动轴;2—外壳;3—压板;4—外摩擦片;5—内摩擦片;
6—螺母;7—滑环;8—杠杆;9—套筒;10—从动轴

图 10 - 42　多片式摩擦离合器及摩擦片

3. 自动式离合器

自动式离合器利用离心力、弹力限定所传递转矩的数值,自动控制离合;或者利用特殊的楔形效应,在正、反转时自动控制离合。

1) 牙嵌式安全离合器

图 10 - 43 所示为常用的 AY 型牙嵌式安全离合器。端面带牙的两半离合器 2 和 3 靠弹簧 1 嵌合压紧以传递转矩。当从动轴 4 上的载荷过大时,牙面 5 上产生的轴向分力将超过弹簧的压力,迫使离合器发生跳跃式滑动,使从动轴 4 自动停转。调节螺母 6 可改变弹簧压力,从而改变离合器传递转矩的大小。

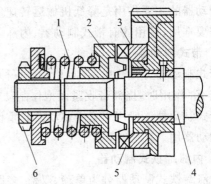

1—弹簧;2、3—半离合器;4—从动轴;5—牙面;6—螺母
图 10 - 43　牙嵌式安全离合器

2) 离心离合器

图 10 - 44 所示为发动机上的离心离合器。当发动机启动后达到一定转速时,在离心惯性力的作用下,与主动轴相连的闸瓦 2 克服了弹簧 1 的拉力,与装在从动轴上的离合器盘 3 的内表面相接触,带动从动轴自动进入转动状态,可避免启动过载。

3) 超越离合器

图 10 - 45 所示为超越离合器,它的星轮 1 与主动轴相连,顺时针回转,滚柱 3 受摩擦力作用滚向狭窄部位被楔紧,带动外环 2 随星轮 1 同向回转,离合器接合。星轮 1 逆时针回转时,滚柱 3 滚向宽敞部位,外环 2 不与星轮 1 同转,离合器自动分离。滚柱一般为 3~8 个。弹簧 4 起均载作用。

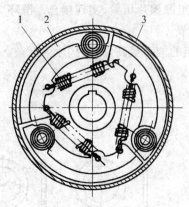

1—弹簧；2—闸瓦；3—离合器盘

图 10-44　离心离合器

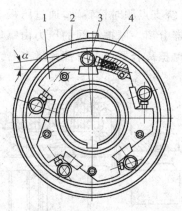

1—星轮；2—外环；3—滚柱；4—弹簧

图 10-45　超越离合器

若外环和星轮做顺时针同向回转，则当外围转速大于星轮转速时，离合器为分离状态（超越）；当外圈转速小于星轮转速时，离合器为接合状态。

超越离合器只能传递单向转矩，结构尺寸小，接合分离平稳，可用于高速传动。

10.4.3　制动器

制动器的主要作用是降低机械运转速度或迫使机械停止转动。制动器多数已标准化，可根据需要选用，常用的有带式制动器、内涨蹄铁式制动器等。

1. 带式制动器

带式制动器分为简单、双向和差动三种。如图 10-46 所示为简单带式制动器的结构。当杠杆受 F_Q 作用时，挠性带收紧而抱住制动轮，靠带与轮之间的摩擦力来制动。

带式制动器一般用于集中驱动的起重设备及绞车上，有时也安装在低速轴或卷筒上作为安全制动器用。

2. 内涨蹄铁式制动器

内涨蹄铁式制动器分为单蹄、双蹄、多蹄和软管多蹄等。如图 10-47 所示，制动蹄 1 上装有摩擦材料，通过销轴 2 与机架固连，制动轮 3 与所要制动的轴固连。制动时，压力油进入液压缸 4，推动两活塞左右移动，在活塞推力作用下，两制动蹄绕销轴向外摆动，并压紧在制动轮内侧，实现制动。油路回油后，制动蹄在弹簧 5 的作用下与制动轮分离。

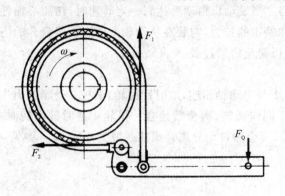

图 10-46　简单带式制动器

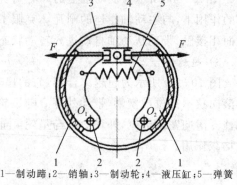

1—制动蹄；2—销轴；3—制动轮；4—液压缸；5—弹簧

图 10-47　内涨蹄铁式制动器

内涨蹄铁式制动器结构紧凑,散热条件、密封性和刚性均较好,广泛用于各种车辆及结构尺寸受限制的机械上。

10.5 弹 簧

弹簧是常用的弹性元件,承载后能产生相当大的变形,而卸载后又能恢复原状。这种特有的性能,实现了机械能与变形能的相互转换。机械设计中利用各种类型的弹簧来实现弹性连接,应用非常广泛。

10.5.1 弹簧的功用和类型

1. 弹簧的功用

(1)缓冲和吸振。如图 10-48 所示汽车上的减振弹簧和各种缓冲器中的弹簧,用以改善被连接件的工作平稳性。

(2)储存和输出能量。如图 10-49 所示钟表的发条,用以提供被连接件运动所需的动力。

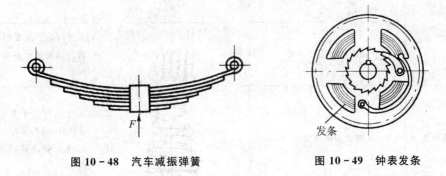

图 10-48　汽车减振弹簧　　　　　图 10-49　钟表发条

(3)测量载荷。如图 10-50 所示弹簧秤(及测力器)中的弹簧,用以显示所受外力的大小。

(4)控制运动。如图 10-51 所示安全阀中的弹簧(及内燃机气门上的弹簧),用以控制被连接件间的工作位置变化。

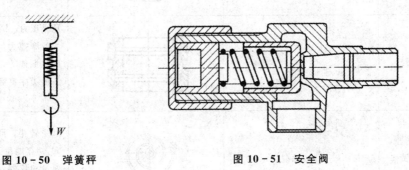

图 10-50　弹簧秤　　　　　　　图 10-51　安全阀

2. 弹簧的类型

根据制造材料的不同,弹簧可分为金属弹簧和非金属弹簧;根据形状不同,弹簧可分为螺旋弹簧、碟形弹簧、环形弹簧及板弹簧等;根据承载性质,弹簧可分为拉伸弹簧、压缩弹簧及扭转弹簧等。弹簧的类型很多,表 10-8 列出了常用弹簧的类型及应用。

表 10-8 常用弹簧的类型及应用

名 称	简 图		应用说明
圆柱螺旋弹簧	圆形截面压缩弹簧		承受压力。结构简单,制造方便,应用最广
	矩形截面压缩弹簧		承受压力。当空间尺寸相同时,矩形截面压缩弹簧比圆形截面压缩弹簧吸收能量大,刚度更接近于常数
	圆形截面拉伸弹簧		承受拉力
	圆形截面扭转弹簧		承受转矩。主要用于压紧和蓄力以及传动系统中的弹性环节
圆锥螺旋弹簧	圆锥面压缩弹簧		承受压力。可防止共振,稳定性好,结构紧凑,多用于承受较大轴向载荷和减振的场合
碟形弹簧	对置式		承受压力。缓冲、吸振能力强,用于要求缓冲和减振能力强的重型机械
环形弹簧			承受压力。圆锥面间具有较大的摩擦力,因而具有很高的减振能力,常用于重型设备的缓冲装置,如机车、锻压设备等
蜗卷形盘簧	非接触型		承受转矩。圈数多,变形角大,储存能量大,多用做压紧弹簧和仪器、钟表中的储能弹簧

名 称	简 图	应用说明
板弹簧	多板弹簧	承受弯矩。主要用于汽车、拖拉机和铁路车辆的车厢悬挂装置中,起缓冲和减振作用
橡胶弹簧	—	承受压力。对突然冲击、高频振动的吸收和隔音效果好,主要用于仪器的座垫、发动机的减振装置
空气弹簧		承受压力。可承受多方位载荷,吸收振动和隔音效果好,多用于车辆的悬挂装置上

10.5.2 弹簧的材料与制造

1. 弹簧的材料

由于大多数弹簧是在动载荷作用下工作的,其破坏形式主要是疲劳破坏,因此要求弹簧材料在力学性能方面应具有高的屈服强度、疲劳强度及足够的冲击韧性;在工艺性能方面具有良好的淬透性,不易脱碳,便于卷绕。

弹簧的材料主要是热轧钢、冷拉弹簧钢以及橡胶等非金属材料。

(1) 热轧钢以圆钢、扁钢、钢板等形式供应,其尺寸公差较大,表面质量较差,用于截面尺寸较大的重型弹簧,常用 65Mn、60Si2MnA、50CrVA 等牌号。

(2) 冷拉弹簧钢以钢丝、钢带等形式供应,其尺寸公差较小,表面质量和力学性能好,得到了广泛应用。其中碳素弹簧钢丝是优选材料,强度高,成本低,但淬透性差,适于制作小弹簧。碳素弹簧钢丝有 25~80 钢、40Mn~70Mn 等牌号。

合金弹簧钢丝的淬透性和回火稳定性都好,60Si2MnA、65Si2MnWA 等硅锰钢用于普通机械中较大的弹簧;50CrVA 等铬钒钢耐疲劳、抗冲击,适于受变载荷的弹簧。在有腐蚀和高、低温条件下工作的弹簧,可采用 1Crl8Ni9、0Crl8Ni10 等不锈钢丝。在有耐磨损、耐腐蚀和防磁要求的场合,可采用硅青铜线 QSi3-1、锡青铜线 QSn4-3 及铍青铜线 QBe2 等弹簧材料。有关弹簧材料的力学性能及许用应力等相关参数可查阅有关手册。

2. 弹簧的制作

螺旋弹簧的制作包括:卷绕、端部加工、热处理、工艺试验和强压处理等过程。

卷绕分冷卷和热卷。冷卷多用于 d 为 8~10 mm、经过热处理的冷拉钢丝,卷绕后须经低温回火以消除内应力。钢丝直径较大时应采用热卷,卷绕之后要进行淬火和回火。

为使载荷作用线与弹簧轴线趋于重合,大多数压缩弹簧两端部要并紧磨平,称为支承圈;而拉伸弹簧两端则制成钩环,以便安装和加载。

弹簧的热处理是为了让弹簧达到或接近最佳的力学性能指标,从而保证其长期可靠地工作。冷卷后弹簧一般做低温回火处理,以消除内应力,热卷后的弹簧必须经过淬火与回火处理。

工艺试验的目的是检验弹簧热处理的效果及其是否存在其他缺陷,如表面脱碳及缺损等。为了提高弹簧的静强度或疲劳强度,可进行强压处理或喷丸处理。

10.5.3 圆柱形螺旋弹簧的结构、特性、参数及尺寸

1. 圆柱形螺旋弹簧的端部结构

1)圆柱形压缩螺旋弹簧

如图 10-52 所示,YⅠ型为两端面与领圈并紧且磨平;YⅡ型主要用于受交变载荷或对垂直度要求较高的重要弹簧;YⅢ型主要用于弹簧直径较大的次要弹簧。

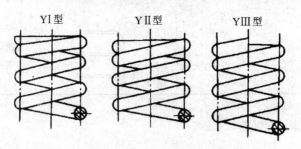

图 10-52 圆柱形压缩螺旋弹簧

2)圆柱形拉伸弹簧

图 10-53 所示为常用的圆柱形拉伸螺旋弹簧端部的结构形式。拉伸弹簧在卷绕时,各圈互相并拢,且在端部有挂钩供安装和加载用。LⅠ型的钩环由弹簧直接弯曲而成,这种弹簧主要用于弹簧丝直径 $d \leqslant 10$ mm 的不重要场合;LⅡ型的钩环由弹簧直接弯曲而成,这种弹簧亦用于弹簧直径 $d \leqslant 10$ mm 的不重要场合;LⅦ型与 LⅧ型的挂钩不与弹簧丝联成一体,挂钩可任意转动。LⅦ型可调节弹簧长度,但结构复杂,主要用于弹簧丝较粗、受载大的场合;LⅧ型的挂钩弯曲应力小,适用于冷卷弹簧。

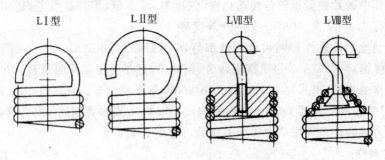

图 10-53 圆柱形拉伸螺旋弹簧

2. 圆柱形螺旋弹簧的参数、主要尺寸及特性曲线

1)圆柱形螺旋弹簧的参数

圆柱形螺旋弹簧的主要参数如图 10-54 所示,有弹簧丝直径 d、弹簧中径 D、工作圈数 n、弹簧节距 t、螺旋导程角 γ 及旋绕比 C。

旋绕比 $C=D/d$，是弹簧的主要参数之一，它影响弹簧的刚度、稳定性以及制造的难易程度。设计中，一般推荐取 $4 \leqslant C \leqslant 16$，常用的 C 值为 $5 \sim 8$，选择时可参阅表 10-9。

表 10-9　旋绕比

d/mm	$0.2 \sim 0.4$	$0.5 \sim 1.0$	$1.2 \sim 2.0$	$2.5 \sim 6.0$	$7.0 \sim 16$	$\geqslant 18$
$C=D/d$	$7 \sim 14$	$5 \sim 12$	$5 \sim 10$	$4 \sim 9$	$4 \sim 8$	$4 \sim 6$

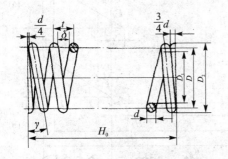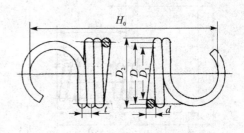

图 10-54　圆柱形螺旋弹簧的主要参数

2）圆柱形螺旋弹簧的几何尺寸

圆柱形螺旋弹簧的几何尺寸计算公式见表 10-10。

表 10-10　圆柱形螺旋弹簧的几何尺寸计算公式

名　称	压缩弹簧计算公式	拉伸弹簧计算公式
内径 D_1	$D_1 = D - d$	
外径 D_2	$D_2 = D + d$	
弹簧丝直径 d	$D = Cd$	
工作圈数 n	由强度计算确定	
总圈数 n_1	由刚度计算确定	
螺旋导程角 γ	对压缩弹簧，推荐 $\gamma = 5° \sim 9°$	
间距 δ	$\delta = t - d$	
节距 t	$2t = (0.28 \sim 0.5)D$	$t = d$
自由高度 H_0	YⅠ型：$H_0 = nt + (1.5 \sim 2)d$ YⅡ型：$H_0 = nt + (3 \sim 3.5)d$	LⅠ型：$H_0 = nd + D$ LⅡ型：$H_0 = (n-1)d + 2D$ LⅢ型：$H_0 = (n-0.5)d + 3D$
弹簧丝展开长度 L	$L = \pi D n_1 / \cos \gamma$	$L = \pi D n +$ 钩环展开长度

3）圆柱形螺旋弹簧的特性曲线

（1）压缩弹簧的特性曲线，如图 10-55 所示。H_0 为弹簧的自由高度；F_1 为最小工作载荷，相应的弹簧高度为 H_1，变形量为 λ_1；F_2 为最大工作载荷，相应的弹簧高度为 H_2，变形量为 λ_2；F_{lim} 为弹簧的极限载荷，相应的弹簧高度为 H_{lim}，变形量为 λ_{lim}。工作行程 $h = H_1 - H_2 = \lambda_2 - \lambda_1$。设计时，弹簧的最大工作载荷应小于极限载荷，通常取 $F_2 \leqslant 0.8 F_{lim}$。

（2）拉伸弹簧的特性曲线，如图 10-56 所示。按卷绕方法的不同，分为有初应力和无初应力两种，分别如图（a）和图（b）所示。X_0 为一段假想的压缩变形量，相应的为 F_0，是使弹簧开始变形时所需的初拉力,即当工作载荷大于 F_0 时,弹簧才开始伸长。

初拉力 F_0 可按下列范围选取:当旋绕比 $C \leqslant 10$ 时,$F_0 = (0.2 \sim 0.3)F_{lim}$;当 $C > 10$ 时,$F_0 = (0.1 \sim 0.2)F_{lim}$。

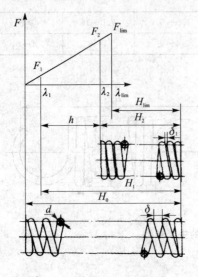

图 10 - 55　压缩弹簧的特性曲线

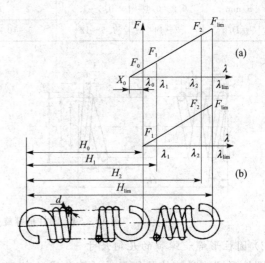

图 10 - 56　拉伸弹簧的特性曲线

思考题与习题

10 - 1　仔细观察自行车,写出下列各处采用什么连接:(1)车架各部分;(2)脚踏轴与曲拐;(3)曲拐与链轮;(4)曲拐与中轴;(5)车轮轴与车架。

10 - 2　螺栓连接、螺柱连接、螺钉连接、紧定螺钉连接四种连接的结构特点有什么不同?各用于什么场合?

10 - 3　平键连接是如何工作的? 其性能、应用特点是什么?

10 - 4　如果普通平键连接经校核的强度不够,可采用哪些措施来解决?

10 - 5　花键连接与平键连接相比有什么特点?

10 - 6　试述销连接的特点和应用。

10 - 7　弹簧的材料须满足哪些要求?

10 - 8　弹簧旋绕比的含义是什么?

10 - 9　为什么说非金属弹簧在现代机械工业中的应用日益广泛?

10 - 10　某圆柱螺旋压缩弹簧参数如下:外径 $D_2 = 33$ mm,钢丝直径 $d = 3$ mm,有效圈数 $n = 5$。弹簧材料为 C 级碳素弹簧钢丝,最大工作载荷 $F_2 = 100$ N,按载荷性质,属于 Ⅱ 类弹簧。试校核该弹簧的强度并计算在最大工作载荷下弹簧的变形量 λ_2。

10 - 11　设计一个用于一般安全阀中的圆柱螺旋压缩弹簧。已知预调压力 $F_1 = 480$ N,变形量 $\lambda_1 = 14$ mm,工作行程 $h = 1.9$ mm,弹簧中径 $D = 20$ mm,两端为固定端。

第 11 章 轴

11.1 轴的功用、类型和材料

11.1.1 轴的功用和类型

轴是机械中的重要零件之一。其主要功用是支持回转零件(如齿轮、带轮、蜗轮等)及传递转矩。

根据所受载荷的不同,轴可分为转轴、传动轴和心轴。

① 转轴既承受弯矩又承受扭矩,如齿轮减速器中的轴(图 11-1);

② 传动轴主要承受扭矩而不承受弯矩(或弯矩很小),如汽车的传动轴(图 11-2);

③ 心轴只承受弯矩而不承受扭矩,如滑轮轴(图 11-3)和铁路车辆的轴(图 11-4)。

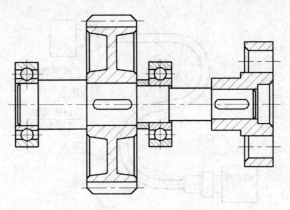

图 11-1 转 轴

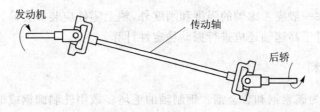

图 11-2 传动轴

根据轴线形状的不同,轴还可分为直轴(图 11-1～图 11-4)、曲轴(图 11-5)和挠性钢丝轴(图 11-6)。曲轴常用于往复式机械中,钢丝轴常用于振捣器等设备中。

根据外形的不同,直轴可分为光轴(图 11-2)和阶梯轴(图 11-1)。

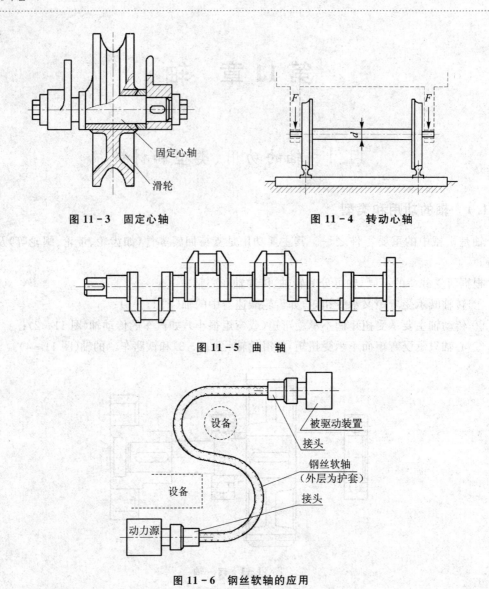

图 11 - 3　固定心轴　　　　　　　　图 11 - 4　转动心轴

图 11 - 5　曲　轴

图 11 - 6　钢丝软轴的应用

　　轴在设计时,除一般应考虑轴的强度和刚度外,轴上零件应装拆容易、定位可靠;轴应加工方便、成本低廉。对于高速轴还应进行振动稳定性计算。

11.1.2　轴的材料

　　轴的材料主要为碳素钢和合金钢。钢制轴的毛坯多数用轧制圆钢或锻件。

　　由于碳素钢比合金钢价格便宜,对应力集中的敏感性较小,且机械性能好,所以应用广泛。常用的优质碳素钢有 35 号钢、45 号钢、50 号钢,其中以 45 号钢用得最为广泛。为了改善其机械性能,应进行正火或调质处理。不重要或受力较小的轴,可采用 Q235、Q255 等普通碳素钢。

　　合金钢比碳素钢具有更高的机械性能和更好的淬火性能。因此,在传递大动力并要求减小尺寸与质量、提高轴颈的耐磨性以及处于高温或低温条件下工作的轴,常采用合金钢。但合金钢价格较贵,并对应力集中较敏感。对于合金钢制造的轴必须进行热处理,以提高其机械性能,充分发挥其优越性。例如采用滑动轴承的高速轴,常用 20Cr、20CrMnTi 等低碳合金钢,轴颈经渗碳淬火后可提高其耐磨性;汽轮发电机转子轴在高温、高速和重载条件下工作,必须具有良好的高温机械性能,常采用 27Cr2MoIV、38CrMoAlA 等合金结构钢。值得注意的是:钢材的种类和热处理对其弹性模量的影响甚小,因此如欲采用合金钢或通过热处理来提高轴的刚度,并无实效。此外,合金钢对应力集中的敏感性较高,因此设计材料为合金钢的轴时,更应从结构上避免或减小应力集中,并减小其表面粗糙度。

对于形状复杂的柴油机轴、凸轮轴等,可采用铸钢或球墨铸铁浇注成毛坯。用球墨铸铁制造的轴,具有成本低廉、吸振性较好、对应力集中的敏感性较低、强度较好等优点。

轴的常用材料及其主要机械性能见表 11-1。

表 11-1　轴的常用材料及其主要机械性能

材料牌号	热处理	毛坯直径/mm	硬度(HB)	拉伸强度极限 σ_b/MPa	拉伸屈服极限 σ_s/MPa	弯曲疲劳极限 σ_{-1}/MPa	许用弯曲应力 $[\sigma_{-1}]_b$/MPa	备注
Q235A	热轧或锻后空冷	≤100		400~420	225	170	40	用于不重要或载荷不大的轴
		100~250		375~390	215			
45	正火	25	≤241	610	360	260	55	
	正火	≤100	170~217	600	300	275	55	应用最为广泛
	回火	100~200	162~217	580	290	270	55	
	调质	≤200	217~255	650	360	300	60	
40Cr	调质	25		1000	800	500	70	用于载荷较大而无很大冲击的重要轴
		≤100	241~286	730	550	350	70	
		100~300	241~286	700	500	340	70	
40MnB	调质	≤200	241~286	750	500	335	70	性能接近于 40Cr,用于重要的轴
38CrMoAIA	氮化	30	229	1000	850	495	75	用于要求高的耐腐蚀性、高强度且热处理变形很小的轴
20Cr	渗碳淬火	15	表面 56~62HRC	850	550	375	60	用于要求强度、韧性均较高的轴(如齿轮、涡轮轴)
	回火	≤60		650	400	280	60	
1Cr18Ni9Ti	淬火	≤60	≤192	500	220	205	45	用于高、低温及强腐蚀条件下工作的轴
		60~100		540	200	208	45	
		100~200		500	200	195	45	
QT45-5			170~207	450	330	160		
QT60-2			197~269	600	420	215		

11.2 轴的结构设计

轴的结构设计主要是使轴的各部分具有合理的外形和尺寸。轴的结构受许多因素影响，且结构形式又要随着具体情况的不同而异，所以轴的标准结构是不存在的，每一根轴都应当根据具体情况进行结构设计。在设计时应满足：轴和装在轴上的零件能准确可靠地定位和固定；轴上零件便于装拆和调整；轴具有良好的制造及装配工艺性，并使轴受力合理，有利于减轻质量、节约材料等。根据这些要求，在轴的结构设计时主要应考虑下面一些问题。

11.2.1 轴的组成

轴主要由轴颈、轴头和轴身等部分组成（图 11 - 7）。轴上与轴承配合的部分称为轴颈，轴上安装轮毂的部分称为轴头，连接轴颈和轴头的部分称为轴身。直径大且呈环状的短轴段称为轴环，截面尺寸变化的台阶称为轴肩。

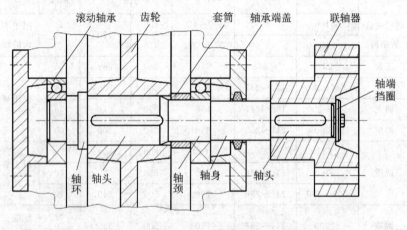

滚动轴承　齿轮　套筒　轴承端盖　联轴器

轴端挡圈

轴环　轴头　轴颈　轴身　轴头

图 11 - 7　轴的组成

轴颈的直径应取轴承的内径系列；轴头的直径应与相配合的零件轮毂内径一致，并采用直径标准系列；轴身部分的直径可采用自由尺寸。轴上的螺纹或花键部分的直径均应符合螺纹或花键的标准。为了便于加工及尽量减少应力集中，轴的各段直径的变化应尽可能减少。

轴各段的长度，应根据轴上零件的宽度和零件的相互位置而定。

轴颈和轴头的端部均应有倒角，以便于装配。

11.2.2 轴上零件的定位与固定

1. 轴上零件的轴向固定

零件在轴上作轴向固定是为了防止零件作轴向移动，并将作用在零件上的轴向力通过轴传递给轴承。常用的轴向固定方法有以下几种：

（1）利用轴肩和轴环固定是最常用也是最可靠的固定方式，同时轴肩和轴环也是零件在轴上轴向定位的基准（图 11 - 8）。一般取定位轴肩或轴环的高度 $h \approx (0.07 \sim 0.1) d$。轴环宽度 $b \approx 1.4h$。与滚动轴承相配合处，轴肩尺寸另有规定（参见轴承标准）。轴上圆角半径 r 必须小于与之相配的零件毂孔端部的圆角半径 R 或倒角尺寸 C，以保证轴上零件紧靠轴肩。轴和轴上零件的倒角和圆角尺寸的常用范围见表 11-2。当相配合的零件是滚动轴承时,轴上的圆角另有规定(参见滚动轴承标准)。

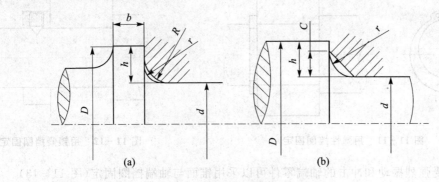

图 11-8　轴环与轴肩的尺寸关系

表 11-2　零件倒角 C 与圆角半径 R 的推荐值

mm

直径 d	6~10		10~18	18~30	30~50		50~80	80~120	120~180
C 或 R	0.5	0.6	0.8	1.0	1.2	1.6	2.0	2.5	3.0

(2) 当零件与轴承距离较大,而轴上又允许车螺纹时,可用圆螺母作轴向固定(图 11-9)。

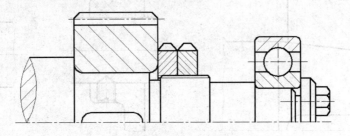

图 11-9　用圆螺母固定

(3) 当轴上有一个零件的位置已确定,而零件间的距离又较小时,可借助套筒(又称定位套)作相邻零件的轴向固定[图 11-10(a)]。套筒又可起到轴向定位的作用。采用套筒可避免在轴上开槽、钻孔或车削螺纹等而削弱轴的强度,但质量有所增加。图 11-10(b)截面 AA 和 BB 都是三个零件接触,不容易靠紧,所以这种结构不合理。

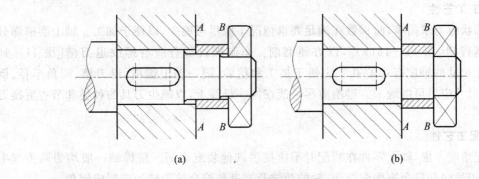

图 11-10　用套筒固定

(4) 当轴向力很小或仅为了防止轴向移动时,可采用弹性挡圈(图 11-11)、紧定螺钉固定或锁紧挡圈固定(图 11 - 12)。

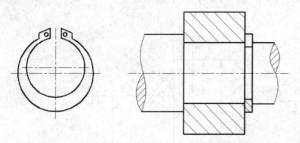

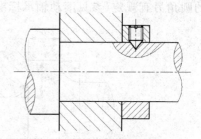

图 11 - 11　用弹性挡圈固定　　　　　　图 11 - 12　用锁紧挡圈固定

(5) 承受强烈振动和冲击的轴端零件可以采用锥面与轴端挡圈固定(图 11 - 13)。

2. 轴上零件的周向固定

轴上零件的周向固定的目的是为了使零件与轴一起转动并传递扭矩。

零件的周向固定一般采用键、花键及过盈配合等连接形式。当载荷不大时,也可采用紧定螺钉(图 11 - 14)或销钉(图 11 - 15)。

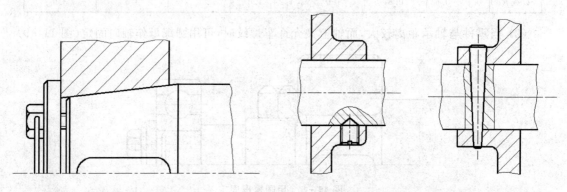

图 11 - 13　用锥面与轴端挡圈固定　　图 11 - 14　用紧定螺钉固定　　图 11 - 15　用销钉固定

11.2.3　轴的结构工艺性

为便于轴的加工和装配,轴的结构应具有良好的加工工艺性和装配工艺性。

1. 加工工艺性

轴的形状应力求简单,阶梯数在满足要求情况下应尽可能少,以便于加工。轴上磨削部分应有砂轮越程槽[图 11 - 16(a)],以方便磨削。车制螺纹部分应有螺纹退刀槽[图 11 - 16(b)]。较大尺寸的轴应有中心孔。为便于加工和检验,同一轴上键槽、退刀槽、圆角半径、倒角、中心孔尺寸应尽可能统一。键槽应尽可能在同一母线上,以减少刀具的种类和节省更换刀具的时间。

2. 装配工艺性

从装配角度考虑,轴上零件在装配时不应接触其他装配表面。阶梯轴一般均为两头细中间粗,为便于导向和避免擦伤配合面,轴的两端及有过盈配合的阶梯处应制成倒角。

在装滚动轴承的轴肩处,须留有放置拆卸工具的位置,因此轴肩高度要低于滚动轴承内圈厚度(图 11 - 17)。

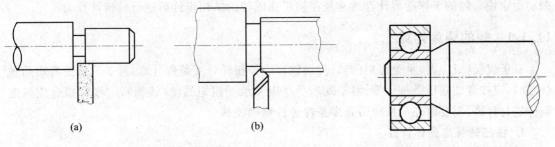

图 11-16　砂轮越程槽和螺纹退刀槽　　　图 11-17　滚动轴承的安装

轴与零件的配合部位的精度及表面粗糙度均应高于非配合部位。

11.2.4　轴上各轴段的尺寸确定

1. 轴段直径的确定

轴上各轴段直径的确定不仅要考虑到轴所传递的扭矩,还要考虑到轴上零件的安装和固定等因素。一般可考虑的因素有:

(1) 定位轴肩高度也可取 $h=(2\sim3)R(C)$ mm;

(2) 非定位轴肩取 $h=1\sim2$ mm;

(3) 有配合处直径应取标准直径系列及相应的配合公差值;

(4) 有螺纹处应符合螺纹标准值,并留有退刀槽;

(5) 轴承处轴颈直径必须符合轴承内径及轴承配合公差要求;

(6) 无配合处直径要取整。

2. 轴段长度的确定

轴上各轴段的长度主要是根据轴上零件的轴向尺寸、轴承的结构、箱体上的有关尺寸、装配零件时所需要的装配间距等要求来确定。具体如下:

(1) 在安装齿轮时,为了使齿轮固定可靠,应使齿轮轮毂宽度大于与之相配合的轴段长度,一般两者的差取 $2\sim3$ mm。

(2) 滚动轴承处的轴长查手册按轴承宽度来确定。

(3) 轴上回转零件与其他零件之间的轴向距离推荐如下:

① 两回转件间的距离取 $10\sim20$ mm。

② 回转件与内壁之距离取 $10\sim20$ mm。

③ 轴承端面至箱体内壁之距离:当减速器齿轮圆周速度 $v>2$ m/s 时,轴承采用油液飞溅润滑,取 $5\sim10$ mm;当减速器齿轮圆周速度 $v<2$ m/s 时,轴承采用油脂润滑,还需加挡油环,防止油脂被稀释,取 $10\sim15$ mm。

④ 外伸件距箱体轴承盖的距离,考虑应留有螺钉装拆及扳手空间位置,取 $20\sim35$ mm。

11.3　轴的工作能力计算

轴的工作能力主要取决于其强度和刚度。强度不足时,会因断裂或塑性变形而失效;刚度不足时,会因过大的弯曲变形或扭转变形而影响机器的正常工作。转速较高的轴还要考虑其振动稳定性。轴的工作能力计算通常是在初步完成轴的结构设计后进行校核计算的。

11.3.1 轴的强度计算

对于仅仅(或主要)承受扭矩的轴(传动轴),应按扭转强度条件计算;对于只承受弯矩的轴(心轴),应按弯曲强度条件计算;对于既承受弯矩又承受扭矩的轴(转轴),应按弯扭合成强度条件进行计算,需要时还应按疲劳强度条件进行精确校核。

1. 按扭转强度条件计算

只按轴所受的扭转来计算轴的强度时,如果还受到不大的弯矩,则弯曲应力的影响通过降低许用扭转应力来加以考虑。在作轴的结构设计时,通常用这种方法初步估算轴的最小直径。轴受扭矩作用时的强度条件为

$$\tau = \frac{T}{W_T} = \frac{9.55 \times 10^6 P/n}{0.2d^3} \leqslant [\tau] \tag{11-1}$$

估算最小轴径时,可将式(11-1)改写为

$$d \geqslant \sqrt[3]{\frac{9.55 \times 10^6 P}{0.2[\tau]n}} = c\sqrt[3]{\frac{P}{n}} \tag{11-2}$$

式中:T 为扭矩,N·mm,$T = 9.55 \times 10^6 P/n$;τ 为扭转应力,N/mm²;W_T 为轴的抗扭截面模量,mm³;P 为轴所传递的功率,kW;n 为轴的转速,r/min;d 为轴的直径,mm;$[\tau]$ 为许用扭转应力,N/mm²;c 为与$[\tau]$有关的系数,$c = \sqrt[3]{\frac{9.55 \times 10^6}{0.2/[\tau]}}$。

表11-3列出了常用材料的$[\tau]$和c值。

表 11-3 常用材料的$[\tau]$和c值

轴的材料	Q235,20	Q275,35	45	40Cr,35SiMn,42SiMn,38SiMnMo,20CrMnTi
$[\tau]$/(N·mm⁻²)	12~20	20~30	30~40	40~52
c	158~134	134~117	117~106	106~97

注:轴上弯矩载荷小于扭矩载荷时,c取较小值,否则取较大值。

轴的计算截面处有一个键槽时,轴径应增大3%~5%;两个键槽时应增大7%~10%,然后圆整到标准直径。

2. 按弯扭合成强度条件计算

在轴的结构设计之后,轴的形状和尺寸以及轴上零件的位置均已确定,外载荷及支反力的作用位置也已知,即可根据材料力学中的第三强度理论,按弯扭合成强度校核轴的直径(即当量弯矩法)。现以图11-18(a)所示的装有斜齿轮的转轴为例,说明其计算步骤。

(1)作轴的空间受力简图11-18(b),即作出力学模型。一般把轴简化为具有可动铰支座和固定铰支座的梁,轴上的载荷简化为作用于轮缘宽度中点的集中力。进而利用平衡条件求出轴承处的水平支反力和垂直支反力。对于滑动轴承或滚动轴承的支反力作用点,可近似地取在轴承宽度的中间。

(2)作垂直面的受力图和弯矩图 M_V[图11-18(c)]。

(3)作水平面的受力图和弯矩图 M_H[图11-18(d)]。

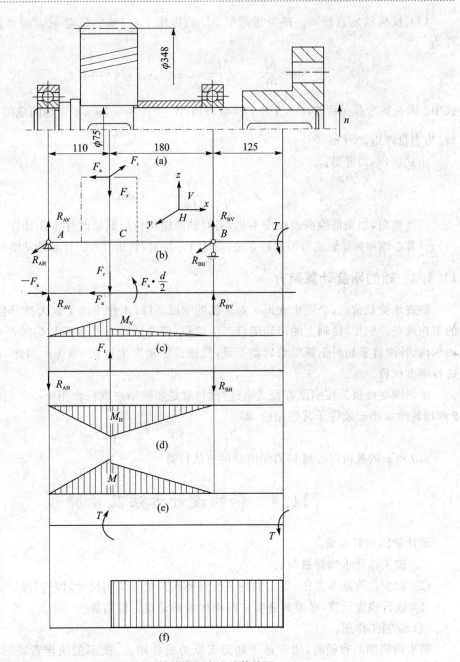

图 11 - 18　轴的弯扭合成计算简图

（4）计算合成弯矩 $M=\sqrt{M_{\mathrm{H}}^2+M_{\mathrm{V}}^2}$，并作合成弯矩图［图 11 - 18(e)］。

（5）作扭矩图 T［图 11 - 18(f)］。

（6）计算当量弯矩 M_{e}。根据第三强度理论，计算危险截面上的当量弯矩：

$$M_{\mathrm{e}}=\sqrt{M^2+(\alpha T)^2}$$

式中：α 是根据扭剪应力变化的性质而定的校正系数。当扭转切应力为静应力时，取 $\alpha\approx0.3$；扭转切应力为脉动循环应力时，取 $\alpha\approx0.6$；扭转切应力为对称循环应力时，取 $\alpha\approx1$。若扭矩性质不清楚，可按脉动循环处理。

(7) 校核轴的直径 d。在当量弯矩 M_e 的作用下,应选定危险截面验算强度,其强度条件为

$$\sigma = \frac{M_e}{W} = \frac{M_e}{0.1d^3} \leqslant [\sigma_{-1}]_b \quad (\text{N} \cdot \text{mm}^2) \tag{11-3}$$

式中:W 为抗弯截面系数,mm^3;对于实心圆轴,$W = \frac{\pi d^3}{32} \approx 0.1d^3$;$d$ 为轴的危险截面直径,mm;M_e 为当量弯矩,$\text{N} \cdot \text{m}$。

由式(11-3)可得:

$$d \geqslant \sqrt[3]{\frac{M_e}{0.1[\sigma_{-1}]_b}} \quad (\text{mm}) \tag{11-4}$$

应当指出,如果危险截面强度不足,需对轴的结构作局部修改并重新计算,直到合格为止。计算心轴和传动轴也可用这种方法,当计算心轴时,转矩 $T=0$;计算传动轴时,弯矩 $M=0$。

11.3.2　轴的刚度计算简介

轴在承受载荷后,会产生变形。如果轴的刚度不够,工作中产生过大变形会影响轴上零件的工作质量。例如,使轴上的齿轮啮合产生偏载;使滑动轴承产生不均匀的严重磨损;使滚动轴承内、外圈过于相对歪斜以致转动不灵;使较长的轴发生振动,等等。因此,在必要时,应该进行刚度校核。

轴的刚度校核是按刚度方程式来进行的,就是要使轴在载荷作用下产生的挠度 y、偏转角 θ 和扭转角 φ 小于或等于其许用值,即

$$y \leqslant [y]; \quad \theta \leqslant [\theta]; \quad \varphi \leqslant [\varphi] \tag{11-5}$$

y、θ 和 φ 的数值可按材料力学所学的方法计算。

11.4　轴的设计方法及步骤

设计轴的一般步骤:

(1) 按工作要求选择材料;

(2) 初步估算基本直径,确定轴的各段直径和长度等结构尺寸,即进行结构设计;

(3) 进行强度计算,必要时还需进行刚度或振动稳定性验算;

(4) 绘制工作图。

初步确定轴的直径时,通常还不知道支反力的作用点,故不能决定弯矩的大小及分布情况,因而还不能按轴所受的具体载荷及其引起的应力来确定轴的直径。但在进行轴的结构设计之前,通常已能求得轴所受的扭矩。因此,可按轴所受的扭矩初步估算轴所需的直径。将初步求出的直径作为承受扭矩的轴段的最小直径 $d_{\min}$,然后再按轴上零件的装配方案和定位要求,从 $d_{\min}$ 处起逐一确定各段轴的直径。在实际设计中,轴的直径亦可凭设计者的经验取定,或参考同类机器用类比的方法确定,即最小轴径的确定方法有:类比法和设计计算法。

类比法　据统计资料:一般机械,如减速器、农业机械、工程机械等,由于轴的应力相对来说不是很大,大约有 2/3 的轴不需要校核强度;在轻工机械、仪器仪表中,则有更大比例的轴不需要进行强度校核。这些轴只需要按类比法估算轴径就足够了。在按类比法估算轴径时,首

先应与类似的用得较成功的轴进行比较,参考已有轴及其轴上零件的结构,确定该轴的轴上零件的结构和尺寸,或进行某些改进。也可参照类似的轴,根据所传递的功率或转矩,按比例进行放大或缩小即可。

对于一般转速装置中的轴,也可用经验公式来估算轴的最小直径。与电动机相连的轴径可按电动机轴径 D 来估算:

$$d = (0.8 \sim 1.2)D \tag{11-6}$$

其他各级轴的最小直径可按同级齿轮中心矩 a 来估算:

$$d = (0.3 \sim 0.4)a \tag{11-7}$$

设计计算法 是按轴所受的转矩进行计算的。计算出来的轴径,一般作为轴最细处的直径。假设所设计轴为实心圆轴,则初步估算轴径的计算公式为

$$d \geqslant \sqrt[3]{\frac{T}{0.2[\tau]}} = \sqrt[3]{\frac{9.55 \times 10^6 P}{0.2[\tau]n}} = c\sqrt[3]{\frac{P}{n}}$$

式中:τ、$[\tau]$ 分别为轴的剪应力和许用剪应力,MPa;T 为轴所传递的转矩,N·mm;W_T 为轴的抗扭截面模量,mm³;P 为轴所传递的功率,kW;n 为轴的转速,r/min;d 为轴的估算直径,mm。

常用材料的 c 值、$[\tau]$ 值可查表 11-3。c 值、$[\tau]$ 值的大小与轴的材料及受载情况有关。当轴实际受载与纯扭转差别较大时(弯矩远比扭矩大),c 值取较大值,$[\tau]$ 值取较小值;否则相反。

例 11-1 试设计图 11-19 所示斜齿圆柱轮减速器的低速轴。已知轴的转速 $n=$ 140 r/min,传递功率 $P=5$ kW。轴上齿轮的参数为:齿数 $z=58$,法面模数 $m_n=3$ mm,分度圆螺旋角 $\beta=11°17'3''$。齿宽及轮毂宽 $b=70$ mm。

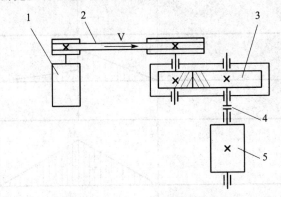

1—电动机;2—带传动;3—齿轮传动;4—联轴器;5—滚筒

图 11-19 斜齿圆柱轮减速器的低速轴

解:(1)选择轴的材料

减速器传递的功率不太大,又无特殊要求,故选最常用的 45 号钢并做正火处理。由表 11-1 查得 $[\sigma_{-1}]_b = 55$ N/mm²。

(2)按转矩估算轴的最小直径

应用式(11-2)估算,由表 11-3 取 $c=118$(因轴上受较大弯矩),于是得

$$d \geqslant c\sqrt[3]{\frac{P}{n}} = 118\sqrt[3]{\frac{5}{140}} \text{ mm} = 38.86 \text{ mm}$$

计算所得为最小轴径(即安装联轴器)处的直径。该轴段应有键槽,应加大(3%～7%)并圆整,取 $d=40$ mm。

（3）轴的结构设计

根据估算所得直径、轮毂宽及安装情况等条件,轴的结构及尺寸可进行草图设计,如图 11-20(a)所示,轴的输出端采用 TL7 型弹性套柱销联轴器,孔径 40 mm,孔长 84 mm,取轴肩高 4 mm,作定位用。齿轮两侧对称安装一对 7210(GB/T 292—2007)角接触球轴承,其宽度为 20 mm。左轴承用套筒定位,右轴承用轴肩定位,根据轴承对安装尺寸的要求,轴肩高度取为 3.5 mm。轴与齿轮、轴与联轴器均选用平键连接。根据减速器的内壁到齿轮和轴承端面的距离,以及轴承盖、联轴器装拆等需要,参考设计手册中有关经验数据,将轴的结构尺寸初步按图 11-20(a)所示确定。这样轴承跨距为 128 mm,由此可进行轴和轴承等的计算。

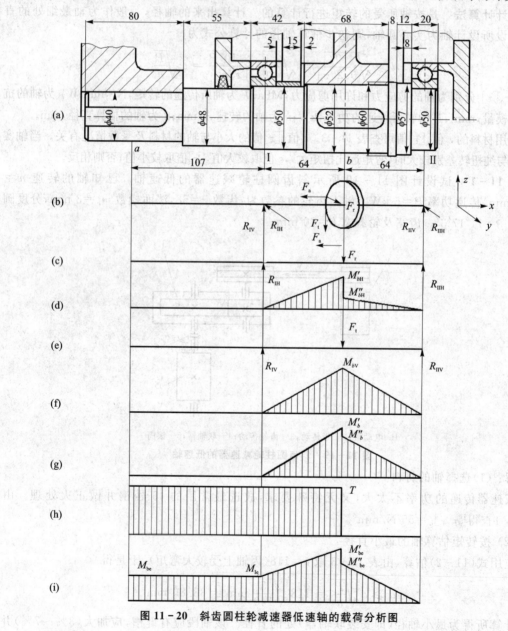

图 11-20　斜齿圆柱轮减速器低速轴的载荷分析图

（4）计算齿轮受力

齿轮分度圆直径

$$d = \frac{m_n z}{\cos\beta} = \frac{3 \text{ mm} \times 58}{\cos11°17'3''} = 177.43 \text{ mm}$$

齿轮所受转矩

$$T = 9.55 \times 10^6 \times \frac{P}{n} = 9.55 \times 10^6 \times \frac{5 \text{ kW}}{140 \text{ r/min}} = 341\,070 \text{ N} \cdot \text{mm}$$

齿轮作用力如下：

圆周力

$$F_t = \frac{2T}{d} = \frac{2 \times 341\,070}{177.43} \text{ N} = 3\,845 \text{ N}$$

径向力

$$F_r = \frac{F_t \tan\alpha_n}{\cos\beta} = \frac{3\,845 \times \tan20°}{\cos11°17'3''} \text{ N} = 1\,427 \text{ N}$$

轴向力

$$F_a = F_t \tan\beta = (3\,845 \times \tan11°17'3'') \text{ N} = 767 \text{ N}$$

轴受力的大小及方向如图 11 - 20(b)所示。

（5）计算轴承反力［图 11 - 20(c)和图 11 - 20(e)］

水平面

$$R_{1H} = \frac{F_a \cdot d/2 + 64F_r}{128} = \frac{767 \times 177.43/2 + 64 \times 1\,427}{128} \text{ N} = 1\,245.1 \text{ N}$$

$$R_{1H} = F_r - R_{1H} = 1\,427 \text{ N} - 1\,245.1 \text{ N} = 181.9 \text{ N}$$

垂直面

$$R_{1V} = R_{1V} = F_t/2 = \frac{3\,845}{2} \text{ N} = 1\,922.5 \text{ N}$$

（6）绘制弯矩图

水平弯矩图如图 11 - 20(d)所示。

截面 b：

$$M'_{bH} = 64R_{1H} = 64 \times 1\,245.1 \text{ N} \cdot \text{mm} = 79\,686.4 \text{ N} \cdot \text{mm}$$

$$M''_{bH} = M'_{bH} - \frac{F_a d}{2} = \left(79\,686.4 - \frac{767 \times 177.43}{2}\right) \text{ N} \cdot \text{mm} = 11\,642 \text{ N} \cdot \text{mm}$$

垂直面弯矩图如图 11 - 20(f)所示。

$$M_{bV} = 64 \, R_{1V} = 64 \times 1\,922.5 \text{ N} \cdot \text{mm} = 123\,040 \text{ N} \cdot \text{mm}$$

合成弯矩图如图 11 - 20(g)所示。

$$M'_b = \sqrt{M'^2_{bH} + M^2_{bV}} = \sqrt{79\,686.4^2 + 123\,040^2} \text{ N} \cdot \text{mm} = 146\,590 \text{ N} \cdot \text{mm}$$

$$M''_b = \sqrt{M''^2_{bH} + M^2_{bV}} = \sqrt{11\,642^2 + 123\,040^2} \text{ N} \cdot \text{mm} = 123\,590 \text{N} \cdot \text{mm}$$

（7）绘制扭矩图［图 11 - 20(h)］

因为 $T = 341\,070$ N·mm，取 $\alpha = 0.58$，故

$$\alpha T = 0.58 \times 341\,070 \text{ N} \cdot \text{mm} = 197\,820 \text{ N} \cdot \text{mm}$$

（8）绘制当量弯矩图［图 11 - 20(i)］

对于截面 b：

$$M'_{\text{be}} = \sqrt{{M'_b}^2 + (\alpha T)^2} = \sqrt{146\,590^2 + 197\,820^2}\ \text{N} \cdot \text{mm} = 246\,214\ \text{N} \cdot \text{mm}$$

$$M''_{\text{be}} = M''_b = 123\,590\ \text{N} \cdot \text{mm}$$

对于截面 a 和 I：

$$M_{\text{ae}} = M_{\text{e}} = \alpha T = 197\,820\ \text{N} \cdot \text{mm}$$

(9)计算轴截面 a 和 b 处的直径

$$d_a = \sqrt[3]{\frac{M_{ap}}{0.1\,[\sigma_{-1}]_b}} = \sqrt[3]{\frac{197\,820}{0.1 \times 55}}\ \text{mm} = 33\ \text{mm}$$

$$d_b = \sqrt[3]{\frac{M'_{ap}}{0.1\,[\sigma_{-1}]_b}} = \sqrt[3]{\frac{246\,214}{0.1 \times 55}}\ \text{mm} = 35.51\ \text{mm}$$

两截面虽有键槽削弱,但结构设计所确定的直径已分别达到 40 mm 和 52 mm,所以,强度足够。如所选轴承和键连接等经计算确认寿命和强度均能满足,则以上轴的结构设计无须修改。

考虑到 $\phi 50$ 与 $\phi 52$ 过渡处的当量弯矩较大,校也应进行校核,读者可自行完成。

(10) 绘制轴的工作图(图 11-21)

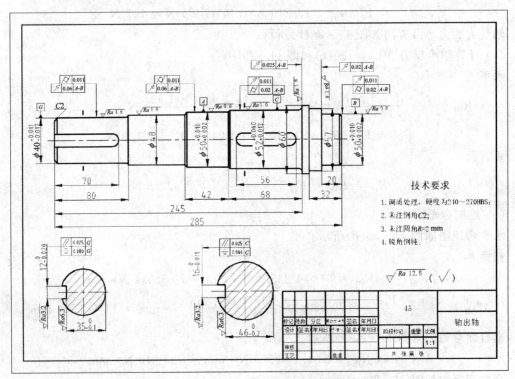

图 11-21　斜齿圆柱轮减速器低速轴的工作图

思考题与习题

11-1 轴按承载情况分为几类? 怎样判别?

11-2 对轴的材料有什么要求? 碳素钢和合金钢各适用于什么情况? 用合金钢代替碳素钢对提高轴的强度和刚度效果如何? 为什么?

11-3　对轴进行结构设计时应综合考虑哪些问题？为什么轴径一般都要圆整成标准尺寸？

11-4　轴上为什么要有过渡圆角、倒角、中心孔、砂轮越程槽以及螺纹退刀槽？

11-5　有一根轴，材料为 45 钢，调质处理。受扭矩 150 N·mm，试估算轴的直径。

11-6　当量弯矩公式 $M_e = \sqrt{M^2 + (\alpha T)^2}$ 中 α 的含义是什么？当量弯矩引起的当量应力性质是什么？

11-7　轴上零件的轴向和周向定位方式有哪些？各适用于什么场合？

11-8　指出图 11-22 中各图的结构设计错误之处，说明其错误原因，并加以改正。[注:图(a)中齿轮用油润滑，轴承用脂润滑;图(b)中蜗轮用油润滑，轴承用脂润滑。]

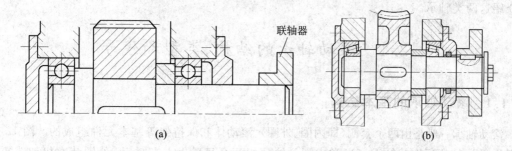

(a)　　　　　　　　　　　　(b)

图 11-22　题 11-8 图

11-9　已知一单级直齿圆柱齿轮减速器，用电动机直接驱动，输入功率 $P = 22$ kW，转速 $n_1 = 1\,470$ r/min，齿轮的模数 $m = 4$ mm，齿数 $z_1 = 18$，$z_2 = 82$。若支承间的跨距 $l = 180$ mm（齿轮位于跨距中央），轴的材料用 45 钢，试按弯扭合成强度计算输出转危险截面处所需的直径。

11-10　图 11-23 所示为直齿圆柱齿轮减速器结构简图。功率由链轮 1 输入，经齿轮 2 和 3 由轴 II 输出，已知输出轴 II 传递功率 $P = 4.5$ kW，转速 $n_2 = 120$ r/min，轴上齿轮分度圆直径 $d_2 = 300$ mm，齿宽 $B = 90$ mm，两轴承支承点距离为 120 mm，减速器单向回转，单班工作，设计输出轴。

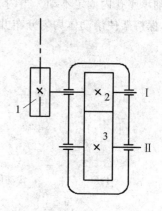

图 11-23　题 11-10 图

第 12 章　轴　承

轴承是用来支承轴或轴上零件的部件。

按摩擦性质不同,轴承可分为滑动轴承和滚动轴承。滚动轴承一般是由专业化的轴承生产厂家大量制造的,应用十分广泛,几乎在各种机器中都可以见到其身影。滑动轴承适用于高速、重载、冲击较大、需要剖分结构的场合,在不重要的低速机器中也常采用滑动轴承。本章分别介绍这两类轴承。

12.1　滚动轴承的结构、类型和代号

12.1.1　滚动轴承的基本结构

滚动轴承一般是由两个套圈(即内圈、外圈)、滚动体和保持架等基本元件组成的。图 12-1所示为最常见的深沟球轴承。通常内圈与轴颈相配合且随轴一起转动,外圈装在机架或零件的轴承座孔内固定不动。当内、外圈相对转动时,滚动体在内、外圈的滚道上滚动,形成滚动摩擦,保持架使滚动体均匀分布并避免相邻滚动体之间相接触产生磨损。

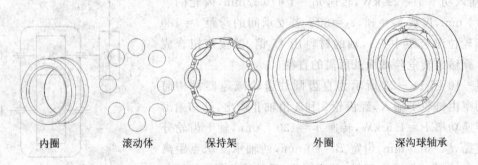

内圈　　　滚动体　　　保持架　　　外圈　　　深沟球轴承

图 12-1　滚动轴承的结构

滚动轴承的内、外圈和滚动体一般采用专用的滚动轴承钢制造,如 GCr9、GCr15、GCr15SiMn 等材料,保持架常用较软的材料(如低碳钢板)经冲压而成,或用铜合金、塑料等材料制成。

12.1.2　滚动轴承的特性、类型及选择

1. 滚动轴承的几个基本特性

1) 接触角

如图 12-2 所示,滚动轴承中滚动体与外圈接触处的法线和垂直于轴承轴心线的平面的夹角 α,称为接触角。α 越大,轴承承受轴向载荷的能力越大。

2) 游　隙

滚动体与内、外圈滚道之间的最大间隙称为轴承的游隙。如图 12-3 所示,将一套圈固

定,另一套圈沿径向的最大移动量称为径向游隙,沿轴向的最大移动量称为轴向游隙。游隙的大小对轴承的运转精度、寿命、噪声、温升等有很大影响,应按使用要求进行游隙的选择或调整。

3) 偏位角

如图 12-4 所示,轴承内、外圈轴线相对倾斜时所夹锐角,称为偏位角。能自动适应偏位角的轴承,称为调心轴承。各类轴承的许用偏位角见表 12-1。

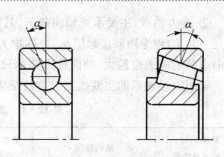

图 12-2　滚动轴承的接触角

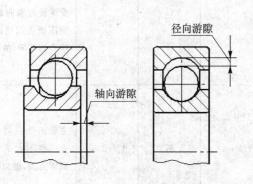

图 12-3　滚动轴承的游隙

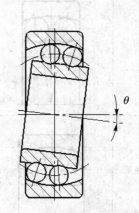

图 12-4　滚动轴承的偏位角

4) 极限转速

滚动轴承在一定的载荷和润滑的条件下,允许的最高转速称为极限转速,其具体数值见相关手册。

2. 滚动轴承的类型

滚动轴承的类型很多,下面介绍几种常见的分类方法。

(1) 按滚动体的形状分,可分为球轴承和滚子轴承两大类。如图 12-5 所示,球轴承的滚动体是球形,承载能力和承受冲击能力小。滚子轴承的滚动体形状有圆柱滚子、圆锥滚子、鼓形滚子和滚针等,承载能力和承受冲击能力大,但极限转速低。

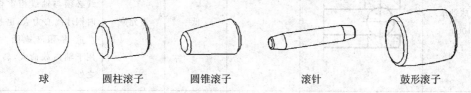

球　　　圆柱滚子　　　圆锥滚子　　　滚针　　　鼓形滚子

图 12-5　滚动体的形状

(2) 按滚动体的列数,滚动轴承又可分为单列、双列及多列滚动轴承。

(3) 按工作时能否调心,可分为调心轴承和非调心轴承。调心轴承允许的偏位角大。

(4) 按承受载荷方向不同,可分为向心轴承和推力轴承两类。

① 向心轴承:主要承受径向载荷,其公称接触角 $\alpha=0°$ 的轴承称为径向接触轴承;$0°<\alpha\leqslant45°$ 的轴承,称为角接触向心轴承。接触角越大,承受轴向载荷的能力也越大。

② 推力轴承:主要承受轴向载荷,其公称接触角 $45°<\alpha<90°$ 的轴承,称为角接触推力轴承;$\alpha=90°$ 的称为轴向接触轴承,也称推力轴承。接触角越大,承受径向载荷的能力越小,承受轴向载荷的能力也越大,轴向推力轴承只能承受轴向载荷。

常用滚动轴承的主要类型及特性见表 12-1。

表 12-1 滚动轴承的主要类型和特性

轴承名称、类型及代号	结构简图	基本额定动载荷比[①]	极限转速比[②]	允许偏位角	主要特性及应用
调心球轴承 10000		0.6~0.9	中	2°~3°	主要承受径向载荷,也能承受少量的轴向载荷。因为外圈滚道表面是以轴线中点为球心的球面,故能自动调心
调心滚子轴承 20000		1.8~4	低	1°~2.5°	主要承受径向载荷,也可承受一些不大的轴向载荷,承载能力大,能自动调心
圆锥滚子轴承 30000		1.1~2.5	中	2′	能承受以径向载荷为主的径向、轴向联合载荷,当接触角 α 大时,亦可承受纯单向轴向联合载荷。因系线接触,承载能力大于 7 类轴承。内、外圈可以分离,装拆方便,一般成对使用
推力球轴承 51000		1	低	不允许	接触角 $\alpha=90°$,只能承受单向轴向载荷。而且载荷作用线必须与轴线相重合,高速时钢球离心力大,磨损、发热严重,极限转速低。因此只用于轴向载荷大,转速不高之处
双向推力球轴承 52000		1	低	不允许	能承受双向轴向载荷。其余与推力轴承相同

轴承名称、类型及代号	结构简图	基本额定动载荷比[①]	极限转速比[②]	允许偏位角	主要特性及应用
深沟球轴承 60000		1	高	$8'\sim16'$	主要承受径向载荷,同时也能承受少量的轴向载荷。当转速很高而轴向载荷不太大时,可代替推力球轴承承受纯轴向载荷。生产量大,价格低
角接触球轴承 70000		$1.0\sim1.4$	较高	$2'\sim10'$	能同时承受径向和轴向联合载荷,接触角 α 越大,承受轴向载荷的能力也越大。接触角 α 有 $15°$、$25°$ 和 $40°$ 三种。一般成对使用,可以分装于两个支点或同装于一个支点上
圆柱滚子轴承 N0000		$1.5\sim3$	较高	$2'\sim4'$	外圈(或内圈)可以分离,故不能承受轴向载荷。由于是线接触,所以能承受较大的径向载荷
滚针轴承 NA0000		——	低	不允许	在同样内径条件下,与其他类型轴承相比,其外径最小,外圈(或内圈)可以分离,径向承载能力较大,一般无保持架,摩擦系数大

注:① 基本额定动载荷比是指同一尺寸系列(直径及宽度)各种类型和结构形式的轴承的基本额定动载荷与 6 类深沟球轴承的(推力轴承则与单向推力球轴承)基本额定动载荷之比。

② 极限转速比是指同一尺寸系列 0 级公差的各类轴承脂润滑时的极限转速与 6 类深沟球轴承脂润滑时的极限转速之比。高、中、低的含义为:高为 6 类深沟球轴承极限转速的 $90\%\sim100\%$;中为 6 类深沟球轴承极限转速的 $60\%\sim90\%$;低为 6 类深沟球轴承极限转速的 60% 以下。

3. 滚动轴承的类型选择

选用滚动轴承时,首先是选择轴承类型。选择轴承类型应考虑的因素很多,如轴承所受载荷的大小、方向及性质;转速与工作环境;调心性能要求;经济性及其他特殊要求等。以下几个选型原则可供参考。

1) 轴承的载荷条件

轴承承受载荷的大小、方向和性质是选择轴承类型的主要依据。

(1) 载荷小而又平稳时,可选球轴承;载荷大又有冲击时,宜选滚子轴承。

(2) 轴承仅受径向载荷时,选径向接触球轴承或圆柱滚子轴承。只受轴向载荷时,宜选推力轴承。轴承同时受径向和轴向载荷时,选用角接触轴承。轴向载荷越大,应选择接触角越大的轴承,必要时也可选用径向轴承和推力轴承的组合结构。应该注意推力轴承不能承受径向载荷,圆柱滚子轴承不能承受轴向载荷。

2)轴承的转速

(1)若轴承的尺寸和精度相同,则球轴承的极限转速比滚子轴承高,所以当转速较高且旋转精度要求较高时,应选用球轴承。

(2)推力轴承的极限转速低,适于转速不高的场合。

(3)当工作转速较高,而轴向载荷不大时,可采用角接触球轴承或深沟球轴承。

(4)对高速回转的轴承,为减小滚动体施加于外圈滚道的离心力,宜选用外径和滚动体直径较小的轴承。

(5)若工作转速超过轴承的极限转速,可通过提高轴承的公差等级、适当加大其径向游隙等措施来满足要求。

3)调心性能

轴承内、外圈轴线间的偏位角应控制在极限值之内,见表 12 - 1;否则会增加轴承的附加载荷而降低其寿命。对于刚度差或安装精度差的轴系,轴承内、外圈轴线间的偏位角较大,宜选用调心类轴承,如调心球轴承(1 类)、调心滚子轴承(2 类)等。

4)允许的空间

当轴向尺寸受到限制时,宜选用窄或特窄的轴承。当径向尺寸受到限制时,宜选用滚动体较小的轴承。如要求径向尺寸小而径向载荷又很大,可选用滚针轴承。

5)装调性能

圆锥滚子轴承(3 类)和圆柱滚子轴承(N 类)的内、外圈可分离,装拆比较方便。

除此之外,还可能有其他各种各样的要求,如轴承装置整体设计的要求等,因此设计时要全面分析比较,选出最合适的轴承。

6)经济性

一般情况下普通结构的轴承比特殊结构的轴承价格便宜,球轴承的价格低于滚子轴承。选择轴承类型时,应在能满足各项要求的情况下,尽量选择价格低廉的轴承。

12.2　滚动轴承的代号

滚动轴承的种类和尺寸规格繁多,为了便于组织生产和选用,常用的滚动轴承大多数已经标准化了。国家标准 GB/T 272—1993 规定了滚动轴承的代号方法,轴承的代号用字母和数字来表示。一般印或刻在轴承套圈的端面上。

滚动轴承的代号由基本代号、前置代号和后置代号组成。滚动轴承代号的构成见表 12 - 2。

表 12 - 2　滚动轴承代号的构成

前置代号	基本代号			后置代号
字母	类型代号	尺寸系列代号		内径代号	字母(或加数字)
		宽度系列代号	直径系列代号	
	数字或字母	一位数字	一位数字	两位数字

例如,滚动轴承代号 N2209/P5,在基本代号中,N 表示类型代号;22 表示尺寸系列代号;09 表示内径代号;后置代号/P5 表示精度等级代号。

12.2.1 基本代号

基本代号表示轴承的类型、结构和尺寸,是轴承代号的基础。基本代号由轴承类型代号、尺寸系列代号和内径代号三部分构成。

1. 轴承类型代号

轴承类型代号用数字或字母表示,其表示方法见表 12-3。

表 12-3 一般滚动轴承类型代号

代 号	轴承类型	代 号	轴承类型
0	双列角接触球轴承	7	角接触球轴承
1	调心球轴承	8	推力圆柱滚子轴承
2	调心滚子轴承和推力调心滚子轴承	N	圆柱滚子轴承
3	圆锥滚子轴承		双列或多列用字母 NN 表示
4	双列深沟球轴承	U	外球面球轴承
5	推力球轴承	QJ	四点接触球轴承
6	深沟球轴承		

2. 尺寸系列代号

尺寸系列代号由轴承的宽(推力轴承指高)度系列代号和直径系列代号组成。各用一位数字表示。

轴承的宽度系列代号指内径相同的轴承,对向心轴承,配有不同的宽度尺寸系列。轴承宽度系列代号有 8、0、1、2、3、4、5、6,宽度尺寸依次递增。对推力轴承,配有不同的高度尺寸系列,代号有 7、9、1、2,高度尺寸依次递增。在 GB/T 272—1993 规定的有些型号中,宽度系列代号被省略。图 12-6(a)所示为圆锥滚子轴承,当内、外径相同时不同宽度系列代号的尺寸对比。

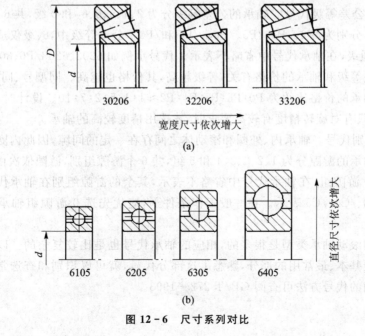

图 12-6 尺寸系列对比

轴承的直径系列代号指内径相同的轴承配有不同的外径尺寸系列。其代号有 7、8、9、0、1、2、3、4、5，外径尺寸依次递增。图 12-6(b)所示为深沟球轴承，当内径相同时不同直径系列代号的尺寸对比。

3. 内径代号

轴承内孔直径用两位数字表示，见表 12-4。

表 12-4 轴承内径代号

内径代号	00	01	02	03	04~99
轴承内径 d/mm	10	12	15	17	数字×5

注：内径为 22、28、32 以及大于 500 mm 的轴承，内径代号直接用内径毫米数表示，但标注时与尺寸系列代号之间要用"/"分开。例如深沟球轴承 62/22 的内径 $d=22$ mm。

12.2.2 前置、后置代号

1. 前置代号

轴承的前置代号用字母表示。如用"L"表示可分离轴承的可分离内圈或外圈，代号示例如 LN207。

2. 后置代号

轴承的后置代号是用字母(或加数字)等表示。后置代号的内容很多，下面介绍几种常用的后置代号。

(1) 内部结构代号。内部结构代号用字母表示，紧跟在基本代号后面。如接触角 $\alpha=15°$、25°和 40°的角接触球轴承分别用 C、AC 和 B 表示内部结构的不同。代号示例如 7210C、7210AC 和 7210B。

(2) 密封、防尘与外部形状变化代号。如"-Z"表示轴承一面带防尘盖；"N"表示轴承外圈上有止动槽。代号示例如 6210-Z、6210N。

(3) 轴承的公差等级代号。轴承的公差等级分为 2、4、5、6、6_x 和 0 级，共 6 个级别，精度依次降低。其代号分别为/P2、/P4、/P5、/P6$_x$、/P6 和/P0。公差等级中，6_x 级仅适用于圆锥滚子轴承；0 级为普通级，在轴承代号中省略不表示。代号示例如 6203、6203/P6、30210/P6$_x$。

轴承的公差等级和轴承的价格有关，等级越高，其价格也越高。同型号、同尺寸、不同公差等级的深沟球轴承的价格比约为 P0:P6:P5:P4:P2≈1:1.5:2:7:10。设计时，应尽量选用普通级精度轴承，只有对旋转精度有较高要求时，才选用精度较高的轴承。

(4) 游隙组别代号。轴承内、外圈和滚动体之间存在一定的间隙，因此内圈相对外圈有一定的游动量。轴承的游隙分为 1、2、0、3、4 和 5 组，共 6 个游隙组别，游隙依次由小到大。常用的游隙组别是 0 游隙组，在轴承代号中省略不表示，其余的游隙组别在轴承代号中分别用符号/C1、/C2、/C3、/C4、/C5 表示。在一般工作条件下，应优先选 0 游隙组轴承。代号示例如 6210、6210/C4。

实际应用的滚动轴承类型是很多的，相应的轴承代号也是比较复杂的。以上介绍的代号是轴承代号中最基本、最常用的部分，熟悉了这部分代号，就可以识别和查选常用的轴承。关于滚动轴承详细的代号方法可查阅 GB/T 272—1993。

例 12 - 1 说明轴承代号 30210、LN207/P63 的含义。

解：(1) 30210 表示圆锥滚子轴承,宽度系列代号为 0,直径系列代号为 2,内径为 50 mm,公差等级为 0 级,游隙为 0 组。

(2) LN207/P63 为表示圆柱滚子轴承,外圈可分离,宽度系列代号为 0(0 在代号中省略),直径系列代号为 2,内径为 35 mm,公差等级为 6 级,游隙为 3 组。

12.3 滚动轴承的工作能力计算

12.3.1 滚动轴承的载荷分析

以工程中最常见的深沟球轴承为例进行分析。如图 12 - 7 所示,轴承受径向载荷 F_r 作用时,各滚动体承受的载荷是不同的,处于最低位置的滚动体受载荷最大。由理论分析知,受载荷最大的滚动体所受的载荷为 $F_0 \approx (5/z)F_r$,式中 z 为滚动体的数目。

当外圈不动内圈转动时,滚动体既自转又绕轴承的轴线公转,于是内、外圈与滚动体的接触点位置不断发生变化,滚道与滚动体接触表面上某点的接触应力也随着作周期性的变化,滚动体与旋转套圈受周期性变化的脉动循环接触应力作用,固定套圈上 A 点受最大的稳定脉动循环接触应力作用。

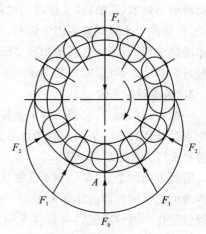

图 12 - 7 滚动轴承的载荷分析

12.3.2 滚动轴承的失效形式和计算准则

1. 失效形式

根据工作情况,滚动轴承的失效形式主要有:

(1) 疲劳点蚀。滚动体和套圈滚道在脉动循环的接触应力作用下,当应力过大或应力循环次数超过一定数值后,内、外圈滚道与滚动体的接触表面会出现接触疲劳点蚀。点蚀使轴承在运转中产生振动和噪声,回转精度降低且工作温度升高,使轴承失去正常的工作能力。接触疲劳点蚀是滚动轴承的最主要失效形式。

(2) 塑性变形。在过大的静载荷或冲击载荷的作用下,套圈滚道或滚动体可能会发生塑性变形(永久变形),滚道出现凹坑或滚动体被压扁,使运转精度降低,产生振动和噪声,导致轴承不能正常工作。

(3) 磨损。在润滑不良,密封不可靠及多尘的情况下,滚动体或套圈滚道易产生磨粒磨损,高速时会出现热胶合磨损,轴承过热还将导致滚动体回火。

另外,滚动轴承由于配合、安装、拆卸及使用维护不当,还会引起轴承元件如保持架破裂等其他形式的失效。

2. 计算准则

确定滚动轴承的尺寸时,要针对上述主要失效形式进行必要的计算。其计算准则如下:

(1) 对于一般转速($n > 10$ r/min)的轴承,疲劳点蚀为其主要的失效形式,应进行寿命计算。

（2）对于低速（$n \leqslant 10$ r/min）重载或大冲击条件下工作的轴承，其主要失效形式为塑性变形，应进行静强度计算。

（3）对于高转速的轴承，除疲劳点蚀外，胶合磨损也是重要的失效形式，因此除应进行寿命计算外还要校验其极限转速。

12.3.3　滚动轴承的寿命

1. 轴承的寿命

在一定载荷作用下，滚动轴承运转到任一滚动体或套圈滚道上出现疲劳点蚀前，两套圈相对运转的总转数（圈数）或工作的小时数，称为轴承的寿命。众所周知，一个人的寿命是无法预言的，但借助于人口调查等相关资料，却可以预知某一批人的寿命是多少岁。同理，对于一个具体的轴承，我们没有办法预知其实际寿命是多少小时，但引入下面关于基本额定寿命的概念并经过计算之后，可以得知其寿命。

2. 基本额定寿命

一批相同的轴承，在同条件下运转，其中有 10％的轴承发生疲劳点蚀破坏（90％的轴承未出现点蚀破坏）时，一个轴承所转过的总转（圈）数或工作的小时数称为轴承的基本额定寿命。用符号 $L(10^6 \text{r})$ 或 $L_h(\text{h})$ 表示。

需要说明的是：①某一轴承能够达到或超过此寿命值的可能性即可靠度为 90％，达不到此寿命值的可能性即破坏率为 10％。换言之，一批轴承中，有 90％的轴承超过此寿命值还可以继续工作。②轴承运转的条件不同，如受载荷大小就不一样，则其基本额定寿命值就不一样，受载荷越大，基本额定寿命越短。

3. 基本额定动载荷

基本额定动载荷是指基本额定寿命为 $L = 10^6 \text{r}$ 时，轴承所能承受的最大载荷，用字母 C 表示。不同型号轴承的基本额定动载荷值不同，它反映了轴承承载能力的大小，基本额定动载荷越大，其承载能力也越大。轴承的基本额定动载荷 C 值可查轴承样本或有关设计手册等资料。

4. 滚动轴承的寿命计算公式

滚动轴承的基本额定寿命（以下简称为寿命）与承受的载荷有关。图 12-8 所示的 $L-P$ 曲线，是通过对一定数量的 6207 轴承进行疲劳试验，对试验数据进行处理后，得到的该轴承寿命 L 与载荷 P 之间的关系曲线，也称为轴承的疲劳曲线。其他型号的轴承，也存在类似的关系曲线。此曲线的方程为

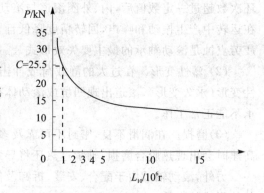

图 12-8　滚动轴承的 $L-P$ 曲线

$$LP^\varepsilon = 常数$$

式中：ε 为轴承的寿命指数。

根据基本额定动载荷的定义，当轴承的基本额定寿命 $L = 1$（即 10^6r）时，它所受的载荷 $P = C$，将其代入上式得 $LP^\varepsilon = 1 \times C^\varepsilon = 常数$，即

$$L = \left(\frac{C}{P}\right)^{\varepsilon} \quad (10^6 \text{ r})$$

实际计算中,常用小时数 L_h 表示轴承寿命,考虑到轴承工作温度的影响,则上式可改写为下面两个实用的轴承基本额定寿命的计算公式,由此可分别确定轴承的基本额定寿命或型号。

$$L_h = \frac{10^6}{60n}\left(\frac{f_T C}{P}\right)^{\varepsilon} \geqslant [L_h] \tag{12-1}$$

或

$$C \geqslant C' = \frac{P}{f_T}\left(\frac{60n[L_h]}{10^6}\right)^{\frac{1}{\varepsilon}} \tag{12-2}$$

式中:L_h 为轴承的基本额定寿命,h;n 为轴承转数,r/min;ε 为轴承寿命指数,对于球轴承,$\varepsilon = 3$,对于滚子轴承,$\varepsilon = 10/3$;C 为基本额定动载荷,N;C' 为所需轴承的基本额定动载荷,N;P 为当量动载荷,N;f_T 为温度系数,见表 12-5,是考虑轴承工作温度对 C 的影响而引入的修正系数;$[L_h]$ 为轴承的预期使用寿命,h。设计时如果不知道预期寿命值,可参考表 12-6 确定。

表 12-5 温度系数 f_T

轴承工作温度/℃	≤100	125	150	200	250	300
温度系数 f_T	1	0.95	0.90	0.80	0.70	0.60

表 12-6 滚动轴承预期使用寿命的参考值

机器类型	预期寿命/h
航空发动机	500～2 000
不经常使用的仪器或设备,如闸门开闭装置等	300～3 000
短期或间断使用的机械,中断使用不致引起严重后果,如手动机械等	3 000～8 000
间断使用的机械,中断使用后果严重,如发动机辅助设备、流水作业线自动传动装置、升降机、车间吊车、不经常使用的机床等	8 000～12 000
每日 8 h 工作的机械(利用率不高),如一般的齿轮传动、某些固定电动机等	12 000～20 000
每日 8 h 工作的机械(利用率较高),如金属切削机床、连续使用的起重机、木材加工机械等	20 000～30 000
24 h 连续工作的机械,如矿山升降机、泵、电动机等	40 000～60 000
24 h 连续工作的机械,中断使用后果严重,如纤维生产或造纸设备、发电站主电机、矿井水泵、船舶螺旋桨等	100 000～200 000

12.3.4 当量动载荷的计算

滚动轴承的基本额定动载荷 C 是在一定的试验条件下确定的,对向心轴承是指纯径向载荷,对推力轴承是指纯轴向载荷。在进行寿命计算时,需将作用在轴承上的实际载荷折算成与上述条件相当的载荷,即当量动载荷。在该载荷的作用下,轴承的寿命与实际载荷作用下轴承的寿命相同。当量动载荷用符号 P 表示,计算公式为

$$P = f_P(XF_r + YF_a) \tag{12-3}$$

式中:f_P 为载荷系数,是考虑工作中的冲击和振动会使轴承寿命降低而引入的系数,见表 12-7;F_r 为轴承所受的径向载荷,N;F_a 为轴承所受的轴向载荷,N;X 为径向载荷系数,见表 12-8;Y 为轴向载荷系数,见表 12-8。

表 12 - 7　载荷系数 f_p

载荷性质	无冲击或轻微冲击	中等冲击		强烈冲击
f_P	1.0～1.2	1.2～1.8		1.8～3.0
举　　例	电动机、汽轮机、通风机等	车辆、动力机械、起重机、造纸机、冶金机械、选矿机械、水利机械、卷扬机、木材加工机械、传动装置、机床等		破碎机、轧钢机、钻探机、振动筛等

表 12 - 8　径向载荷系数 X 和轴向载荷系数 Y

轴承类型	F_a/C_0	e	$F_\text{a}/F_\text{r} > e$		$F_\text{a}/F_\text{r} \leqslant e$	
			X	Y	X	Y
深沟球轴承	0.014	0.19		2.30		
	0.028	0.22		1.99		
	0.056	0.26		1.71		
	0.084	0.28		1.55		
	0.11	0.30	0.56	1.45	1	0
	0.17	0.34		1.31		
	0.28	0.38		1.15		
	0.42	0.42		1.04		
	0.56	0.44		1.00		
角接触球轴承	$\alpha=15°$　0.015	0.38		1.47		
	0.029	0.40		1.40		
	0.058	0.43		1.30		
	0.087	0.46		1.23		
	0.12	0.47	0.44	1.19	1	0
	0.17	0.50		1.12		
	0.29	0.55		1.02		
	0.44	0.56		1.00		
	0.58	0.56		1.00		
	$\alpha=25°$　—	0.68	0.41	0.87	1	0
	$\alpha=40°$　—	1.14	0.35	0.57	1	0
圆锥滚子轴承	—	$1.5\tan\alpha$	0.40	$0.4\cot\alpha$	1	0

注：(1) 表中均为单列轴承的系数值，双列轴承查《滚动轴承产品样本》。

　　(2) C_0 为轴承的基本额定静载荷；α 为接触角。

　　(3) e 是判别径向载荷 F_a 对当量动载荷 P 影响程度的参数。查表时，可按 F_a/C_0 查得 e 值，再根据 $F_\text{a}/F_\text{r} > e$ 或 $F_\text{a}/F_\text{r} \leqslant e$ 来确定 X、Y 值。

12.3.5　角接触轴承的轴向力计算

1. 角接触轴承的内部轴向力 F_S

如图 12 - 9 所示角接触轴承，由于接触角 α 的存在，无论是否承受轴向外载荷，只要受到径向载荷 F_R 作用，载荷作用线不通过轴承宽度的中点，而与轴心线交于 O 点。作用在承载区内第 i 个滚动体上的法向力 F_i 可分解为径向分力 $F_{\text{r}i}$ 和轴向分力 $F_{\text{S}i}$。

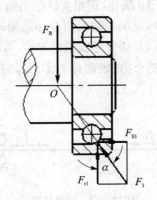

图 12－9　角接触轴承中的内部轴向力分析

各滚动体所受径向分力的合力与径向载荷 F_R 平衡，即为 $F_R=\sum F_{ri}$；而所有轴向分力的合力为 $F_S=\sum F_{Si}$，由于 F_S 是因轴承的内部结构特点伴随着径向载荷产生的轴向力，与轴向外载荷无关，故称 F_S 为轴承的内部轴向力或派生轴向力。其大小按表 12－9 中的公式计算，方向沿轴线由轴承外圈的宽边指向窄边。

表 12－9　角接触轴承的内部轴向力

角接触球轴承			圆锥滚子轴承
70000C($\alpha=15°$)	70000AC($\alpha=25°$)	70000B($\alpha=40°$)	
$F_S=eF_r$	$F_S=0.68F_r$	$F_S=1.14F_r$	$F_S=F_r/2Y$（Y 是 $F_a/F_r>e$ 的轴向系数）

注：表中 e 值查表 12－8 确定。

2. 轴向力 F_a 的计算

一般角接触轴承都成对使用，并将两个轴承对称安装。常见有两种安装方式：图 12－10 所示为外圈窄边相对安装，称为正装或面对面安装；图 12－11 所示为两外圈宽边相对安装，称为反装或背靠背安装。

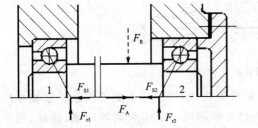

图 12－10　外圈窄边相对安装

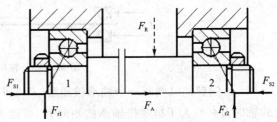

图 12－11　外圈宽边相对安装

下面以图 12－10 所示的角接触球轴承支承的轴系为例，分析轴线方向的受力情况，由于需要求出 F_{a1} 及 F_{a2} 两个未知力，显然这属于超静定的问题，故引入求解角接触轴承轴向力 F_a 的方法如下：

（1）用理论力学的办法求出轴向外力（合力）F_A，据表 12－9 中的公式计算出两轴承的内部轴向力 F_{S1}、F_{S2}，并判断出各力的方向。

（2）绘制计算简图。将图 12-10 简化，用粗实线绘出轴及两轴承，如图 12-12 所示。再用细实线在轴线上画出三角形符号，表示与轴固结在一起的轴承内圈。在表示轴承外圈的铅直线和水平线上画出倾斜的剖面线，意味着外圈固定不动，画有剖面线的铅直线一侧是外圈的宽边，其对面为窄边。然后再绘出三个力：轴向外力 F_A 及两轴承的内部轴向力 F_{S1}、F_{S2}。（不画两轴承的径向力 F_{r1}、F_{r2} 及轴向力 F_{a1}、F_{a2}。）

图 12-12　计算简图

（3）根据计算简图判断松、紧端。将轴向外力 F_A 及与之同方向的内部轴向力相加，取其之和与另一反方向的内部轴向力比较大小。若 $F_{S1} + F_A > F_{S2}$，根据计算简图，轴与固结在一起的内圈有向右移动的趋势，而外圈固定不动，则可视为轴承 2 的内、外圈与滚动体被进一步压紧；轴承 1 内、外圈与滚动体之间被放松了。即轴承 2 被压紧，轴承 1 被放松。若 $F_{S1} + F_A < F_{S2}$，根据计算简图，外圈固定不动，轴与固结在一起的内圈有向左移动的趋势，则轴承 1 被压紧，轴承 2 被放松。

（4）求出两轴承的轴向力 F_{a1} 及 F_{a2}。"放松端"轴承的轴向力等于它本身的内部轴向力，"压紧端"轴承的轴向力等于除本身的内部轴向力之外其余两个轴向力的代数和。

需要强调说明的是：

（1）计算简图既非常简明地表达了图 12-10 所示的支承结构，又清楚地表示出了轴线方向的受力情况，为下一步正确判断轴承被放松或压紧打下了基础。计算简图尤其适用于求解 F_a 时没有结构图只有受力示意图的题目。

（2）F_{a1} 及 F_{a2} 为两个角接触轴承所受的轴向力，作用在轴承外圈宽边的端面上，方向沿轴线由宽边指向窄边，见图 12-13。此图也可以作为校核轴向力的受力图，考虑轴线方向平衡应有：$F_{a1} - F_{a2} + F_A = 0$。

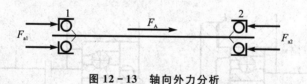

图 12-13　轴向外力分析

（3）虽然解题时判断一个轴承被压紧，另一个轴承被放松，但这并不能说明被压紧轴承所受的轴向力必然大于被放松轴承的轴向力，可能有时正好相反。这里所谓的压紧、放松，只不过是求解超静定问题时，引入的一个特殊说法而已。

例 12-2　已知一对 7206C 轴承支承的轴系（如图 12-14），轴上径向力 $F_R = 6\,000$ N，轴向外力 $F_A = 0$，$F_a/C_0 = 0.029$，求两轴承所受的轴向力。

解：（1）求两轴承所受的径向力

列出静力学平衡方程式，可求得两轴承所受的径向力为

$$F_{r1} = 2\,000 \text{ N} \qquad F_{r2} = 4\,000 \text{ N}$$

（2）求内部轴向力

由表 12-8 及表 12-9 可知,内部轴向力为

$$F_{S1}=0.4F_{r1}=0.4\times2\ 000\ N=800\ N$$

$$F_{S2}=0.4F_{r2}=0.4\times4\ 000\ N=1\ 600\ N$$

(3) 绘出计算简图

两轴承正装,按前述的方法绘出图 12-15。

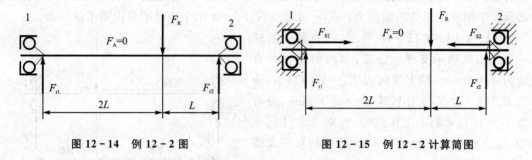

图 12-14 例 12-2 图   图 12-15 例 12-2 计算简图

(4) 判断松、紧端

将轴向外力 F_A(假设向右)及与之同向的内部轴向力 F_{S1} 相加,取其之和与另一反向的内部轴向力 F_{S2} 比较大小:

$$F_A+F_{S1}=(0+800)\ N=800\ N<F_{S2}=1\ 600\ N$$

由图 12-15 看出,外圈固定不动,轴与固结在一起的内圈有向左移动的趋势,则轴承 1 被压紧,轴承 2 被放松。

(5) 轴承的轴向力

压紧端轴承 $$F_{a1}=F_A+F_{S2}=(0+1\ 600)\ N=1\ 600\ N$$

放松端轴承 $$F_{a2}=F_{S2}=1\ 600\ N$$

例 12-3 已知一对角接触球轴承支承的轴系(如图 12-16),轴上径向力 $F_{r1}=4\ 000\ N$,$F_{r2}=2\ 000\ N$,内部轴向力 $F_S=0.4F_r$,轴向外力 $F_A=600\ N$,求两轴承所受的轴向力。

解:(1) 求内部轴向力

$$F_{S1}=0.4F_{r1}=0.4\times4\ 000\ N=1\ 600\ N$$

$$F_{S2}=0.4F_{r2}=0.4\times2\ 000\ N=800\ N$$

(2) 绘出计算简图

两轴承反装,按前述方法绘出图 12-17。

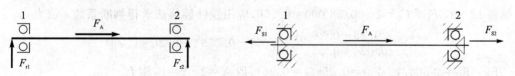

图 12-16 例 12-3 图   图 12-17 例 12-3 计算简图

(3) 判断松、紧端

将轴向外力 F_A 及与之同向的内部轴向力 F_{S2} 相加,取其之和与另一反向的内部轴向力 F_{S1} 比较大小:

$$F_A+F_{S2}=600\ N+800\ N=1\ 400\ N<F_{S1}=1\ 600\ N$$

由图 12-17 看出,外圈固定不动,轴与固结在一起的内圈有左移动的趋势,很容易看出轴承 1 被放松,轴承 2 被压紧。

(4)两轴承所受的轴向力

放松端轴承 $\qquad F_{a1}=F_{S1}=1\ 600\ \text{N}$

压紧端轴承 $\qquad F_{a2}=F_{S1}-F_A=1\ 600\ \text{N}-600\ \text{N}=1\ 000\ \text{N}$

讨论:在本例中,虽然判断轴承 1 被放松,轴承 2 被压紧,但这并不说明轴承 2 受的轴向力必然大于轴承 1 所受的轴向力。$F_{a1}=1\ 600\ \text{N}$,$F_{a2}=1\ 000\ \text{N}$ 就明显说明了这一点。

例 12-4 如图 12-18 所示,减速器中的轴由一对深沟球轴承支承。已知:轴的两端轴颈直径均为 $d=50\ \text{mm}$,轴上径向力 $F_R=15\ 000\ \text{N}$,轴向力 $F_A=2\ 500\ \text{N}$,工作转速 $n=400\ \text{r/min}$,载荷系数 $f_P=1.1$,常温下工作,轴承预期寿命 $[L_h]=6\ 000\ \text{h}$,支承方式采用图 12-23 所示的双固式结构,试选择轴承型号。

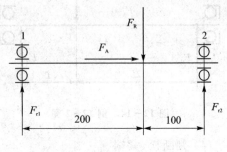

图 12-18 例 12-4 图

解:(1)求轴承所受的载荷

① 轴承 1

径向载荷 由静力学平衡方程式得

$$(200+100)F_{r1}-100F_R=0$$

$$F_{r1}=\frac{100}{200+100}F_R=\frac{1}{3}\times 15\ 000\ \text{N}=5\ 000\ \text{N}$$

轴向载荷 由于两轴承用图 12-23 所示的双固式支承结构,根据此结构图及图 12-18 中轴向力 F_A 的方向判断:轴向力 F_A 由轴承 2 承受,轴承 1 不受轴向力,即 $F_{a1}=0$。

② 轴承 2

径向载荷 由静力学平衡方程式得

$$F_{r2}=F_R-F_{r1}=(15\ 000-50\ 000)\ \text{N}=10\ 000\ \text{N}$$

轴向载荷 $\qquad F_{a2}=F_A=2\ 500\ \text{N}$

由于轴承 2 承受的载荷大于轴承 1 所承受的载荷,故应按轴承 2 所受的载荷计算轴承寿命。

(2)选 6310 轴承进行计算

依题意 $d=50\ \text{mm}$,试选 6310 轴承,查有关机械设计手册得 $C=61\ 800\ \text{N}$,$C_0=38\ 000\ \text{N}$,根据表 12-8,$F_{a2}/C_0=2\ 500/38\ 000=0.066$,应用线性插值法求得判断系数 e 值为

$$e=\frac{0.28-0.26}{0.084-0.056}\times(0.066-0.056)+0.26=0.267$$

$F_{a2}/F_{r2}=2\ 500/10\ 000=0.25<e=0.267$,取 $X=1$,$Y=0$,则有

$$P_2=f_P(XF_{r2}+YF_{a2})=1.1\times(1\times 10\ 000+0\times 2\ 500)\ \text{N}=11\ 000\ \text{N}$$

又有球轴承 $\varepsilon=3$,取 $f_T=1$,则由式(12-1)得

$$L_h=\frac{10^6}{60n}\left(\frac{f_T C}{P}\right)^{\varepsilon}=\frac{10^6}{60\times 400}\times\left(\frac{1\times 61\ 800}{11\ 000}\right)^3\ \text{h}=7\ 389\text{h}>[L_h]=6\ 000\ \text{h}$$

由此可见,轴承的寿命大于预期寿命,故所选 6310 轴承合适。

（3）本例题讨论

① 若试算 6310 滚动轴承的寿命远远大于预期寿命,且结构上允许,可以改用 6210 轴承,并验算轴承寿命。如果试算 6310 滚动轴承不合适,且允许采用增大轴颈的办法改选轴承型号,则可选用 6312 轴承,再计算轴承寿命,判断该轴承是否合适。

② 也可通过计算所需轴承的基本额定动载荷 C' 与试选轴承的基本额定动载荷 C 比较,判定试选轴承是否合适。

例 12 - 5　图 12 - 19 所示为某机器中的输入轴,拟用一对 7211AC 角接触球轴承支承。已知轴的转速 $n=1\,450$ r/min,两轴承的径向载荷为 $F_{r1}=3\,300$ N,$F_{r2}=1\,000$ N,轴向载荷 $F_A=900$ N,运转时有中等冲击,轴承在常温下工作,轴承预期寿命为 $[L_h]=12\,000$ h。试判断该对轴承是否合适。

解:（1）计算轴承的轴向力 F_{a1}、F_{a2}

① 计算内部轴向力。由表 12 - 9 查得 7211AC 轴承内部轴向力的计算公式为 $F_s=0.68F_r$,则有

$$F_{S1}=0.68\,F_{r1}=0.68\times3\,300\ \text{N}=2\,244\ \text{N}$$

$$F_{S2}=0.68\,F_{r2}=0.68\times1\,000\ \text{N}=680\ \text{N}$$

② 绘制计算简图。在图 12 - 19 的基础上绘制计算简图,如图 12 - 20 所示。

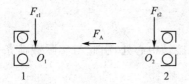　　　　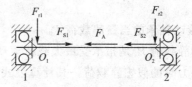

图 12 - 19　例 12 - 5 图　　　　**图 12 - 20　例 12 - 5 计算简图**

③ 判断松、紧端。将轴向外力 F_A 及与之同向的内部轴向力 F_{S2} 相加,取其之和与另一反向的内部轴向力 F_{S1} 比较大小,则有

$$F_A+F_{S2}=900\ \text{N}+680\ \text{N}=1\,580\ \text{N}<F_{S1}=2\,244\ \text{N}$$

由图 12 - 20 可以看出,外圈固定不动,轴与固结在一起的内圈有向右移动的趋势,故可判断轴承 1 被放松,轴承 2 被压紧。

④ 轴承的轴向力 F_a。两轴承的轴向力分别为

放松端轴承 1　　　　　　　　$F_{a1}=F_{S1}=2\,244$ N

压紧端轴承 2　　　　$F_{a2}=F_{S1}-F_A=(2\,244-900)$ N$=1\,344$ N

（2）计算当量动载荷 P_1、P_2

由表 12 - 8 查得 $e=0.68$,而

$$\frac{F_{a1}}{F_{r1}}=\frac{2\,244}{3\,300}=0.68=e\qquad \frac{F_{a2}}{F_{r2}}=\frac{1\,344}{1\,000}=1.344>e$$

查表 12 - 8 可得 $X_1=1$,$Y_1=0$;$X_2=0.41$,$Y_2=0.87$。由表 12 - 7 取 $f_P=1.4$,则轴承的当量动载荷为

$$P_1=f_P(X_1\,F_{r1}+Y_1\,F_{a1})=1.4\times(1\times3\,300+0\times2\,244)\ \text{N}=4\,620\ \text{N}$$

$$P_2=f_P(X_2\,F_{r2}+Y_2\,F_{a2})=1.4\times(0.41\times1\,000+0.87\times1\,344)\ \text{N}=2\,211\ \text{N}$$

（3）计算轴承寿命 L_h

因 $P_1>P_2$,且两个轴承的型号相同,所以只需计算轴承 1 的寿命,取 $P=P_1$。

查手册得 7211AC 轴承的 $C_r = 50\ 500$ N，又球轴承 $\varepsilon = 3$，取 $f_T = 1$，则由式(12-1)得

$$L_h = \frac{10^6}{60n}\left(\frac{f_T C}{P}\right)^\varepsilon = \frac{10^6}{60 \times 1\ 450} \times \left(\frac{1 \times 50\ 500}{4\ 620}\right)^3 \text{h} = 15\ 012\ \text{h} > 12\ 000\ \text{h}$$

由此可见，轴承的寿命大于预期寿命，所以该对轴承合适。

12.3.6　滚动轴承的静强度计算

对于那些在工作载荷下基本不旋转的轴承，如起重机吊钩上的推力轴承，或者缓慢摆动及很低转速($n < 10$ r/min)的滚动轴承，一般不会发生疲劳点蚀。如果载荷过大，其主要失效形式应为塑性变形，应按静强度进行计算以确定轴承尺寸。对在重载荷或冲击载荷作用下转速较高的轴承，除按寿命计算外，为安全起见，也要再进行静强度验算。

1. 滚动轴承的基本额定静载荷 C_0

轴承两套圈间相对转速为零，使受最大载荷滚动体与滚道接触中心处引起的接触应力达到一定值(向心和推力球轴承为 4 200 MPa，滚子轴承为 4 000 MPa)时的静载荷，称为滚动轴承的基本额定静载荷 C_0(向心轴承称为径向基本额定静载荷 C_{0r}，推力轴承称为轴向基本额定静载荷 C_{0a})。各类轴承的 C_0 值可由有关机械设计手册中查得。实践证明，在上述接触应力作用下所产生的塑性变形量，除了对那些要求转动灵活性高和振动低的轴承外，一般不会影响其正常工作。

2. 滚动轴承的当量静载荷 P_0

当量静载荷 P_0 是指承受最大载荷滚动体与滚道接触中心处，引起与实际载荷条件下相当的接触应力时的假想静载荷。其计算公式为

$$P_0 = X_0 F_r + Y_0 F_a \tag{12-4}$$

式中：X_0 和 Y_0 分别为当量静载荷的径向系数和轴向系数，其值可在有关机械设计手册中查得。

3. 静强度计算

轴承的静强度计算式为

$$C_0 \geqslant S_0 P_0 \tag{12-5}$$

式中：S_0 为静强度安全系数，一般可取 $S_0 = 0.8 \sim 1.2$。

12.4　滚动轴承的组合设计

要想保证滚动轴承在机器中能够正常工作，除了合理地选择轴承类型、尺寸外，还必须处理好轴承与支承它的轴承座(机体)、轴及周围相关零件的关系，即正确地进行轴承部件组合的结构设计。在设计轴承的组合结构时，要综合考虑轴承的安装、调整、配合、拆卸、紧固、润滑和密封等多方面问题。

12.4.1　滚动轴承的轴向固定

1. 轴承内、外圈的轴向固定

轴承的轴向固定方法较多，内圈轴向固定的常见方法如图 12-21 所示，一般采用轴肩单向固定[图 20-21(a)]、轴端挡圈固定[图 20-21(b)]、圆螺母配止动垫圈固定[图 20-21

(c)]、轴用弹性挡圈与套筒固定[图 20 - 21(d)]等结构。

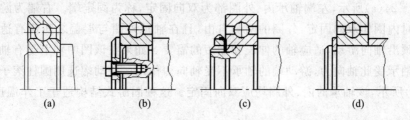

(a)   (b)   (c)   (d)

图 12 - 21　轴承内圈常见的轴向固定方法

外圈轴承多用轴承盖与(止口)轴承座孔的凸肩[图 20 - 22(a)]、孔用弹性挡圈与挡板 [图 20 - 22(b)]、止动环[图 20 - 22(c)]、螺纹环[图 20 - 22(d)]等结构固定。

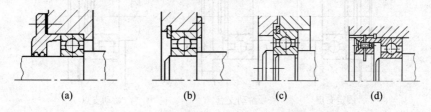

(a)   (b)   (c)   (d)

图 12 - 22　轴承外圈常见的轴向固定方法

2. 轴承支承结构的轴向固定

常见的轴承支承结构的轴向固定方式有两种。

1) 两端单向固定

如图 12 - 23 所示,在轴的两个支点上,用轴肩顶住轴承内圈,轴承盖的凸缘顶住轴承的外圈,使每个支点都能限制轴的单方向轴向移动,两个支点合起来就限制了轴的双向移动,这种固定方式称为两端单向固定(或双固式)。它结构简单,便于安装,适于工作温度变化不大的短轴。考虑轴因受热而伸长,安装轴承时,在深沟球轴承的外圈和端盖之间,要留有 $C = 0.25 \sim 0.4$ mm 的热补偿轴向间隙。如果在该图中轴上受有轴向外力,则力的箭头所指方向的轴承受此轴向力,另一方向的轴承不受轴向力。图 12 - 10、图 12 - 11 为采用角接触球轴承支承的两端单向固定的轴承。

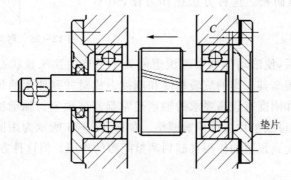

垫片

图 12 - 23　两端单向固定的轴系

2) 一端双向固定、一端游动

如图 12-24(a) 所示, 左端轴承内、外圈都为双向固定, 称为固定端。右端为游动端, 选用深沟球轴承时内圈作双向固定, 外圈的两侧自由, 且在轴承外圈与端盖之间留有适当的间隙, 轴承可随轴颈沿轴向游动, 适应轴的伸长和缩短的需要。如果在该图中轴上受有轴向外力, 则仅固定端的轴承受此轴向力, 游动端的轴承不受轴向力作用。游动端选用圆柱滚子轴承时, 如图 12-24(b) 所示, 该轴承的内、外圈均应双向固定。这种固游式结构适于工作温度变化较大的长轴。

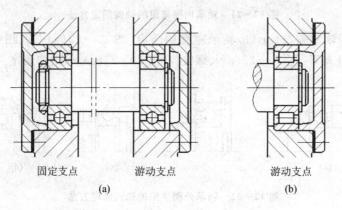

固定支点　　　　游动支点　　　　　　　　游动支点

(a)　　　　　　　　　　　　　　(b)

图 12-24　一端双向固定、一端游动的轴系

12.4.2　轴承组合的调整

1. 轴承间隙的调整

常用的调整轴承间隙的方法有:

(1) 垫片调整。如图 12-23 所示, 靠增减端盖与箱体结合面间垫片的厚度进行调整。

(2) 螺钉调整。如图 12-25 所示, 利用端盖上的调节螺钉改变可调压盖及轴承外圈的轴向位置来实现调整, 调整后用螺母锁紧防松。这种方法操作方便, 但不能承受大的轴向力。

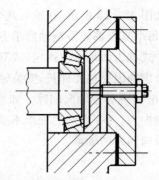

图 12-25　利用压盖调整轴承的间隙

2. 轴承预紧调整

有些轴承安装以后, 使滚动体和套圈滚道间处于适当的预压紧状态, 称为滚动轴承的预紧。预紧的目的在于提高其工作的旋转精度和刚度。成对并列使用的角接触球轴承、圆锥滚子轴承及对旋转精度和刚度有较高要求的轴系通常都需要预紧。轴承组合结构不同, 其预紧方式也不同, 常用圆螺母或垫片进行预紧调整。如图 12-26 所示为用圆螺母进行预紧调整, 调整圆螺母的位置既起到预紧的作用又起到调整间隙的作用。但这种方法对轴的强度有所削弱, 且操作不大方便。

再如图 12-27 所示, 改变轴承端盖与套杯之间垫片 2 的厚度, 就可以调整轴承的预紧状况及轴承间隙。

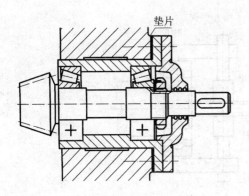

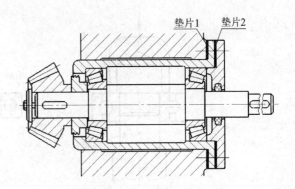

图 12 – 26　利用圆螺母调整轴承的间隙　　　　　图 12 – 27　轴承组合位置的调整

3. 轴承组合位置的调整

圆锥齿轮、蜗轮蜗杆等在装配时,要求其轴向位置必须准确,方能保证正确啮合传动。即轴承组合位置调整的目的,是要保证轴上的零件具有准确的轴向工作位置。常见的调整方式如:图 12 – 26 为利用套杯与机座之间的垫片来调整圆锥齿轮轴系的轴向位置;图 12 – 27 为利用套杯与机座之间的垫片 1 来调整圆锥齿轮轴系的轴向位置。

12.4.3　滚动轴承的配合

滚动轴承的配合是指内圈与轴颈、外圈与座孔的配合。配合的松紧程度将直接影响其工作状况。配合过紧,会造成轴承转动不灵活,配合过松又会引起旋转精度降低,这都能使寿命减少。滚动轴承已经标准化了。在滚动轴承国家标准 GB/T 275—93 中,规定滚动轴承是配合的基准件,轴承内孔与轴颈的配合采用基孔制。不过轴承内径公差带的上偏差为零、下偏差为负,与圆柱体配合相比较,在配合种类相同的条件下,轴承与轴的配合较紧。轴承外圈与轴承座孔的配合采用基轴制,外圈直径相当于基准轴,而与外圈相配合的支座孔可以按基轴制的孔来制造。

选择配合时,应考虑载荷的大小、方向和性质,以及轴承类型、转速和应用条件等影响因素。一般情况下,内圈与轴一起转动,转动圈的转速越高,载荷越大,工作温度越高,则内圈与轴颈应采用越紧的配合,故轴颈公差带常取 n6、m6、k6、js6 等;而外圈与座孔间,特别是需要作轴向游动或经常装拆的场合,常采用较松的配合,座孔的公差带常取为 J7、J6、H7、G7 等。具体选择可查阅有关的机械设计手册或参考同类型的机器。

12.4.4　滚动轴承的装拆

设计轴承的组合结构时,必须考虑轴承的安装与拆卸。安装时要求滚动体不受力,并且不得损坏轴承和其他零部件。装拆力要对称或均匀地作用在套圈的端面上。

轴承的安装有冷装和热装两种方法。采用冷装法时,如图 12 – 28(a)所示,先将专用压套压在轴承端面上,再用压力机压入或用手锤轻轻打入。采用热装法时,先将轴承放入油池或在加热炉中加热至 80～100 ℃,然后套装在轴上。

拆卸轴承时应使用专门的拆卸工具,如拆卸器,如图 12 – 28(b)所示。

为了便于用专用工具拆卸轴承,设计时应使轴上定位轴肩的高度小于轴承内圈的高度。

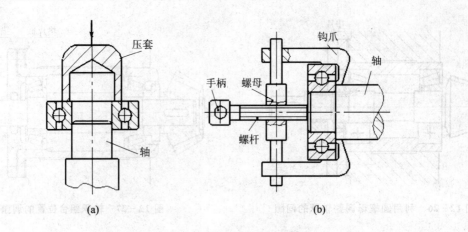

图 12-28 轴承的安装与拆卸

同理,轴承外圈在套筒内应留出足够的高度和必要的拆卸空间,或采取其他便于拆卸的结构。如图 12-29 所示为结构设计错误的示例,图 12-29(a)表示轴肩 h 过高,无法用拆卸工具拆卸轴承;图 12-29(b)表示衬套孔直径 d_0 过小,无法拆卸轴承外圈。设计时应采取相应的措施避免出错,如图 12-30 所示在轴肩处开槽等结构。

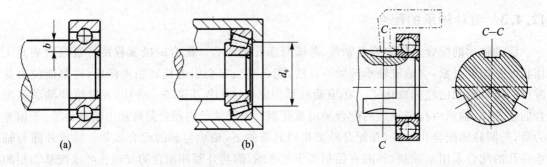

图 12-29 结构设计错误的示例   图 12-30 轴肩处开槽

12.4.5 滚动轴承的润滑与密封

1. 润滑剂

常见的润滑剂有润滑油、润滑脂及固体润滑剂等。

1) 润滑油

润滑油是使用最广的润滑剂,其中以矿物油应用最广。润滑油的主要性能指标是粘度。通常它随温度的升高而降低。我国润滑油产品牌号是按运动粘度(单位为 mm^2/s,记为 cSt,读作厘斯)的中间值划分的。例如 L—AN46 全损耗系统用油(机械油),即表示在 $40\ ℃$ 时运动粘度的中间值为 $46cSt$($40\ ℃$ 时的运动粘度记为 ν_{40})。除粘度之外,润滑油的性能指标还有凝点、闪点等。

2) 润滑脂

润滑脂是由润滑油添加各种稠化剂和稳定剂稠化而成的膏状润滑剂。

2. 滚动轴承的润滑

滚动轴承润滑的主要目的是减少摩擦与磨损,同时也有吸振、冷却、防锈和密封等作用。

一般速度较高或工作温度较高的轴承都采用油润滑,润滑和散热效果均较好,还有清洗等作用。减速器常用的润滑方式有油浴润滑及飞溅润滑等。油浴润滑时油面不应高于最下方滚动体的中心,否则搅油能量损失较大易使轴承过热。喷油润滑或油雾润滑兼有冷却作用,常用于高速情况。

低速时一般用脂润滑,脂润滑能承受较大的载荷,且润滑脂不易流失,便于密封和维护。润滑脂常常采用人工方式定期更换,润滑脂的加入量一般应是轴承内空隙体积的 $1/2 \sim 1/3$。

滚动轴承的润滑方式可根据轴承的 dn 值,查表 12-10 确定。这里 d 为轴承内径(mm),n 是轴承的转速(r/min),dn 值间接地表征了轴承的速度大小。

表 12-10　适用于脂润滑和油润滑的 dn 值界限

$10^4 \text{mm} \cdot \text{r/min}$

轴承类型	脂润滑	油 润 滑			
		油 浴	滴 油	循环油(喷油)	油 雾
深沟球轴承	16	25	40	60	>60
调心球轴承	16	25	40	—	—
角接触球轴承	16	25	40	60	>60
圆柱滚子轴承	12	25	40	60	>60
圆锥滚子轴承	10	16	23	30	
调心滚子轴承	8	12		25	—
推力球轴承	4	6	12	15	

3. 滚动轴承的密封

滚动轴承密封的作用是防止外界灰尘、水分等杂物进入轴承,并阻止润滑剂流失。按密封的原理不同可分为接触式密封和非接触式密封两大类。

1) 非接触式密封

非接触式密封常用的有油沟式密封、迷宫式密封等结构。图 12-31(a)为采用油沟密封的结构,在轴承盖的内孔中制出几个环形沟槽以便填充润滑脂密封,其结构简单,适于轴颈速度 v 为 $5 \sim 6$ m/s,脂润滑的场合。图 12-31(b)为采用曲路迷宫式间隙密封的结构,适于高速场合。

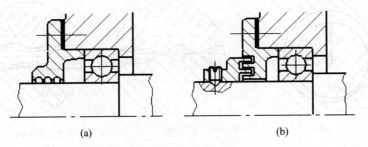

(a)　　　　　　　　　(b)

图 12-31　非接触式密封

2) 接触式密封

接触式密封常用的有毛毡圈密封、橡胶油封密封等。

(1) 毛毡圈密封。图 12-32(a)为采用毛毡圈密封的结构。毛毡圈密封是将工业毛毡制成的环片,嵌入轴承端盖上的梯形槽内,与转轴间摩擦接触,其结构简单,价格低廉,但毡圈易于磨损,适于轴颈圆周速度 $v \leqslant 5$ m/s 且工作温度不高的脂润滑场合。

(2) 橡胶油封密封。图 12-32(b)为采用橡胶油封密封的结构。橡胶油封是由专业厂家生产的标准件,有多种不同的结构和尺寸,适于轴颈圆周速度 $v \leqslant 7$ m/s 的油润滑和脂润滑场合。

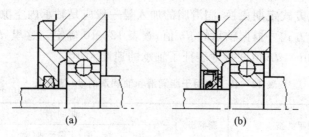

图 12-32　接触式密封

设计时也可以将上述接触式密封和非接触式密封两种密封形式组合起来用,能够达到好的密封效果。另外,在进行轴承组合设计时,还要保证安装轴承部位机架的支承刚度及两轴承孔同轴度。

12.5　滑动轴承

图 12-33(a)所示为滑动轴承工作示意图,工作时轴承(孔)和轴颈的支承面间形成直接或间接滑动摩擦。图 12-33(b)、(c)所示为滑动轴承摩擦表面的局部放大图。如图 12-33(b)所示,两摩擦表面不能被流体(液体-润滑油、气体等)完全隔开,这种非流体摩擦状态的轴承称为非液体摩擦滑动轴承。此类轴承的摩擦表面容易磨损,但结构简单,制造精度要求较低,用于一般转速,载荷不大或精度要求不高的场合。如图 12-33(c)所示,两摩擦表面完全被润滑油隔开,这种流体摩擦状态的轴承称为液体摩擦滑动轴承。由于这类轴承(孔)与轴表面不直接接触,因此避免了磨损。其液体摩擦滑动轴承制造成本高,多用于高速、精度要求较高或低速、重载的场合。

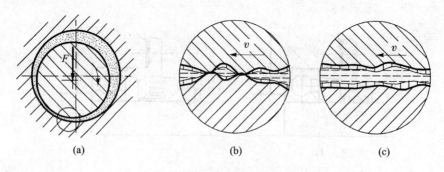

图 12-33　滑动轴承摩擦状态

12.5.1　滑动轴承的结构

滑动轴承按其承载方向可分为承受径向载荷的径向滑动轴承和承受轴向载荷的推力滑动轴承。

1. 径向滑动轴承

1）整体式滑动轴承

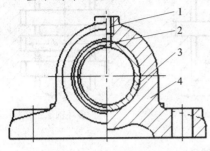

1—螺纹孔；2—油孔；3—整体轴瓦；4—轴承座

图 12 - 34　整体式向心滑动轴承

图 12 - 34 所示为整体式向心滑动轴承。它由轴承座、轴套（整体轴瓦）组成，顶部有安装注油杯的螺纹孔，用于加油和引油进行润滑。安装时用螺栓连接在机架上。这种轴承结构形式较多，大都已标准化。它的优点是结构简单，价格低廉，易于制造。缺点是装配时轴颈只能从轴承的一端装入，轴的装拆不方便，磨损后轴承的间隙无法调整，只能更换轴套，适用于轻载、低速及间歇性工作的机器上。

2）剖分式滑动轴承（对开式滑动轴承）

图 12 - 35 所示为剖分式滑动轴承。它由轴承座、轴承盖、剖分式轴瓦等组成。轴承盖上有安装注油杯的螺纹孔；轴承座和轴承盖的剖分面上制有阶梯形的定位止口，便于安装时对心，还可在剖分面间放置调整垫片，以便安装或磨损时调整轴承间隙。轴承剖分面最好与载荷方向近于垂直。一般剖分面是水平[图 12 - 35(a)]的或倾斜 45°[图 12 - 35(b)]，以适应不同径向载荷方向的要求。这种轴承装拆方便，磨损后轴承的径向间隙可以调整，克服了整体式轴承的缺点，应用较广。

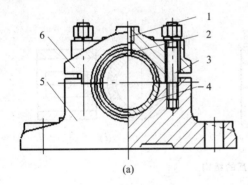

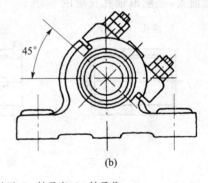

(a)　　　　　　　　　　　　　　(b)

1—螺纹孔；2—油孔；3—双头螺柱；4—剖分式轴瓦；5—轴承座；6—轴承盖

图 12 - 35　剖分式滑动轴承

3）调心式滑动轴承

图 12 - 36 所示为自动调心式滑动轴承。轴承盖、轴承座与轴瓦之间为球面接触，轴瓦可以自动调整位置，以适应轴的偏斜。主要适用于轴的挠度较大或不能严格保证两轴孔轴线重合的场合。

2. 推力滑动轴承

用来承受轴向载荷的滑动轴承称为推力滑动轴承。它是靠轴颈端面与止推轴瓦组成摩擦副传递轴向载荷。如图 12 - 37 所示，常见的推力轴颈形状可分为实心、空心、单环和多环四种。实心端面轴颈由于工作时轴心与边缘磨损不均匀，以致轴心部分压强极高，所以很少采用。空心端面轴颈和环状轴颈工作情况较好。载荷较大时，可采用多环轴颈。

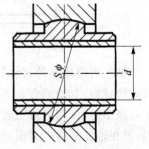

图 12 - 36　调心式滑动轴承

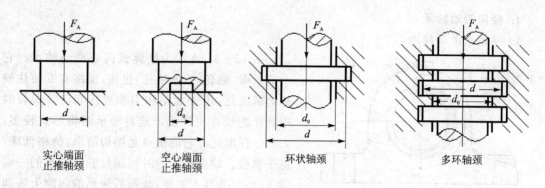

实心端面
止推轴颈　　　空心端面
止推轴颈　　　环状轴颈　　　多环轴颈

图 12-37　推力滑动轴承

12.5.2　轴瓦的结构

常用的轴瓦有整体式和剖分式两种结构。整体式轴承采用整体式轴瓦,整体式轴瓦又称为轴套,如图 12-38(a)所示。剖分式轴承采用剖分式轴瓦,如图 12-38(b)、(c)所示。为了使润滑油能均匀地流到轴瓦的整个工作表面上,轴瓦上制有油孔和油沟。油孔用来输入润滑油,油沟用来输送和分布润滑油。如图 12-38(c)所示,在轴瓦剖分面处开的较大的油沟亦称为油室,它有稳定供油和容纳污物的作用。油孔、油沟和油室应开在非承载区,为了使润滑油能均匀地分布到整个轴颈上,轴向油沟应有足够的长度,但不能开通,以免润滑油从轴瓦端部大量流失,一般取轴瓦长度的 80%。

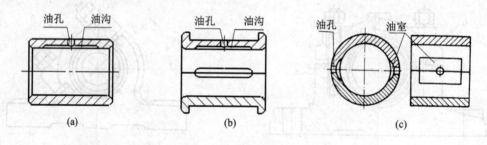

油孔　　油沟　　　　油孔　　油沟　　　　油孔　　　　　油室

(a)　　　　　　　　　(b)　　　　　　　　　(c)

图 12-38　轴瓦的结构

图 12-39 所示为几种常见的油沟形式。

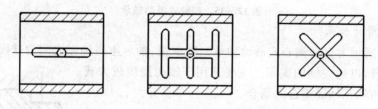

图 12-39　油沟的形式

轴瓦可以用一种材料制成,如青铜,也可以在钢或铜制的轴瓦基体(瓦背)上浇注一层或两层减摩材料,如轴承合金等,作为轴承衬,称为双金属轴瓦或三金属轴瓦。由于瓦背强度高,轴承衬减摩性好,两者或三者结合起来可以获得更好的效果。为了使轴承衬与轴瓦基体结合牢固,可在轴瓦基体内表面或侧面制出沟槽,如图 12-40 所示。

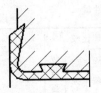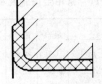

图 12 - 40 瓦背与轴承衬结合形式

12.5.3 轴承的材料

1. 对轴瓦材料的要求

轴承材料是指与轴颈直接接触的轴瓦或轴承衬的材料。对材料的性能有下列基本要求：

(1)具有足够的抗疲劳能力。

(2)具有足够的抗压和抗冲击能力。

(3)具有良好的减摩性、耐磨性和磨合性，抗粘着磨损和磨粒磨损性能较好。

(4)具有良好的顺应性、嵌藏性和跑合性，具有补偿对中误差和其他几何误差及容纳硬屑粒的能力。

(5)具有良好的导热性。

(6)具有良好的经济性、加工工艺性和耐腐蚀性等。

2. 常用的轴瓦材料

常用的轴瓦材料有以下几种：

(1)轴承合金(巴氏合金、白合金)。轴承合金常用的有锡基和铅基两种。这两种轴承合金以锡或铅为软基体，体内悬浮着锑锡或铜锡硬晶粒。硬晶粒起支承和抗磨作用，软基体塑性好，具有很好的顺应性、嵌藏性、跑合性和润滑性，与轴的接触面积大，抗胶合能力强，是较理想的轴承材料。但它们的机械强度低，只能作为轴承衬贴附或浇注在瓦背上成为轴瓦的表层材料，且成本较高。

(2)青铜。青铜强度高，承载能力大，耐磨性与导热性都优于轴承合金，可在较高的温度(250 ℃)下工作，但可塑性差，不易跑合，与其相配的轴颈必须淬硬。

(3)粉末冶金材料。粉末冶金材料制造的轴承主要是由铁、铜、石墨等粉末经过热压而成。其是多孔组织，孔内可储存润滑油，又称含油轴承。

(4)非金属材料。非金属轴瓦材料主要是塑料，其次有石墨、橡胶、木材等。塑料摩擦系数小，塑性好、耐磨性、抗腐蚀能力强，可用水及化学溶液润滑等优点，但热膨胀系数大、容易变形。

常用金属轴瓦(或轴承衬)材料及其性能见表 12 - 11。

表 12 - 11　常用金属轴瓦材料及性能

轴承材料		最大许用值			最高工作温度/℃	最小轴颈硬度HBS	性能比较				用　途
		$[p]$/MPa	$[v]$/(m·s^{-1})	$[pv]$/(MPa·m·s^{-1})			抗咬粘性	顺嵌应藏性性	耐蚀性	疲劳强度	
锡基轴承合金	ZSnSb11Cu6 ZSnSb8Cu4	平稳载荷			150	150	1	1	1	5	用于高速、重载下工作的重要轴承,变载荷下易疲劳,价格昂贵
		25	80	20							
		冲击载荷									
		20	60	15							
铅基轴承合金	ZPbSb16Sn16Cu2	15	12	10	150	150	1	1	3	5	用于中速、中等载荷的轴承,不宜受显著的冲击载荷。可作为锡锑轴承合金的代用品
	ZPbSb15Sn5Cu3	5	8	5							
锡青铜	ZCuSn10P1	15	10	15	280	200	3	5	1	1	用于中速、重载及受变载荷的轴承
	ZCuSn5Pb5Zn5	8	3	15							用于中速、中等载荷的轴承
铝青铜	ZCuAl10Fe3	15	4	12	280	200	5	5	5	2	用于润滑充分的低速、重载轴承

注:若采用其他金属材料及非金属材料作为轴瓦材料,其性能可参考有关机械设计手册。

12.5.4　非液体摩擦滑动轴承的计算

非液体摩擦滑动轴承的主要失效形式为磨损和胶合。针对此失效形式,设计时一般采用条件性计算,即限制压强、滑动速度及油温。

1. 径向滑动轴承的计算

进行径向滑动轴承计算时,已知条件通常是轴颈的直径 d、转速 n 及轴承径向载荷 F_r 及工作条件。因此,轴承的计算是根据这些条件,选择类型、轴瓦材料,确定轴承宽度 B,并校核 p、pv、v。一般取宽度 $B=(0.8\sim1.5)d$;如选用标准滑动轴承座,则宽度 B 值可由相关标准或手册中查到。径向滑动轴承的承载情况如图 12 - 41 所示。

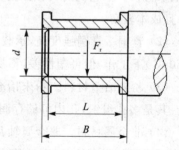

图 12 - 41　径向滑动轴承的计算图

1) 验算平均压强 p

为防止轴颈与轴瓦间的润滑油被挤出而发生过度磨损,应限制压强 p。即

$$p = \frac{F_r}{dB} \leqslant [p] \qquad (12-6)$$

式中:F_r 为轴承所受的径向载荷,N;d 为轴颈的直径,mm;B 为轴承宽度,mm;$[p]$ 为许用压强,MPa,由表 12 - 11 查取。

2) 验算 pv 值

轴承因温度升高过热会发生胶合现象。轴承的发热量与轴承单位面积上的摩擦功率 fpv

成正比,由于摩擦系数 f 可认为是定值,故限制 pv 值就可限制轴承的温升,则

$$pv = \frac{F_r n}{19\,100B} \leqslant [pv] \qquad (12-7)$$

式中:n 为轴的转速,r/min;$[pv]$ 为 pv 的许用值,MPa·m/s,见表 12-11。

　　3) 验算速度 v

　　当压强 p 较小时,虽然用式(12-4)、式(12-5)验算 p 和 pv 值均合格,但由于轴产生弯曲或不同心,轴的局部区域,可能产生相当高的压力。当速度 v 过高时,局部的 pv 值可能超过其许用值,轴承会加速磨损,因而要限制滑动速度。公式如下:

$$v = \frac{\pi d n}{60 \times 1\,000} \leqslant [v] \qquad (12-8)$$

式中:$[v]$ 为轴颈的许用圆周速度,m/s,见表 12-11。

2. 推力滑动轴承的计算

　　推力滑动轴承的承载情况如图 12-42 所示。推力滑动轴承要对 p 和 pv 值进行验算。

　　1) 校核压强 p

$$p = \frac{F_a}{(\pi/4)(d_2^2 - d_1^2)} \leqslant [p] \qquad (12-9)$$

式中:F_a 为轴向载荷,N;$[p]$ 为许用压强,MPa,见表 12-12。

　　2) 校核 pv 值

$$pv_m \leqslant [pv] \qquad (12-10)$$

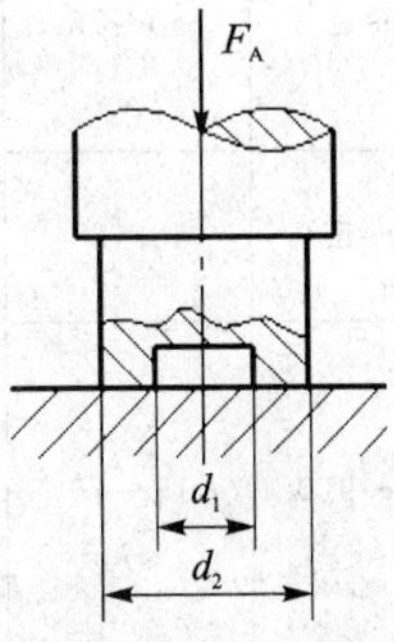

图 12-42　推力轴承的计算图

式中:v_m 为轴颈的平均圆周速度,m/s,$v_m = \frac{\pi d_m n}{60 \times 100}$;$d_m$ 为轴颈的平均直径,mm,$d_m = \frac{d_1 + d_2}{2}$;$n$ 为轴的转速,r/min;$[pv]$ 为 pv 的许用值,MPa·m/s,见表 12-12。

表 12-12　推力轴承的 $[p]$ 和 $[pv]$ 值

轴材料	未淬火钢			淬火钢	
轴瓦材料	铸铁	青铜	轴承合金	青铜	轴承合金
$[p]$/MPa	2~2.5	4~5	5~6	7.5~8	8~9
$[pv]$/(MPa·m·s^{-1})	1~2.5				

12.5.5　滑动轴承的润滑

　　润滑对减少滑动轴承的摩擦和磨损以及保证轴承正常工作具有重要意义。因此,设计和使用轴承时,必须合理地采取措施,对轴承进行润滑。

1. 润滑剂选择

　　滑动轴承常用的润滑油牌号及选用可参考表 12-13。

　　润滑脂主要应用在速度较低、载荷较大、不经常加油、使用要求不高的场合。滑动轴承常用的润滑脂选用见表 12-14。

表 12－13　滑动轴承常用润滑油牌号选择

轴颈圆周速度 $v/$ (m·s^{-1})	轻载($p<3$ MPa) 工作温度(10～60 ℃)		中载(3 MPa$\leqslant p<7.5$ MPa) 工作温度(10～60 ℃)		重载(7.5 MPa$\leqslant p<30$ MPa) 工作温度(20～80 ℃)	
	运动粘度 ν_{40}(cSt)	适用油牌号	运动粘度 ν_{40}(cSt)	适用油牌号	运动粘度 ν_{40}(cSt)	适用油牌号
0.3～1.0	45～75	L—AN46, L—AN68	100～125	L—AN100	90～350	L—AN100, L—AN150 L—AN200, L—AN320
1.0～2.5	40～75	L—AN32, L—AN46, L—AN68	65～90	L—AN68 L—AN100		
2.5～5.0	40～55	L—AN32, L—AN46				
5.0～9.0	15～45	L—AN15, L—AN22, L—AN32, L—AN46				
>9	5～23	L—AN7, L—AN10, L—AN15, L—AN22				

表 12－14　滑动轴承润滑脂选择

轴承压强 p/MPa	轴颈圆周速度 v/(m·s^{-1})	最高工作温度 t/℃	润滑脂牌号
<1.0	$\leqslant$1.0	75	3 号钙基脂
1.0～6.5	0.5～5.0	55	2 号钙基脂
1.0～6.5	$\leqslant$1.0	−50～100	2 号锂基脂
$\leqslant$6.5	0.5～5.0	120	2 号钠基脂
>6.5	$\leqslant$0.5	75	3 号钙基脂
>6.5	$\leqslant$0.5	110	1 号钙钠基脂

除了润滑油和润滑脂之外,在某些特殊场合,还可使用固体润滑剂,如石墨、二硫化钼、水或气体等作为润滑剂。

2. 润滑方法

滑动轴承的润滑方法,可按下式求得的 k 值选用:

$$k = \sqrt{pv^3} \tag{12-11}$$

式中:p 为轴颈的平均压强,MPa;v 为轴颈的圆周速度,m/s。

当 $k \leqslant 2$ 时,采用润滑脂润滑,可用图 12-43(a)所示的旋盖式油杯,或图 12-43(b)所示的压配式压注油杯,或用图 12-43(c)所示的直通式压注油杯,定期手工加润滑脂;若采用润滑油润滑,用图 12-43(b)所示的压配式压注油杯,或用图 12-43(c)所示的直通式压注油杯,或用图 12-43(d)所示的旋套式油杯定期加油润滑。当 $2 < k \leqslant 16$ 时,用图 12-43(e)所示的油芯式油杯或图 12-43(f)所示的针阀式注油杯进行连续的滴油润滑。

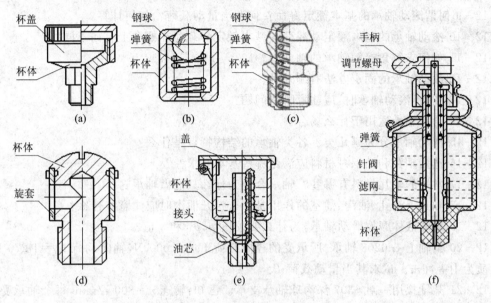

图 12-43 油杯结构

当 $16 < k \leqslant 32$ 时,用图 12-44 所示的油环带油方式润滑,或采用飞溅、压力循环等连续供油方式润滑;当 $k > 32$ 时,用压力循环供油方式润滑。

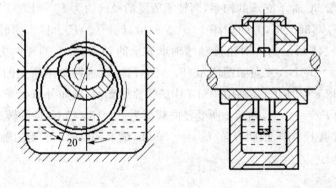

图 12-44 油环润滑

思考题与习题

12-1 滚动轴承有哪几部分组成?各有什么作用?

12-2 滚动轴承分为哪几类?各有什么特点?

12-3 球轴承和滚子轴承各有什么特点?分别适用于哪些场合?

12-4 按承受载荷的方向和公称接触角的不同,滚动轴承可分为哪几类?各有何特点?

12-5 滚动轴承的代号由哪几部分组成?

12-6 说明下列滚动轴承代号的含义:

    6201   6310/P4   52206   7308C   30312/P6x   N211/P5

12-7 选择滚动轴承时,应考虑哪些因素?

12-8 滚动轴承的主要失效形式有哪些? 产生的原因是什么?

12-9 何谓滚动轴承的基本额定寿命? 何谓当量动载荷? 如何计算?

12-10 滚动轴承的基本额定动载荷与基本额定静载荷在概念上有何不同?

12-11 如何求解角接触轴承的轴向力?

12-12 滚动轴承的固定方法有哪几种?

12-13 装、拆滚动轴承时,应注意哪些问题?

12-14 滑动轴承适用于什么场合?

12-15 滑动轴承分为哪几类? 各类轴承的结构特点是什么?

12-16 选用轴瓦和轴承衬材料应满足哪些基本要求?

12-17 常用的轴瓦材料有哪些? 轴承合金为什么只能做轴承衬?

12-18 轴瓦上油孔、油沟、油室的作用是什么? 开油沟时应注意些什么?

12-19 对非液体摩擦滑动轴承,为什么要校核 p、pv 和 v 值?

12-20 某轴上一 6208 轴承,所承受的径向载荷 $F_r=3\ 000$ N,轴向载荷 $F_a=1\ 270$ N,载荷性质为中等冲击。试求其当量动载荷 P。

12-21 某轴拟用一对 6307 深沟球轴承支承。已知:转速 $n=800$ r/min,每个轴承受径向载荷 $F_r=2\ 100$ N,载荷平稳,预期寿命 $[L_h]=8\ 000$ h,试求轴承的基本额定寿命。

12-22 某水泵的轴颈直径为 $d=30$ mm,转速 $n=1\ 450$ r/min,径向载荷为 $F_r=1\ 320$ N,轴向载荷 $F_a=600$ N。要求寿命 $[L_h]=5\ 000$ h,载荷平稳,试选择轴承型号。

12-23 一对 7205C 轴承支承的轴系,两轴承所受的径向力为 $F_{r1}=1\ 000$ N,$F_{r2}=2\ 000$ N,轴上的轴向外载荷 $F_A=300$ N,方向如图 12-45 所示,$F_S=0.4F_r$。试求两轴承所受的轴向力。

12-24 图 12-46 所示为一对角接触球轴承支承的轴系,轴上的径向力 $F_R=6\ 000$ N,轴上的轴向外力 $F_A=800$ N,方向如图所示,$F_S=0.4F_r$。试求两轴承所受的轴向力。

12-25 如图 12-47 所示,某轴用一对 7310AC 轴承支承,轴向外载荷 $F_A=1\ 800$ N,轴承 1 所受的径向载荷为 $F_{r1}=945$ N,轴承 2 所受径向载荷为 $F_{r2}=5\ 445$ N,轴的转速 $n=960$ r/min,载荷系数 $f_p=1.2$,常温下工作,预期寿命 $[L_h]=1\ 000$ h,试求:(1)轴承所受的轴向力 F_{a1} 和 F_{a2};(2)该轴承的寿命 L_h。

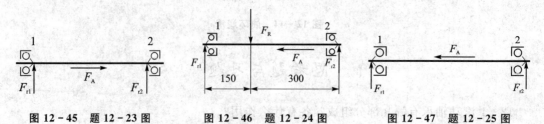

图 12-45 题 12-23 图   图 12-46 题 12-24 图   图 12-47 题 12-25 图

12-26 某轴由一对 6310 轴承支承,轴受轴向力 $F_A=2\ 541$ N,此轴向力由轴承 1 全部承担,轴承 1 所受的径向力 $F_{r1}=3\ 635$ N,轴承 2 所受的径向力 $F_{r2}=4\ 365$ N,轴的转速 $n=$

400 r/min,载荷系数 f_P=1.2,温度系数 f_T=1.0,试计算轴承 1 的寿命 L_h。

12-27 某减速器中的圆锥滚子轴承受轴向力 F_a=800 N,径向力 F_r=2 000 N,载荷系数 f_P=1.4,温度系数 f_T=1.0,工作转速 n=1 000 r/min,基本额定动载荷 C=15.8 kN,求轴承寿命 L_h。

12-28 一常温工作的斜齿圆柱齿轮减速器中的输出轴,已知斜齿轮齿数 z=100,模数 m_n=3 mm,螺旋角 β=15°,传递功率 P=7.5 kW,转速 n=200 r/min,轴颈 d=55 mm,要求轴承对称布置,两支点距离 L=260 mm,预期使用寿命 $[L_h]$=40 000 h。若采用深沟球轴承,试确定轴承型号。

12-29 在图 12-48 中,两组垫片和圆螺母都起什么作用?

12-30 试指出图 12-49 所示的轴系结构图中的错误(重点为图中标数字之处)。

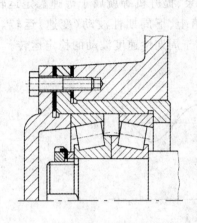

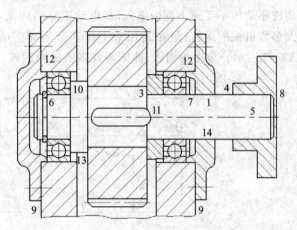

图 12-48 题 12-29 图　　　　图 12-49 题 12-30 图

12-31 校核一非液体摩擦滑动轴承,其径向载荷 F_r=16 000 N,轴颈直径 d=80 mm,转速 n=100 r/min,轴承宽度 B=80 mm,轴瓦材料为 ZCuSn5Pb5Zn5。

第 13 章　机械的调速与平衡

13.1　机械速度的波动及调节

一般机械的整个运转过程可分为以下三个阶段:启动阶段、稳定运转阶段和停车阶段。通常机械的主要正常工作阶段就是稳定运转阶段。在稳定运转阶段,有些机械保持等速运转,如电动机驱动的不变速不变向电风扇、电动机驱动的离心水泵、提升机等就属于等速稳定运转;而大多数机械的运转,是在其正常工作速度所对应的均值上、下周期性波动(变速)运转,如图 13-1 所示。像牛头刨床、冲床等许多机械的运转,都属于周期性速度波动的稳定运转。

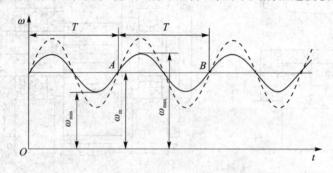

图 13-1　周期性速度波动

机械稳定运转时,虽然机器原动件的平均速度 ω_{m} 保持稳定,但如果作用于机械上的外力(驱动力、生产阻力)是周期性变化的,那么引起的速度波动也是周期性的,如图 13-1 中虚线所示。

对于这种有规律的周期性速度波动,在一个周期 T 内,驱动力功 W_{d} 和阻抗力所做的功 W_{r} 相等,且 A、B 两点的动能 E_B、E_A 也相等,即在这一阶段做变速稳定运动,则有

$$W_{\mathrm{d}} - W_{\mathrm{r}} = E_B - E_A = 0$$

但在一个周期之内的任一小区间,由于 W_{d}、W_{r} 并不一定相等,会使机械的动能变化,瞬时速度 ω 产生波动。一个运动周期 T 通常对应于机械主轴转动一圈(如冲床)、两圈(如四冲程内燃机)或多圈的时间。

机械在其主要工作阶段周期性速度波动运转的危害是:在机械的运动副中引起附加的动压力,降低机械效率和可靠性;同时又可能引起振动,这将影响机械的强度并消耗部分动力;速度波动还会影响机械所进行的工艺过程,使产品质量下降。因此,必须对机械的速度波动加以调节,使其速度波动被限制在允许的范围内,从而减少上述不良影响。

如图 13-1 所示,在每个周期内,原动件的角速度 ω 变化规律是相同的,而且其平均角速度 ω_{m} 保持不变。在工程中常用最大角速度与最小角速度的算术平均值来近似计算平均角速度。

$$\omega_{\mathrm{m}} \approx \frac{\omega_{\max} + \omega_{\min}}{2} \tag{13-1}$$

机械速度波动的程度,通常用机械运转速度不均匀系数 δ 来表示,即

$$\delta = \frac{\omega_{\max} - \omega_{\min}}{\omega_{m}} \tag{13-2}$$

由式(13-2)可知,δ 越小,机械越接近匀速运转。几大类常见机械的机械运转速度不均匀系数 δ 的许用值见表 13-1。

表 13-1　机械运转速度不均匀系数 δ 的许用值

机器名称	δ	机器名称	δ
破碎机	1/5～1/20	纺纱机	1/60～1/100
冲床、剪床、锻床	1/7～1/20	船用发动机	1/20～1/150
泵	1/5～1/30	压缩机	1/50～1/100
轧钢机	1/10～1/25	内燃机	1/80～1/150
农业机械	1/10～1/50	直流发电机	1/100～1/200
织布机、印刷机、制粉机	1/10～1/50	交流发电机	1/200～1/300
金属切削机床	1/20～1/50	航空发动机	<1/200
汽车、拖拉机	1/20～1/60	汽轮发电机	<1/200

调节周期性速度波动的常用方法是在机械中安装一个具有较大转动惯量的回转件——飞轮。加装飞轮后可使速度不均匀系数 δ 减小。图 13-1 所示的实线就是安装飞轮后的速度波动情况,即用飞轮可以使机械的速度波动降到允许范围内。飞轮在机械中的作用,实质上相当于一个储能器。当外力对系统做正功时,它以动能形式把多余的能量储存起来,使机械速度上升的幅度减小;当外力对系统做负功时,它又释放出储存的能量,使机械速度下降的幅度减小。

当驱动力及生产阻力无规则非周期性变化时,机械的速度也将是无规则变化的,这称为非周期性速度波动。在机器运转时期,如果驱动力、生产阻力或有害阻力突然发生大的变化,机器的速度会跟着突然增大或减小,结果会引起机器速度过高,导致"飞车"而毁坏,或迫使机器停车。如在柴油机驱动发电机的机组中,当载荷减小、所需发电量突然下降时,柴油机所供给的能量就会远远超过发电机的需要,这时柴油机中的调速器就会起作用,对柴油机的供油量进行调节,从而达到新的稳定运动。

对于非周期性速度波动的机械,单纯用飞轮是无法调节速度波动的,必须用专门的调速器调节速度。调速器的种类很多,有机械式的、机电结合式的及电子式的,具体可参阅相关专业文献。

13.2　机械的平衡

13.2.1　机械平衡的目的和方法

当机械运转时,构件速度大小及方向的变化将产生惯性力和惯性力矩。当它们不平衡时,必将在运动副中引起附加的动压力,从而增加运动副中的磨损和降低机械效率。此外,由于惯性力的周期性变化,将引起机器和其他构件的振动,导致机器的工作精度、可靠性和寿命下降,且产生噪声。因此,全部或部分地消除惯性力和惯性力矩的不良影响就显得十分重要。消除

的办法是将惯性力和惯性力矩完全平衡或部分平衡。

对于绕固定轴线回转构件惯性力的平衡,简称回转构件的平衡。凸轮、齿轮、电动机转子、发动机的曲轴等都是回转构件,若因为质量分布不均匀,出现不平衡,可以采用重新调整其质量大小和分布的方法,使构件上所有质量的惯性力组成一平衡力系,从而消除其运动副中的动压力及机器的振动。

在有些机械中还存在着做往复移动或平面运动的构件,根据力学平衡理论,其惯性力不可能在构件本身内部用调整质量的方法平衡,故其运动副中的动压力是无法消除的,因此,必须对整个机构加以研究,以利于解决平衡问题。这类平衡问题称为机构的平衡。

对于回转构件,若刚性较好且工作转速较低,可视为刚性物体,称为刚性回转件或刚性转子。本节仅简要介绍刚性回转件平衡。

13.2.2 刚性回转件的平衡

1. 静平衡原理

对于轴向尺寸较小的回转件(通常指其直径 D 与轴向宽度 b 的比值大于 5 的构件),如齿轮、飞轮、带轮等,其质量的分布可近似地认为在同一回转平面内。如果回转件有偏心不平衡质量,则转动过程中必然产生惯性力。在回转件上添加或去掉一些质量,使其质心回到转动轴线上,这就是刚性回转件的静平衡。

在图 13-2 中,设已知盘形不平衡回转件其偏心质量分别为 m_1、m_2、m_3,向径分别为 r_1、r_2、r_3,所产生的惯性力分别为 F_1、F_2、F_3。据平面力系平衡的原理,在该平面内加一平衡质量 m_b,其向径(方位)为 r_b。画出图 13-2(b)所示的力多边形,根据平面汇交力系平衡条件,有

$$F_1 + F_2 + F_3 + F_b = 0$$

因为 $F_i = m_i r_i \omega^2$,即

$$m_1 r_1 \omega^2 + m_2 r_2 \omega^2 + m_3 r_3 \omega^2 + m_b r_b \omega^2 = 0$$

故有

$$m_1 r_1 + m_2 r_2 + m_3 r_3 + m_b r_b = 0 \qquad (13-3)$$

式中: $m_i r_i$ 为矢量,称为质径积。

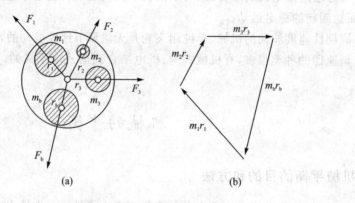

(a)　(b)

图 13-2　回转件的静平衡

由以上分析可知,刚性回转件在一个平面内平衡的条件为:回转件上各质量的质径积的矢量和等于零,即一个回转件无论含有多少个偏心质量,均可在一个平面内的适当位置,用增加

（或去除）一个平衡质量的办法予以平衡，故静平衡又可称为单面平衡。

2. 静平衡试验

按照上述办法对回转件质量的分布情况进行平衡计算，加上或减去平衡质量之后，理论上能做到完全平衡。但由于制造和安装的误差，以及材料的不均匀等因素，实际上回转件往往还是达不到预期的静平衡要求，并不完全平衡。对于平衡程度有较高要求的回转件，还应当用静平衡试验的方法加以平衡。

刚性转子的静平衡试验如图 13-3 所示，常用的静平衡架主要是固定在底座上的两根互相平行的导轨，试验前将其纵向和横向都调好处于水平位置。试验时将转子放到两根轨道上，如果转子有偏心不平衡质量，则偏心引起的重力矩将使转子在轨道上自由反复滚动。当转子停止滚动后，转子质心 S 必处于轴心正下方。此时可在轴心的正上（下）方任意半径处加（减）一适当的平衡质量，再轻轻拨动转子。这样经过反复几次试加平衡质量，直到转子在任何位置都能保持静止平衡。这时所加的平衡质量与其至回转轴线距离的乘积即为试验所得的质径积。按该质径积，我们可以在转子结构允许

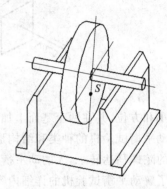

图 13-3　刚性转子的静平衡试验

的径向位置，增加（焊或铆）一金属块，或者在其相反方向去掉（钻孔或磨掉）一块材料，以使该回转件平衡。

3. 动平衡

对于直径 D 与轴向宽度 b 比值小于 5 的圆盘形转子及轴向尺寸较大的转子，如汽轮机转子、多缸内燃机的曲轴、机床主轴等，其质量的分布就不能再视为在同一回转平面内了。这时，其偏心质量可看成是分布在几个不同的回转平面内。转子旋转时，各个偏心质量产生的离心惯性力，已经不再是一个平面汇交力系了。

图 13-4 所示为质量分布在两个回转面 1、2 内的转子，两个回转面相距为 l，偏心不平衡质量 $m_1 = m_2$，其质心矢径为 $r_1 = -r_2$，方位如图所示。由公式（13-3）可知，$m_1 r_1 - m_2 r_1 = 0$，满足静平衡条件，且转子的总质心在回转轴上的 S 点。但当转子等角速度转动时，两个惯性力 F_1 和 F_2 等值反向不共线，构成一个惯性力偶，使转子处于动不平衡状态。因此，对较长的转子，既要满足静平衡条件，还要平衡惯性力所形成的惯性力偶。这就是转子的动平衡。

由工程力学中的力偶平衡知识可知，力偶必须用力偶来平衡。因此，对质量分布不在同一回转平面内的转子，要达到动平衡，必须在转子上任选两个回转基面（如图 13-4 中的 A 和 B 面），并在基面上的相应位置处各增加或减去适当的平衡质量，使转子的离心惯性力系的合力和惯性力偶之和都等于零。由此可得出动平衡的条件是：分布于该转子上各个质量的离心惯性力的合力等于零，同时离心惯性力所引起的惯性力偶的合力偶矩也等于零。

分析静平衡和动平衡可知：静平衡是在一个回转平面内的平衡，动平衡则必须在两个回转平面内进行平衡；如果转子仅满足了静平衡条件，则不一定是动平衡的（图 13-4 即如此）；若满足动平衡条件，转子一定是静平衡和动平衡的。

对于重要的多圆盘及轴向尺寸较大的转子，在工程中通常需要在专门的动平衡试验机上进行动平衡试验。动平衡试验的目的：用动平衡试验机测出转子在两平衡基面上不平衡质量

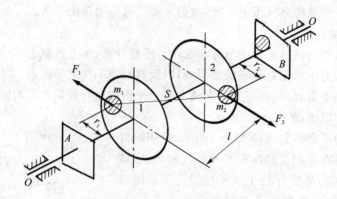

图 13-4 动平衡原理

的大小和方位,并在两个基面上加上或减去平衡质量,最终达到平衡的目的。

动平衡试验机的种类和结构形式很多,小的动平衡试验机可以试验以"克"计的转子,如仪表中的陀螺马达转子,大的动平衡试验机可以试验以"吨"计的转子,如大型发电机转子。如果想要了解动平衡试验机的详细内容,可参阅有关动平衡试验机方面的文献或产品样本。

思考题与习题

13-1 机械运转过程中为什么会发生速度波动? 速度波动有哪两种类型?

13-2 针对不同类型的速度波动应采用什么办法进行调节?

13-3 机械平衡的目的是什么? 如何进行刚性回转件的平衡?

13-4 何谓转子的静平衡? 静平衡的条件是什么? 如何进行静平衡试验?

13-5 何谓转子的动平衡? 动平衡的条件是什么?

第 14 章　机械设计基础课程实验

14.1　实验概述

"机械设计基础"课程实验是重要的实践教学环节之一。通过实验,使学生加深对本课程的基本概念、基本理论的理解,使学生熟悉与本课程有关的基本实验设备、掌握最基础的机械设计实验方法及实验的基本技能,提高学生观察问题、分析问题和解决问题的能力,为学习后续课程及今后从事技术工作打下必要的基础。

14.1.1　实验项目

本课程实验项目如下:

实验 1　机构和机械零件认知实验

实验 2　平面机构运动简图的绘制与分析

实验 3　渐开线齿廓的范成原理

实验 4　渐开线齿轮基本参数的测定

实验 5　轴系结构的测绘与分析

注:上列实验项目供各校根据专业及课程设置情况在教学中选用。减速器拆装实验建议安排在课程设计中进行,同时建议有条件的学校开出更多的实验项目。

14.1.2　实验须知

(1)实验前应根据相关实验项目认真预习实验指导书的相关知识,并复习与实验有关的教学内容,准备好本次实验需要自备的用品。

(2)进入实验室,要服从指导和安排,遵守实验室各项规章制度,严格按照操作规程,在教师的指导下,在规定的仪器、设备上操作进行操作。

(3)在实验中,积极思考,互相配合,仔细观察和测取数据,使实验获得正确的结果。

(4)实验完毕,将设备仪器恢复原位,清洁、整理现场,关好电源。

(5)实验后,要按规定格式书写实验报告,并按时上交。

14.2　实验指导

实验 1　机构和机械零件认知实验

1. 实验目的

通过观察常用典型机构运动的演示及机械零件,建立对机构及机械零件的感性认识。初步了解常用机构及机械零件的名称、结构组成、运动形式及特点,为深入学习"机械设计基础"等课程提供直观的印象。

2. 实验设备

(1) 机构示教柜、机械零件陈列柜、减速器示教柜。

(2) 各种典型的机构、机器,如缝纫机、锯床、简易冲床、颚式破碎机、油泵实物教具、内燃机实物教具等。

3. 实验步骤及要求

(1) 观察各种连杆机构、凸轮机构、齿轮机构、间歇机构及各种机械传动。实验时让机构和机械传动动起来,教师进行介绍,让学生对每部分的名称、结构组成、运动形式及特点有所了解。

(2) 观看通用零部件。由于每种零部件都有文字说明,所以这一部分内容可以采取学生观看和教师介绍相结合的方法进行,让学生初步了解各种通用零部件的结构特点及用处。

(3) 观看各种典型机器,初步了解各种机器的结构组成及基本原理。

实验 2　平面机构运动简图的绘制与分析

1. 实验目的

(1) 初步掌握绘制平面机构运动简图的方法和技能,并能正确表达有关机构、运动副及构件。

(2) 掌握用平面机构自由度的计算方法,分析机构运动的确定性。

2. 实验设备和工具

(1) 各种典型机构、机械的实物或模型;

(2) 钢板尺、游标卡尺、内外卡钳、量角器等;

(3) 学生自带实验用品:纸、笔、绘图工具等。

3. 实验步骤

(1) 观察机构的运动并确定构件数。

首先找出机构中的原动件,通过动力输入构件或转动手柄,使被测绘的机构或机器(或模型)缓慢地运动,从原动件开始,循着运动的传递路线仔细观察并确定原动件、机架、传动部件和执行部件。

(2) 判别各构件之间运动副的类别。按照运动的传递路线,根据两构件的接触情况及相对运动的特点,依次判断各运动副的种类。

(3) 选择最能表现机构运动特征的平面作为视图平面,将原动件放在一般位置上。

(4) 在草稿纸上徒手按照运动的传递路线及代表运动副、构件的规定符号,画出机构运动简图的草图。然后在构件旁用数字 1、2、3、……标示出各构件,在运动副旁用字母 A、B、C、……标示出各运动副,在原动件上标注箭头。

（5）仔细测量与机构运动有关的尺寸（包括转动副间的中心距、移动副导路的位置或角度等）,并标注在草图上。对于高副则应仔细测出高副的轮廓曲线及其位置。

（6）选择适当的比例尺,确定各运动副之间的相对位置,并用规定的线条和符号,在实验报告单上绘出机构运动简图。不按比例,仅按大致相对位置关系绘出的图为机构示意图。

（7）计算机构的自由度并分析机构运动的确定性。

4. 实验报告的要求与格式

（1）所测绘的简图中,至少有一张运动简图要按比例绘制。

（2）实验报告格式如下。

平面机构运动简图的绘制与分析实验报告

实验名称				日期	
专业班级		姓名		学号		成绩	

测绘结果及分析:

编　号		机构名称		
机构示意图			机构自由度计算	活动构件数＝ 低副数＝ 高副数＝ 机构自由度数＝ 原动件数＝ 运动是否确定:

编　号		机构名称		
机构示意图			机构自由度计算	活动构件数＝ 低副数＝ 高副数＝ 机构自由度数＝ 原动件数＝ 运动是否确定:

编　号		机构名称			
机构运动简图				机构自由度计算	比例尺 $\mu_L=$ 活动构件数＝ 低副数＝ 高副数＝ 机构自由度数＝ 原动件数＝ 运动是否确定：

注：上面所画的三张图中，如有复合铰链、局部自由度及虚约束应在图中指明。

实验 3　渐开线齿廓的范成原理

1. 实验目的

(1) 掌握范成法切制渐开线齿轮的原理。

(2) 了解齿轮根切现象的原因及如何用变位修正法来避免根切现象的发生。

(3) 分析比较标准齿轮和变位齿轮齿形和几何尺寸的差别。

2. 设备和工具

(1) 齿轮范成仪；

(2) 学生自备：240 mm×240 mm 图纸 2 张、圆规、三角板、剪刀、铅笔(或圆珠笔)、计算器等。

3. 实验原理

本实验用齿轮范成仪进行范成实验，模拟实现轮坯与刀具之间的相对运动过程，并用铅笔将刀具相对轮坯的各个位置记录在纸上，这样就能清楚地观察到渐开线齿廓的范成过程。范成仪的结构形式较多，图 14－1 所示的是用钢丝传动的渐开线齿轮范成仪。

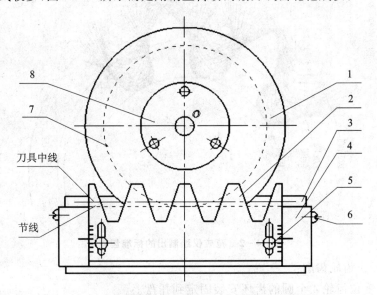

图 14－1　渐开线齿轮范成仪

托盘 1 绕 O 点定轴转动，代表齿坯的圆形绘图纸，被用压板 8 固定在托盘 1 上。滑架 4 安装在机架 3 的水平导向槽中，齿条刀具 2 安装在滑架 4 的径向导向槽中，可上下调节，并用锁紧螺母 5 固定在滑架 4 上，齿条刀具 2 和滑架 4 可以在水平方向一起移动。钢丝 7 被绕在托盘 1 背面，代表分度圆的凹槽内(齿坯分度圆：图中虚线圆弧)，并且两端被用螺钉 6 固定在滑架 4 的节线上(齿条刀具 2 的节线)，以保证齿坯与刀具做纯滚动。通过调节齿条刀具相对齿坯的径向位置，可以模拟用范成法加工标准齿轮和变位齿轮的齿廓。

4. 实验步骤

(1) 测量刀具并计算，可求得模数 m 及齿形角 α。测量齿坯分度圆直径 d，可计算出被加工齿轮的齿数 z。

① 对于标准齿轮,要计算出齿顶圆直径 d_a、齿根圆直径 d_f 及基圆直径 d_b。

② 对于变位齿轮,要先计算出不根切的最小变位系数 x_{min},再计算出不考虑齿顶高降低系数 σ 时的齿顶圆直径 d_a 及齿根圆直径 d_f。

(2) 用剪刀将两张绘图纸剪成与托盘大小一样的圆形纸片作为齿坯,并分别绘出标准齿轮及变位齿轮的齿根圆、基圆、分度圆及齿顶圆。

(3) 绘制标准齿轮齿廓:

① 将画有标准齿轮 4 个圆的齿坯安装固定到托盘上,注意两者圆心重合。

② 调整齿条刀具的径向位置,使齿条刀具的中线(0 刻线)与滑架的 0 刻线对齐并固定好,此时齿条刀具的分度线应与圆形纸片上所画的分度圆相切。

③ 将齿条刀具推至左(或右)极限位置,用笔在齿坯上画出齿条刀具的齿廓线,然后向右(或向左)移动刀具 3~5 mm,此时通过钢丝传动带动托盘也相应转过一个小角度,再画一次刀具齿廓线,连续重复上述工作,直到绘出 2~3 个完整的齿形为止。将画好齿廓的图纸取下。这些齿廓线所形成的包络线即为标准渐开线齿轮的齿廓,如图 14-2 所示。

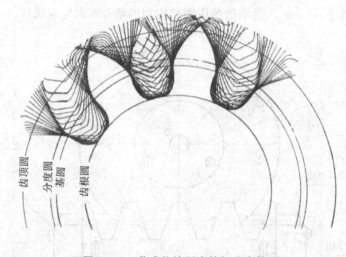

图 14-2 范成仪绘制出的标准齿轮

(4) 绘制变位齿轮齿廓:

① 将画有变位齿轮 4 个圆的齿坯安装固定到托盘上。

② 调整刀具的径向位置,使齿条刀具中线在相对于绘制标准齿轮时的位置,向远离齿坯中心的方向移动一段距离 x_{min}(正变位)并固定好。

③ 按绘制标准齿轮齿廓的步骤③,绘出有 2~3 个完整齿的变位齿轮齿廓。最后将画好齿廓的图纸取下。图 14-3 为绘制出的正变位齿轮。

(5) 观察绘得的齿廓,与标准齿轮的齿廓作对照并分析。

① 齿廓曲线是否全是渐开线?

② 产生根切现象的原因是什么?如何避免?

③ 比较用同一尺条刀具加工出的标准齿轮和正变位齿轮的哪些尺寸不变?哪些尺寸变化了?

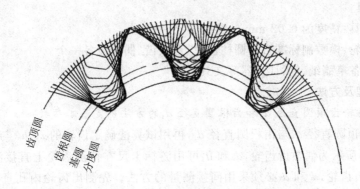

图 14 - 3　范成仪绘制出的变位齿轮

5. 实验报告要求及格式

（1）要求填写实验报告单，并将其与所绘制的齿廓图签名后一起交指导教师。

（2）实验报告格式如下。

渐开线齿廓的范成原理实验报告

实验名称					日期	
专业班级		姓名		学号	成绩	

1. 已知数据

基本参数　$m=$____；$\alpha=$____；$z=$____；$h_a^*=$____；$c^*=$____。

变位量　$xm=$____。

2. 实验结果

序　号	项　目	计算公式	计算结果	
			标准齿轮	变位齿轮
1	分度圆直径	$d=mz$		
2	变位系数	$x=$变位量$/m$		
3	齿根圆直径	$d_f=m(z-2h_a^*-2c^*+2x)$		
4	齿顶圆直径	$d_a=m(z+2h_a^*+2x)$		
5	基圆直径	$d_b=mz\cos\alpha$		
6	齿距	$p=\pi m$		
7	分度圆齿厚	$s=m(\pi/2+2x\tan\alpha)$		
8	分度圆齿槽宽	$e=m(\pi/2-2x\tan\alpha)$		

实验 4　渐开线齿轮基本参数的测定

1. 实验目的

（1）掌握用普通量具测量渐开线标准直齿圆柱齿轮基本参数的方法。

（2）通过测量和计算，加深理解齿轮各部分尺寸、参数关系和渐开线的性质。

2. 实验用具

(1) 实验量具:精度为 0.02 mm 的游标卡尺一把。

(2) 测量齿轮:模数制标准直齿圆柱齿轮,奇数齿、偶数齿各一个。

(3) 学生自备草稿纸、笔、计算器等文具。

3. 实验原理及方法

1) 用确定齿轮齿顶圆直径 d_a 和齿根圆直径 d_f 的方法确定基本参数

通过测量齿顶圆直径 d_a 与齿根圆直径 d_f,再用试算法确定齿轮的 m、h_a^* 与 c^*。

图 14-4(a)所示为偶数齿齿轮,d_a 和 d_f 可用游标卡尺在待测齿轮上直接测出。图 14-4
(b)所示为奇数齿齿轮,d_a 和 d_f 必须采用间接测量的方法。先测出齿轮内孔直径 D,然后分别
量出孔壁到某一齿顶的距离 H_1 和孔壁到某一齿根的距离 H_2。为了减少测量误差,同一测量
值应在不同位置上测量三次,然后取其算术平均数。

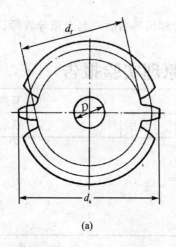
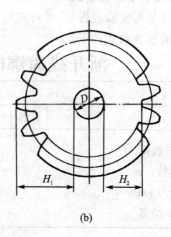

(a)　　　　　　　　　　　　　　(b)

图 14-4　齿轮 d_a 与 d_f 的测量方法

(1) 可按下式计算 d_a 和 d_f:

$$d_a = D + 2H_1 \qquad d_f = D + 2H_2$$

(2) 计算全齿高 h:

偶数齿轮 $$h = (d_a - d_f)/2$$

奇数齿轮 $$h = H_1 - H_2$$

(3) 计算齿轮模数 m:

由 $h = (2h_a^* + c^*)m$ 得

$$m = h/(2h_a^* + c^*) = h/2.25$$

将 $h_a^* = 1, c^* = 0.25$(正常齿)或 $h_a^* = 0.8, c^* = 0.3$(短齿)分别代入进行试算,所求得的两
个模数接近标准模数者,圆整成标准模数表中的标准值后,即为该齿轮的实际模数 m。

2) 用测量公法线长度的办法确定齿轮的基本参数

通过测量公法线长度求出 p_b,进而确定齿轮的模数 m 及压力角 α。测量时应先数出待测
齿轮的齿数 z,再确定跨测齿数 k,见表 14-1。

表 14 – 1　跨测齿数 k 与齿轮的齿数对照表

z	12～18	19～27	28～36	37～45	46～54	55～63	64～72	73～81
k	2	3	4	5	6	7	8	9

如图 6 – 9 所示，测出跨 k 个齿的公法线长度 W_k，然后再测出跨 $k-1$ 个齿的公法线长度 W_{k-1}。测得齿轮的两个公法线长度后，应用公式（6 – 16），即

$$p_b = W_k - W_{k-1} = \pi m \cos \alpha$$

可以求出基圆齿距 p_b。然后再查基圆齿距表 14 – 2，表中所列 p_b 值必有一值与计算所得的 p_b 值相接近（因制造和测量等误差，计算所得的 p_b 值与表中查得的 p_b 值可能会有一较小偏差），查得该 p_b 值所对应的 m、α 值即为该齿轮的模数及压力角。

表 14 – 2　基圆齿距表

mm

模数 m	$p_b = \pi m \cos \alpha$			
	$\alpha = 22.5°$	$\alpha = 20°$	$\alpha = 15°$	$\alpha = 14.5°$
1.5	4.354	4.428	4.552	4.562
1.75	5.079	5.166	5.310	5.323
2	5.805	5.904	6.069	6.083
2.25	6.530	6.642	6.828	6.843
2.5	7.256	7.38	7.586	7.604
2.75	7.982	8.118	8.345	8.364
3	8.707	8.856	9.104	9.125
3.25	9.433	9.594	9.862	9.885
3.5	10.159	10.332	10.621	10.645
3.75	10.884	11.070	11.379	11.604
4	11.610	11.809	12.138	12.166
4.5	13.061	13.285	13.655	13.687
5	14.512	14.761	15.173	15.208
5.5	15.963	16.237	16.690	16.728
6	17.415	17.713	18.207	18.249
6.5	18.866	190189	19.724	19.770
7	20.317	20.665	21.242	21.291
8	23.22	23.617	24.276	24.332

4. 实验报告格式

实验报告格式如下。

渐开线齿轮基本参数的测定实验报告

实验名称						日期	
专业班级			姓名		学号	成绩	

1. 待测齿轮已知参数

模数制标准直齿圆柱齿轮。

偶数齿轮编号：　　　　　　　　奇数齿轮编号：

2. 测量数据及计算结果

1）齿顶圆直径 d_a、齿根圆直径 d_f 和全齿高 h

偶数齿轮	测量次数	1	2	3	平均值	全齿高 h
	d_a					
	d_f					
奇数齿轮	D					
	H_1					
	H_2					
	$d_a = D + 2H_1$					
	$d_f = D + 2H_2$					

2）偶数齿轮的公法线长度

测量次数	1	2	3	平均值
W_k				
W_{k-1}				

3）基本参数及尺寸

基本参数及尺寸	z	m	α	$h_a *$	$c *$	d
偶数齿轮						
奇数齿轮						

注：本实验中偶数齿轮的模数必须通过公法线长度确定。

实验 5　轴系结构的测绘与分析

1. 实验目的

（1）掌握轴系结构中各个零件尺寸的测量方法，培养学生绘制轴系装配图的能力。

（2）熟悉轴系各零部件的结构、功能、工艺要求，尺寸装配关系以及轴上零件的定位固定方式。

2. 实验设备与用具

（1）轴系结构：根据实验室的设备情况，选择典型的轴系结构实物或模型（如圆柱齿轮轴系、蜗杆轴系、蜗轮轴系、圆锥齿轮轴系等）进行分析测绘。

（2）测量工具：游标卡尺，钢板尺，内、外卡钳等。

（3）学生自备物品：圆规、三角板、铅笔、橡皮和方格纸等用具。

3．实验步骤及要求

（1）组装或拆卸轴系结构，仔细观察轴系的整体结构，观察轴上共有哪些零件。

（2）分析轴上每一个零件的结构及作用，在轴上采用的是哪种定位方式，分析轴上每一个轴肩的作用。

（3）观察所用的滚动轴承及轴承的轴向定位与固定方式。分析轴系的轴承组合及固定方式；观察轴系采用的轴承间隙调整方式、轴承的密封装置及润滑方式。

（4）观察轴、轴上零件以及与其他零件的装配关系，徒手按比例在方格纸上绘出轴系结构的装配草图。

（5）测量轴上每个轴段的直径和长度。判断每个定位轴肩、非定位轴肩的高度是否合适。判断每个轴段长度是否合理，是否能够保证每个零件定位与固定可靠。

（6）观察轴上是否有键槽、砂轮越程槽、退刀槽等，判断位置是否合适，测量出具体尺寸，测量出轴承盖与箱体的有关尺寸。

（7）边测量边在装配草图上标出必要的尺寸。

（8）测绘完成后，将每个零件、部件擦净，然后按顺序安装、调试，使轴系结构复原后放回原处。

（9）绘制一张轴系结构装配图。利用课后时间，根据前面绘出的装配草图和测量出的有关尺寸，建议在 A3 幅面图纸上画出轴系结构的装配图，并把有关尺寸与配合标注到装配图上，填写标题栏（注明学校、专业班级、姓名、学号、实验题号、日期等）和明细表（注明序号、名称、数量、材料、备注等）。

4．实验报告格式及要求

（1）填写实验报告单，并将其与所绘制的轴系结构装配图一起交指导教师。

（2）实验报告格式如下。

轴系结构分析与测绘实验报告

实验名称				日期	
专业班级		姓名		学号		成绩	

1．轴系结构名称

2．轴系结构装配图

绘制一张轴系结构装配图。

3．回答下列问题

（1）在所测绘的轴系中，各零件的作用是什么？

（2）轴为什么做成阶梯形状？哪些部位叫做轴颈、轴头、轴身或轴肩？

（3）轴的各段尺寸（包括轴的长度和直径）都是起什么作用的？轴各段的过渡部位结构有

何特点?

（4）轴系中轴承采用什么类型？它们的布置和安装方式有何特点？轴承的间隙是如何调整的？

（5）轴系中轴上零件是靠哪些零件来实现轴向定位的？轴向位置是如何固定的？它们的作用、结构形状有何特点？

（6）轴系固定方式采用何种形式？采用什么润滑方式？采用什么密封装置？

参考文献

[1] 杨可桢,程光蕴,李仲生,等.机械设计基础.6 版.北京:高等教育出版社,2013.

[2] 孙桓,陈作模,葛文杰.机械原理.8 版.北京:高等教育出版社,2013.

[3] 濮良贵,陈国定,吴立言.机械设计.9 版.北京:高等教育出版社,2013.

[4] 宋宝玉,王瑜,张锋.机械设计基础.4 版.哈尔滨:哈尔滨工业大学出版社,2010.

[5] 郑文玮,吴克坚.机械原理.7 版.北京:高等教育出版社,2007.

[6] 吴宗泽,刘莹.机械设计教程.2 版.北京:机械工业出版社,2007.

[7] 邱宣怀.机械设计.4 版.北京:高等教育出版社,2004.

[8] 葛中民.机械设计基础.北京:中央广播电视大学出版社,1991.

[9] 王大康,韩泽光.机械设计基础.北京:机械工业出版社,2008.

[10] 彭文生,李志明,黄华梁.机械设计.2 版.北京:高等教育出版社,2008.

[11] 孙志礼,冷兴聚,魏延刚,等.机械设计.沈阳:东北大学出版社,2010.

[12] 黄森彬.机械设计基础.北京:机械工业出版社,2008.

[13] 郝靖,张金美.机械设计基础.北京:北京航空航天大学出版社,2007.

[14] 陈立德.机械设计基础.北京:高等教育出版社,2008.

[15] 张鄂.机械设计学习指导.西安:西安交通大学出版社,2002.

[16] 王少岩,罗玉福.机械设计基础.5 版.大连:大连理工大学出版社,2014.

[17] 齿轮手册编委会.齿轮手册.2 版.北京:机械工业出版社,2004.

[18] 中国机械设计大典编委会.中国机械设计大典.南昌:江西科学技术出版社,2002.